人因工程研究

理论与实践

宋 武　王苗辉　编著

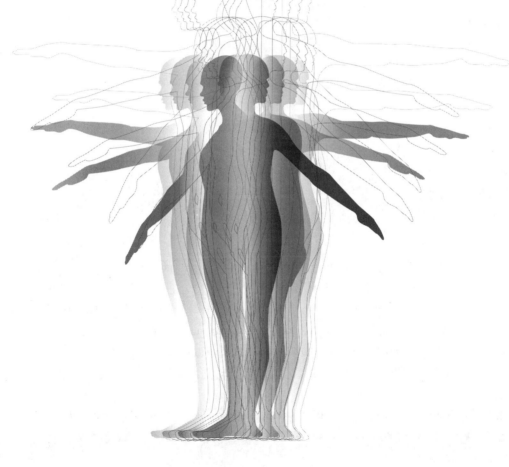

清华大学出版社

北 京

内 容 简 介

本书详细介绍了人因工程科学研究的方法理论、研究实践，以及创新应用的相关内容。全书共分为11章，内容包括人因工程研究导论，人因工程学研究方法，观察法、问卷法、实验法的研究与应用，人体尺度研究，作业器具设计研究，作业环境与作业空间设计研究，以及人机交互界面设计研究，为读者提供了一个细致深入、具备高度可操作性的人因工程科学研究体系。

本书可作为高等院校工业设计、机械工程等相关专业的教材，也可供对人因工程学感兴趣的读者阅读学习。

图书在版编目(CIP)数据

人因工程研究理论与实践 / 宋武，王苗辉编著.

北京 : 清华大学出版社，2025. 1. -- ISBN 978-7-302

-67732-1

Ⅰ. TB18

中国国家版本馆CIP数据核字第2024VU6886号

责任编辑：李　磊
封面设计：杨　曦
版式设计：思创景点
责任校对：马遥遥
责任印制：刘　菲

出版发行：清华大学出版社
网　　　址：https://www.tup.com.cn，https://www.wqxuetang.com
地　　　址：北京清华大学学研大厦A座　　　　　　　邮　　编：100084
社 总 机：010-83470000　　　　　　　　　　　　邮　　购：010-62786544
投稿与读者服务：010-62776969，c-service@tup.tsinghua.edu.cn
质 量 反 馈：010-62772015，zhiliang@tup.tsinghua.edu.cn
印 装 者：北京同文印刷有限责任公司
经　　销：全国新华书店
开　　本：185mm×260mm　　　印　　张：16.5　　　字　　数：402千字
版　　次：2025年1月第1版　　　印　　次：2025年1月第1次印刷
定　　价：79.00元

产品编号：105554-01

前言

伴随着人类社会的发展，人造工具也经历了不断的进化，如人类的狩猎工具，从原始的木质长矛，经由金属长矛、弩箭，发展至当代的猎枪，这一过程彰显了人造工具功能上的不断优化与提升。回顾这一发展历程，我们可以清晰地看到，将人的意识注入人造物之中，并带有明确目的性的创造活动，被称为"设计"，它构成了创造活动的核心。

回望人类造物历史的几个关键阶段，可以清晰地洞察人类造物追求的演变轨迹。在人类文明的初期，主要追求"从无到有"，即解决有无工具的问题；到了手工业时代，人类开始注重工具的功能；到了工业革命时期，功能的提升成为新的焦点；而在成熟工业时期，高效与易用性则备受推崇；随着人类社会步入后工业时期，造物活动逐渐转向满足人的精神需求，这标志着人类造物追求的最高境界。

以上阶段体现了设计从产品到服务体验、从"有形"到"无形"的变迁过程，在这一过程中，设计的多元系统性和"以人为本"的核心目标日益凸显其重要性。从人本主义角度出发，评价优秀设计的标准，不仅体现在功能实现、使用方便、安全可靠、效率提升等物质与人的工效关系层面，还深刻体现在外观好看、舒适宜人、价值认同、环境友好等心理及社会价值层面。也就是说，好的设计需贴合人的心理认知过程，便于决策和操作，这就要求人造物品具有可视性和易理解性。人因工程正是解决此类问题的一门学科，它旨在通过设计来满足人类需求、提高人类能力。在解决生理层面的问题时，人因工程学运用人体工学原理探究人在使用工具时的各种情况；在解决心理层面的问题时，它则借助脑神经科学的方法研究人的感知和认知机制。当前的人因工程学融合了这两个维度的研究方法，专注于探索人机复杂系统之间的相互作用关系。

2015年，世界设计组织提出了工业设计的新定义："设计是一种跨学科的专业，是提供新的价值及竞争优势的手段，是应用于产品、系统、服务及体验的创造性活动，旨在创造一个更美好的世界。"

综上所述，未来的设计将更加聚焦于人的心理因素，这一趋势促使设计与决策管理等多个学科领域产生密切关联，进一步体现人因工程的学科交叉性与系统性特征。在此背景下，科学地构建人因工程研究的理论体系，并紧密融合设计实践，确保理论研究能够有效服务于设计实践，成为编撰本书的核心宗旨。

相较于其他同类教材，本书展现出鲜明的特色。首先，本书紧密贴合新工科、新文科背景下艺术设计专业的发展特点，精心构建了一个融合"科学研究＋创新设计"的教材体系，强调人因工程作为一门系统科学的研究范式，以及在科学研究基础上，针对具体设计问题开展的相关设计研究与实践。其次，书中剖析了大量高水平的科研文献、一线设计实践案例，全面展示了如何实现"科学研究＋创新设计"这一范式，为设计专业的学生提供了一个从科学研究到创新实践的清晰路径。

本书不仅展现了研发型创新设计范式，还充分考虑到使用对象的多元性，在数据分析、文献整理过程中提供了大量的原始数据及细致的操作性内容，即使是从未接触数据分析理论的读者，也可以毫无困难地理解数据分析的精髓，并掌握数据分析的技巧。本书整体设计确保了使用者可以摆脱既有知识、经验缺失的限制，而专注于对科学研究方法、思路的领悟，既是一本数据分析操作指南，更是一本人因科学研究集锦。

本书在内容方面展现出独特性和创新性，不仅为学生提供了丰富的理论知识，更通过实践案例分析和实验操作环节，培养学生的研发型创新设计能力。我们有理由相信，在学科交叉融合日益加深的时代背景下，这种能力将为学生充分发挥自身优势、取得更大成就奠定坚实的基础。

为便于学生学习和教师开展教学工作，本书提供立体化教学资源，包括 42 个 SPSS 数据分析案例源数据，3 个 CiteSpace 文献计量分析案例源数据，以及教案、教学大纲、PPT 教学课件，读者可扫描右侧二维码获取。

配套资源

本书的主要内容包含华侨大学机电及自动化学院王苗辉老师在人因工程理论和课程实践教学中的大量成果，王苗辉老师完成了约 28 万字的编写工作。本书在成稿过程中得到了华侨大学机电及自动化学院博士研究生林芳富和硕士研究生林韵嘉的辅助，在此向两位同学表示感谢。此外，本书还获得了华侨大学教材建设项目的支持。

在本书的编写过程中，参考了许多中外专家学者的著作、教材和科研成果，部分案例选自公开发表的文献。在此，谨对各位作者和研究者表示诚挚的谢意！同时，向为本书出版提供大力支持的清华大学出版社致谢。

由于编者理论与实践水平有限，书中内容虽经多次修改，仍难免存在不足之处，欢迎广大读者批评指正。

编　者
2024.1.1

目录

第 1 篇 人因工程科学研究方法理论

第2篇　人因工程科学研究实践

第 3 篇 人因工程科学创新应用

第1篇

人因工程科学研究方法理论

第1章
人因工程研究导论

人因工程学是一门综合性的交叉学科，专注于研究人、机、环境之间的相互关系。随着科技进步和工业化水平的不断提升，人因工程学日益受到人们的重视，其应用领域也越来越广泛。在不同领域的视角下，人因工程学的侧重点也各不相同，运用其理论和方法开展的研究内容也各有特色。在机械工程领域，它比较重视人与机器的和谐关系，因此被称为"人机工程学"；在管理科学领域，它比较注重人类的生产协作等效率问题，故被称为"人类工效学"；在工业设计领域，作为一门边缘性应用学科，它需要研究人对物或环境的感性和理性认知，因此综合地被称为"人因工程学"。

在国际上，人因工程学的命名存在一定差异。以美国为主的部分国家将该学科命名为 Human Factors，即人因工程学。美国人因工程学学会 (Human Factors and Ergonomics Society，HFES) 对人因工程学的定义为：人因工程学关注于将人类的能力、特征和限制的知识，应用于设计人类所使用的设备、所处的环境，以及所执行的工作任务中。而欧洲及其他大部分国家和地区采用 Ergonomics 这一术语，通常翻译为人类工效学。国际人类工效学学会 (International Ergonomics Association，IEA) 对人因工程学的定义为：这是一门专注于人类与系统中其他要素相互作用的学科，它运用理论、原则、数据和方法来进行设计，旨在优化人类福祉及系统的整体性能。

中国的人因工程学起步较晚，目前该学科的名称尚未统一。中国人类工效学学会 (Chinese Ergonomics Society，CES) 对该领域的定义是：人类工效学以人、机、环境所构成的系统作为研究对象，着眼于系统中的人。通过对人的生理、心理、感知、认知，以及组织等特性进行深入研究，该学科提出了针对产品、设施、人机界面、工作场所、微气候、人员工作组织等内容的设计与优化理论、方法、原则和步骤，旨在实现人、机、环境的最佳匹配，从而确保人们能够高效、安全、健康且舒适地工作与生活。

人因工程学的主要研究目标包括：提高工作或其他活动的效果与效率，并提升人类的福祉与价值；通过采用更合适的生产方式和技术手段，减少失误，确保安全，缓解疲劳和压力，增强舒适度与满足感，从而改善生活品质等。尽管存在多种定义，但它们之间并无矛盾之处，在实际的研究和应用过程中，尽管多个学科领域开展了相关研究，但是其研究对象、研究思路、研究理论及方法上并无本质差异。它们的共同点在于，都聚集于人类及其在生活与工作场所中与产品、装备、设施、程序和环境等的交互作用，其核心思想始终是以人为本。

1.1　人因工程学的发展历程

1.1.1　溯源以人为本的造物历史

如果把人类文明看作是一个有机整体，根据其核心要素，即生产力和劳动力结构的发展水平和周期性变化，从人类诞生到 21 世纪初，其文明进程可划分为 4 个阶段：原始文明、农耕文明、工业文明和知识文明。具体而言，农耕时代覆盖了从文明诞生到工业革命前的历史时期，大约为公元前 3500 年—公元 1760 年。在这一漫长时期，人类社会经历了从原始社会的狩猎采集到刀耕火种的转变，生产力伴随人类社会的发展不断提高，人们的需求也从基本的生存层面逐渐提升到更高层次。为了提高生产力，保障族群的生存和繁衍，也为了改善生活条件，乃至追求精神上的满足，人类不断探索新技术，思考人与环境之间的关系。

在中国的农耕时代，农业生产力的发展备受重视。早在新石器时代，最古老的农具——耒和耜就已经出现了。据《周易·系辞传》记载，神农氏砍削木头做成耜，弯曲木头做成耒，用于翻耕土地和除草，并将这一技术"以教天下"。"力"的象形文字就源于耒的形状，如图 1.1 所示。耒是一种有柄有尖的木棒，原本仅凭双手用力很难较深地扎入土中。于是，先民们对耒进行了改良，在木棒尖头的一端绑上一段横木，用脚蹬踩以借用身体的重量使其深入土中，再用双手扳动木棒，达到翻动掘松土层的效果，如图 1.2 所示。这种改良后的耒，适合在土质较硬的土地上起土、翻土，从而提高耕种效率。

图 1.1　甲骨文"力"

在长期的农耕文明发展过程中，农业、手工业、营造业等领域产生了大量的技术经验，这些经验被详尽地记载于古籍之中。其中，《考工记》作为春秋战国时期的重要文献，记述了官营手工业各工种的规范和制造工艺，是中国目前所见年代最早的手工业技术文献。北朝北魏时期的农学家贾思勰所著的《齐民要术》，大约成书于公元 533—544 年，是一部综合性农学著作，也是世界农学史上早期的

图 1.2　山东武氏祠汉画像

专著之一，更是中国现存最早的一部完整的农书。北宋时期，将作监丞李诫主持修撰的《营造法式》于崇宁二年（公元 1103 年）成书，这是一部集中式古典营造技艺于大成的营造学专著，书中蕴含的科技制造、典章制度等史料信息十分丰富。元代王祯所著的《王祯农书》完成于 1313 年，书中包含"农桑通诀""百谷谱"和"农器图谱"三部分，提出农业需因时因地制宜的原则，同时强调不能拘泥于陈规，而应取长补短，从而提高农业生产水平。明朝万历年间，徐光启创作的《农政全书》几乎涵盖了中国明代农业生产和人民生活的各个方面，书中提出发展农业为国家富强之本的"农政"思想。明崇祯十年（公元 1637 年），宋应星所著的《天工开物》记载了明朝中叶以前中国古代的各项技术，是中国古代一部综合性的科学技术著作，也是世界上第一部关于农业和手工业生产的综合性著作。

农耕时代的科学技术著作是古人智慧的结晶，也向世人展示了不同时期的人民提升生产效率和增强使用舒适性所探索的各种理论和方法。这些思想源自人民在劳动中的朴素思

考，是他们在长期实践中总结出的宝贵经验，并深刻地影响着人们的日常生活。这些经验依靠的是长期实践和传承学习，这也是农耕时代人类对于世界的认知和知识的来源。然而，这种长期积累的经验仅仅是作为特定行业内的"行业标准"，缺乏科学方法论的指导，人们只能通过对事物现象的直观感受进行归纳整理，没有形成一个完整的系统。这个阶段的人机关系完全是靠人的本能，是一种朴素的思想，这一方面是因为工业时代之前的生产力水平较低，日常生活所需的产品工具多为手工作坊生产，主要以满足基本功能为主，另一方面人们的整体生活水平普遍较低，舒适性等并不是大众的主流需求。尽管如此，在长期的农耕文明发展中，先民们依然本能地遵循着朴素的人机适应原则，凭此经验来指导生产生活。

古人自然地遵循着朴素的人机适应关系，这一理念在诸多古籍中均有体现，如《考工记》中详尽地描述了制"车"过程，在分工方面十分明确，制作要求方面十分重视舒适度，因此在设计过程中融入了诸多人性化考量。在辀的设计上，前段适度弯曲以便于行驶；后段保持水平状态以增强耐用性；曲直保持合适的比例以确保车子安稳行驶。车辕的构造更是兼顾了坐在车内人员的舒适性和安全性。车的原始功能虽为代步，但在《考工记》中记载，车还配有车盖，能够满足遮阳防雨的需求，这样的设计更新无疑更加重视"人"的使用体验。在"轮人"篇的"轮人为盖"部分，详细记载了车盖的尺寸标准，规定了车盖的高度为十尺，这一尺寸既不会因过高导致车马无法通过城门，也不会因过矮而阻挡人的视线，充分考虑了人体的尺度，以及与环境的关系。此外，盖弓的倾斜度也有明确规定，当盖斗和弓末的高差为弓长的三分之一时，雨水倾泻速度达到最快，飞溅得更远，有效避免了雨水对乘车人的侵扰，如图1.3所示。精确的数字是在反复尝试中得来的，《考工记》对于人、机、环境之间辩证关系的探索，是对科学性和系统性的不懈追寻，彰显了以人为本的造物思想观。

早期设计农业工具是为了满足省力的要求，达成提高效率的目标，其中耕犁的前身耒、耜的制作就贯穿着这一原则（见图1.4）。

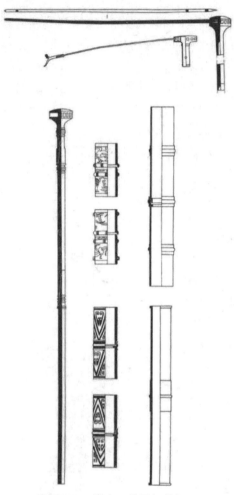

图1.3　盖斗、盖弓与盖杠

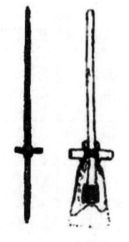

图1.4　耒与耜

先民们把原始耒的尖头改为略向前倾，把耒柄加以火烤变成弯曲状，这样可减少破土时人体的俯身角度，进而减少腰部肌肉的疲劳感，提高掘土效率。后来人们把磨得比较锋利的叶片状石板或较宽的片状兽骨绑在木棒的下端，以代替耒的尖头，这就是"耜"的由来。耜向犁的演变也经历了人机结合的过程，据专家考证，两人相对而立，一人手扶，足跟耒耜，一人用绳提拉，这样可以减轻一人用耜的负担，既省力又提高了工作效率。然而，为了解决合作间歇性问题，人们开始尝试改变合作方式，由面对面提拉改为二人朝同一方向行进，前面的人用绳索拉着耒耜前进，执耒耜的人跟在后面。为了减轻执耒耜者弯腰的劳累，先民们把耒耜木柄制成向后弯曲，这样后面的执耜者直立就可以控制耒耜耕地的深浅。同时，前面绳拉耒耜的人由于可以用肩膀发力，也大大减轻了手部的用力负荷，因此感觉也会更加轻松。

随着牲口的驯化，农业耕种转向畜力，以提高劳动效率（见图1.5），初期采用二牛抬杠耕作法，但协调难度大，增加操犁者的心理压力。唐末，长江下游的江苏、浙江、安徽地区普遍使用了一牛牵引的短曲辕犁，又称"江东犁"（见图1.6），结构上增加了犁槃，更适合单牛耕作。从人机结合的角度来看，曲辕犁的犁槃与犁镜尖距离短，翻转扭矩小，便于操控；犁梢手柄长，利于控制方向和犁土的宽度；手柄设计多样，顺应自然手握或便于提拉；重心位于犁箭附近，曲线平滑，与人的肩部曲线吻合，便于单人背负作业。

图1.5 二牛抬杠耕作图（汉代）

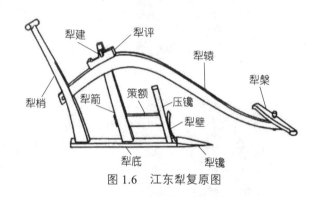

图1.6 江东犁复原图

1.1.2 人因工程学发展的初级阶段

自人类社会迈入工业化时代以来，生产力实现了飞跃式的发展。伴随这一过程，人、机器、环境之间的矛盾逐渐凸显，人们也开始关注如何进一步提升工业生产的效率，以及应对劳动损伤等问题，这标志着人因工程思想的初步萌芽。从工业革命开始到人因工程学正式成型，这一时期被视为初期人因工程学（Protoergonomics）阶段。尽管当时人因工程学的现代含义尚未明确，但一些学者、实践者和哲学家的著作中，已清楚地记录了今天被称为人因工程学的要素。

1. 人类工程学或有关工作的经济性原则

1857年，波兰自然学家沃伊切赫·亚斯特热博夫斯基（Wojciech Jastrzębowski，1799—1882）（见图1.7）撰写了一篇开创性的论文《人类工程学或有

图1.7 沃伊切赫·亚斯特热博夫斯基

关工作的经济性原则》，该论文被视为人因工程学领域的早期重要文献之一（见图1.8）。

图1.8 《人类工程学或有关工作的经济性原则》

图1.9 弗雷德里克·温斯洛·泰勒

图1.10 弗兰克·邦克·吉尔布雷斯

图1.11 莉莲·莫勒·吉尔布雷斯

在该著作中，作者提出了关于提高工作效率和减轻工作者劳动负担的理念，并强调了工作系统与人的适应性之间的重要性。此外，他还对工作环境的改善及人机界面的设计提出了一些思考。

尽管在那个时代，人因工程学还没有形成独立的学科，但沃伊切赫使用 ergonomia 这一术语来概括地描述工作科学，其表述与当今人体工程学中的用法相一致。

2. 科学管理原理

在19世纪末20世纪初，一些学者开始探索采用更科学和系统的方法来改进生产工具、优化工作流程，旨在提升生产效率。

美国著名管理学家弗雷德里克·温斯洛·泰勒(Frederick Winslow Taylor，1856—1915)(见图1.9)，被誉为科学管理运动的先驱之一，1903年，其在论文《车间管理》中首次阐述了科学管理的观点，强调通过科学的方法来分析和改进工作流程，以提升工人的工作效率，并借助合理的劳动分工来优化生产过程。泰勒在其代表作《科学管理原理》中提出了科学管理理论，该理论涵盖了一系列原则，包括制定科学化的工作标准、采用科学方法选择和培训工人、建立协作的工作关系等。此外，他详细解释了科学管理原则，包括对时间和动作的研究、任务分工、工资体系等多个方面，为科学管理理论的发展奠定了坚实基础。

3. 时间与运动研究

弗兰克·邦克·吉尔布雷斯(Frank Bunker Gilbreth，1868—1924)与莉莲·莫勒·吉尔布雷斯(Lillian Moller Gilbreth，1878—1927)夫妇(见图1.10和图1.11)，在对工业工程和科学管理的研究中，开创了一种名为"时间和运动研究"(Time and Motion Study)的方法。他们通过系统地观察和分析工作中的动作，寻找提高工作效率的方法。二人首次应用摄影和影片的方式来捕捉和分析工人在工作中的动作，进而识别出不必要的动作。基于这些发现，采取相应措施来消除低效环节，以提高工作效率。

基于运动研究的结果，吉尔布雷斯夫妇提出了更为优化的工作布局和空间设计，旨在减少工人需要移动的距离。他们通过降低工作台的高度来适应工人的身体姿势，从而减轻工人的体力劳动强度。

通过大量的研究，吉尔布雷斯夫妇提出了一套标准的时间和运动研究方法，其中"动素"(Therbligs) 是其核心概念，该术语是由 Gilbreth 的字母重新排列而来的，用于描述和分类工作运动中的基本元素。动素被设计为一种简化的标准单位，用于表示和分析工作过程中的各种动作和动作组合，如图 1.12 所示。它可以代表工作中的基本动作、手势或步骤，如抓取、放置、运动、观察等，以及它们的不同组合形式。动素的目标是识别和分离工作过程中的各个组成部分，以便进行更精细的分析和改进。通过使用共同的术语和标准化的单位，分析人员可以更容易地交流、比较和改进工作过程；通过将工作过程分解成不同的动素，分析人员可以更深入地了解每个动作的时间、步骤和效率，这有助于发现并减少不必要的动作，从而提高生产效率。

图 1.12　用于表示 18 个动素的标准符号

4. 霍桑实验

霍桑实验 (Hawthorne Experiments) 是 20 世纪初开展的一系列重要实验，旨在探究工作环境和管理方式对工人生产力和工作满意度的影响。这些实验发生在 1924—1932 年，于美国伊利诺伊州芝加哥西南郊的西属霍桑工厂 (Western Electric's Hawthorne Works) 进行。实验起源于对工人生产力和劳动条件的关注，研究者试图理解工人在特定环境下的反应，以及如何通过改变工作环境来提高生产力。

在实验的初期阶段，研究者通过改变工厂的照明条件来观察工人的反应。他们发现，当亮度增加时，工人的生产力也随之提高。然而，这一效果并不是因为照明条件的改善，而是因为工人意识到自己正在被研究，从而感觉受到了关注。

随后的实验关注了组织结构和工作条件的变化。研究者逐渐调整了工作休息时间、工作小时和工作组的结构，这些变化通常伴随着工人的积极响应，显示出他们对改变的欢迎与接纳。实验中最著名的一部分是由梅奥领导的小组实验，一些工人被组成一个小组，他们被赋予共同制定工作规则的权力，并拥有更多的自主权，这导致工人之间更好的合作和更高的满意度。

霍桑实验的结论主要集中在社会和心理因素对工作绩效的影响上。研究者发现，工人的态度、相互关系，以及管理与组织的关系对生产力有着重要的影响。这一发现激发了人们对人类关系学的研究兴趣，并强调了人际关系、工作满意度和社会因素的重要性。

霍桑实验还产生了一个重要的心理学概念，即"霍桑效应"，指的是当人们意识到自己正在被观察或研究时，他们可能会表现出更好的行为或更高的生产力。

5. 工业心理学

在两次世界大战期间，由于战争对生产和劳动力的需求急剧上升，人们开始高度重视战场上的武器设计和后方的生产供应。不合理的武器设计会危及士兵生命，影响战局发展；而高效的后方生产效率能为战场提供稳定的后勤保障。这些客观因素促使人们深入发掘人的潜力，并提出了诸多要求。

图 1.13　雨果·闵斯特伯格

雨果·闵斯特伯格 (Hugo Münsterberg，1863—1916)(见图 1.13) 作为心理学家，在 20 世纪初的工业心理学方面做出了贡献。他在 1909 年出版的著作《心理学与工业效率》一书中提出了工业心理学的概念，强调心理学在工业和商业领域中的应用，特别是关注于人的能力、适应性和工作条件对生产力的影响。

战争期间，军事组织和工业界迫切需要提高生产效率、优化军事训练，以及提高士兵的适应能力和心理健康水平，因此工业心理学得到了迅速发展。为了满足大规模的兵员需求，军队开始寻求更科学的方法来选拔和训练士兵。工业心理学的方法被广泛用于评估士兵的认知和技能，以便更好地将他们的能力与任务需求相匹配。工业心理学的原则也被应用于军事训练，以提高士兵在战场上的适应性和反应速度，研究人员开始探索如何更有效地培养技能、提高战斗力，并减少训练过程中的压力和疲劳。

在战争期间，军需物资的大规模生产变得至关重要。因此，工业心理学的方法也被用于改进工厂生产流程，提高工人的效率和工作满意度，这包括调查工人的工作条件、疲劳程度、注意力集中等因素，以寻求改善方法。为了更好地了解个体的心理特征和适应性，心理测验在一战期间得到了快速发展。工业心理学的方法还被应用于研究士兵在战场上的心理健康和应对压力的能力，研究人员开始关注战斗中的心理疲劳、士兵的情绪状态，以及应对战争创伤的有效方法。

第二次世界大战期间，越来越多先进的武器设备被生产出来，人因工程研究的不足逐渐显现，导致一系列设备安全问题。美国在第二次世界大战期间，由于人机问题付出了惨痛的代价，因此对人因工程的研究愈加重视。B-17 轰炸机是美国波音公司在 1930 年为美国陆军航空兵设计的四发动机重型轰炸机，在战争中 B-17 轰炸机出现了一系列的事故，工业设计领域的先驱阿尔方斯·查帕尼斯 (Alphonse Chapanis，1917—2002)(见 图 1.14) 发现，部分驾驶舱控制装置设计不当，尤其是机翼和起落架的控制装置，由于位置接近且形状相似，极易造成混淆，从而引发严重后果。查帕尼斯仅通过将起落架释放按钮改为圆形，将机翼控制按钮改为三角形，就有效解决了误操作问题，驾驶

图 1.14　阿尔方斯·查帕尼斯

员仅通过触摸就可以轻松区分它们。此后，该机型的事故率大大下降。

随着人因工程学的初期发展，人们的思想从开始的"人适应机器"转变为"机器适用于人"，学者们也大量研究如何协调人与机器之间的关系，通过大量的研究成果来提高生产效率、增加舒适性、降低事故的发生率等。人因工程的概念已逐渐清晰，科学家们开始考虑将这些大量与人机相关的研究归纳到一个科学系统之下，推动人因工程朝着一个独立的学科体系发展。

1.1.3　科学人因工程学的发展

"二战"后，随着技术的飞速发展，电子计算机、航空航天技术，以及原子能等领域的研究成果大量涌现。这些新技术不仅极大地推动了工业的发展，也对人机交互提出了更

高的需求。同时，新技术在生产安全和效率方面提出了新的标准，这些需求迅速成为制造业和工业领域关注的重点。

1. 美国人因工程学学会的成立与发展

1950 年前后，心理学和行为科学的发展为人因工程学提供了更为科学系统的理论和方法。1955 年，由阿诺德·斯莫尔 (主席)(Arnold Small)、唐纳德·科诺弗 (Donald Conover)、唐纳德·哈尼凡 (Donald Hanifan)、斯坦利·利珀特 (Stanley Lippert)、劳伦斯·莫尔豪斯 (Laurence Morehouse)、约翰·波平 (John Poppin) 和韦斯利·伍德森 (Wesley Woodson) 组成的联合委员会，在美国南加州洛杉矶航空医学工程协会和圣地亚哥人类工程学协会的共同倡议下成立。这些委员分别代表心理学、生理学、工程学和医学领域，他们共同参与了制造业、大学和政府联合实验室中的人为因素研究工作。

该组织的正式任务宣言由创始委员会于 1956 年制定，在接下来的一年里，委员们在加利福尼亚州拉古纳海滩举行了几次全体会议，他们得到了保罗·菲茨 (Paul Fitts)、杰西·奥兰斯基 (Jesse Orlansky) 和马克斯·隆德 (Max Lund) 的协助，委员会成员构建了计划成立的协会的组织框架，并于 1957 年 9 月 25 日在俄克拉何马州塔尔萨举行了制宪会议和第一次全国会议，如图 1.15 所示。这次会议聚集了对人因工程学感兴趣的专业人

图 1.15　1957 年人因工程学学会会议

士，共同讨论了该领域的发展方向和应用前景。与会者决定正式成立一个名为"人因工程学学会"(Human Factors Society) 的组织，宗旨是促进人因工程学的研究、应用和发展，并推动该领域在各个行业的应用。至此，人因工程学正式成为一个独立的学科，强调心理学和工程学的结合，推动人体工程学在学术和实际应用中的发展，促进了跨学科合作。学会在成立后逐渐发展壮大，吸引了更多的会员和关注。

1981 年，学会将其名字更改为"美国人因工程学学会"(Human Factors and Ergonomics Society，HFES)，以更好地反映其关注的领域和专业，协会标志如图 1.16 所示。目前，HFES 在美国、加拿大和欧洲拥有 67 个活跃分会，以及 26 个技术小组。

2. 国际人类工效学学会的成立与发展

在欧洲，1949 年于英国成立的人类工效学研究协会 (Ergonomics Research Society，ERS) 所举办的各种活动，对国际人类工效学会 (International Ergonomics Society，IES) 的成立产生了深远的影响。此外，1953 年成立的欧洲生产力署 (European Productivity Agency，EPA) 发起了一个名为"使任务适应工作者"(Fitting the Task to the Worker) 的项目，该项目在后来的国际人类工效学学会的创建中发挥了关键作用。

1961 年，国际人类工效学会第一次大会在瑞典的斯德哥尔摩召开，此次会议正式完成了协会的筹备阶段，并开始了常规学术活动。1967 年，IES 成为全球联合协会的一员。1977 年，IES 发展成为该学科的代表，并鉴于对人体工程学专业应用与实践日益增长的关注，进一步发展为人类工效学协会 (Ergonomics Society，ES)。

2009 年，ES 更名为人类工效学和人因研究所 (Institute of Ergonomics and Human Factors，IEHF），这一更名旨在反映这两个术语的流行用法，并强调该学科涉及的广泛领域。到了 2011 年，IEHF 发展成为国际组织，并正式更名为国际人类工效学学会 (International Ergonomics Association，IEA)，其标志如图 1.17 所示。IEA 是在瑞士日内瓦州托内克斯市商业登记处注册的非营利协会。它通过与其联合会、附属协会，以及相关国际组织密切合作，致力于阐述和推进人为因素 / 人类工效学 (HFE) 的科学研究与实践，并扩大其应用范围，增强对社会的贡献，以提升人类生活质量为最终目标。

图 1.16　HFES 标志　　　　　　　　　　　　　　图 1.17　IEA 标志

　　许多国家和地区根据本地的实际情况，开始建立符合本土特色的人因工程机构。表 1.1 列出了部分国家的人类工效学学会。

表 1.1　部分国家的人类工效学学会

学会名称	成立时间	学会标识
德国工业心理学和人类工效学协会 (Gesellschaft für Arbeitswissenschaft，GfA)	1954	
日本人间工学会 (The Human Factors and Ergonomics Society，Japan，HFESJ)	1961	
加拿大人类工效学协会 (The Association of Canadian Ergonomists，ACE)	1968	
澳大利亚人类工效学协会 (Human Factors and Ergonomics Society of Australia，HFESA)	1968	
法国人机工程学学会 (Société d' Ergonomie de Langue Française，SELF)	1974	
巴西人类工效学和人机系统协会 (Associação Brasileira de Ergonomia，ABERGO)	1982	
中国人类工效学学会 (Chinese Ergonomics Society，CES)	1989	

1.2　人因工程研究范畴

1.2.1　人因工程研究的类型

　　人因工程的研究核心，聚焦于人及相关的机具和环境系统。依据研究目的，人因工程研究大致可分为两大类：一是以科学管理为导向，旨在提高生产效率并确保工作任务安全的研究；二是侧重于人体验，致力于提高满意度、幸福感和舒适性。这两类研究不是完全割裂的，而是相互关联。进一步细化，具体研究类型还可以分为功能适用性研究、安全和舒适性研究、效率性研究等。

IEA 将人因工程分为三大领域，如图 1.18 所示。其中，物理人体工程学 (physical ergonomics) 关注与身体活动相关的人体解剖学、人体测量学、生理学和生物力学特征 (相关主题包括工作姿势、物料搬运、重复性动作、与工作相关的肌肉骨骼疾病、工作场所布局、人身安全和健康等)；认知人体工程学 (cognitive ergonomics) 涉及心理过程，例如感知、记忆、推理和运动反应，因为它们影响人体与其他系统元素之间的交互 (相关主题包括脑力负荷、决策、技能表现、人机交互、人类可靠性、工作压力和培训等，因为这些可能与人机系统设计有关)；组织工效学 (organizational ergonomics) 关注社会技术系统的优化，包括组织结构、政策和流程 (相关主题包括沟通、资源管理、工作设计、工作时间设计、团队合作、参与式设计、社区人体工程学、合作工作、新工作范式、虚拟组织、远程办公和质量管理等)。

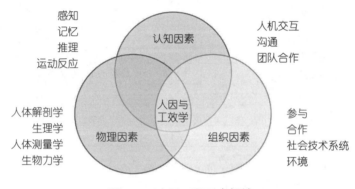

图 1.18　人因工程三大领域

在当前学科高度融合的背景下，人因工程内部的各领域并非彼此孤立，而是相互交织的。进行人因工程研究时，可能会同时涉及不同的研究类型。医学上，人被划分为八大系统：运动系统、神经系统、内分泌系统、循环系统、呼吸系统、消化系统、泌尿系统、生殖系统，这些系统间的协调配合使人体能够执行复杂的生命活动。因此，在开展人因工程研究时，必须全面考虑人与相关产品、环境、系统等因素之间的关系，并依据各人体系统提供的反馈信息来评价人机关系。

1.2.2　人因工程研究的服务领域

在人因工程的发展过程中，随着科技和生产力的不断进步，人们的生活水平日益提升，逐渐从关注基本生活需求转向更高层次的需求。经过三次工业革命，众多产业已日趋成熟完善，为人类带来极大的物质满足。与此同时，越来越多的细分领域被开拓，且这些领域的发展也越来越重视人因工程。相应地，人因工程研究所服务的领域也在不断拓展，研究与服务二者呈现相向而行、互相促进的态势。

在产业转型的过程中，许多传统的行业不仅重视技术的升级，还开始通过人因工程研究来提高产品的附加值，这体现在传统的服装产业、家具家居领域、环境规划领域等多个方面。与此同时，随着新技术的迅猛发展，大量新兴领域如雨后春笋般涌现，如航空航天、航海深潜、新型核电站、电子产品，以及广泛的数字信息领域等。这些新兴领域的发展本身就带有鲜明的新技术特征，其系统设计因新颖性而变得更加庞大和复杂，部分领域还涉及安全和尖端科学技术，因而与之相关的人因工程研究需要格外谨慎。

以中国人类工效学学会为例，该学会下设 14 个专业委员会 (二级分会)，具体如表 1.2 所示。这些委员会在很大程度上反映了当前人因工程研究服务所涵盖的主要领域。

表 1.2　中国人类工效学学会专业委员会

专业委员会 (二级分会)	挂靠单位
人机工程专业委员会	中国农业大学
认知功效专业委员会	浙江大学
生物力学专业委员会	空军航空医学研究所
管理工效学专业委员会	上海交通大学
安全与环境专业委员会	中钢集团武汉安全环保研究院
工效学标准化专业委员会	中国标准化研究院
交通工效学专业委员会	安徽三联事故预防研究所
职业工效学专业委员会	北京大学医学部
复杂系统人因与工效学专业委员会	清华大学工业工程系
设计工效学专业委员会	东南大学
智能交互与体验专业委员会	北京航空航天大学
智能穿戴与服装人因工程专业委员会	北京人因智能工程技术研究院
汽车人因与工效学专业委员会	中汽信息技术有限公司
医疗保健工效学专业委员会	河南省职业病防治研究院

1.3　人因工程研究的动向与趋势

1.3.1　研究新技术与途径

1. 多学科高度融合的系统科学

人因工程学不仅是一种设计方法，更是一种设计思想，其核心在于"以人为本"。人因工程学的起源主要根植于管理学和心理学，在其正式确立之初，大部分的研究都围绕在心理学和管理学领域。随着科技的日新月异，越来越多的先进技术被应用到人因工程学的研究中，这就要求人因工学必须系统性地构建多学科之间的融合体系。过去，伴随基础科学的不断深入发展，越来越多的新学科被确立，但学科间的壁垒也日益凸显。人因工程学正是致力于研究如何打破这些壁垒，具体表现为针对某个人因工程学的研究问题，采用多学科的研究方法，通过不同研究方法之间的相互印证，从而寻求问题的解决方法。

人因工程学的研究通过打破学科间的壁垒，将各种与人相关的研究进行串联，并以系统性的解决方法进行整理与输出，这需要研究者们不断思考和探索新的道路。以船引航操作认知过程监测及适任性研究为例，具体步骤如下：

第一，系统性地确定领航不安全行为，并进行分级 (见图 1.19)。

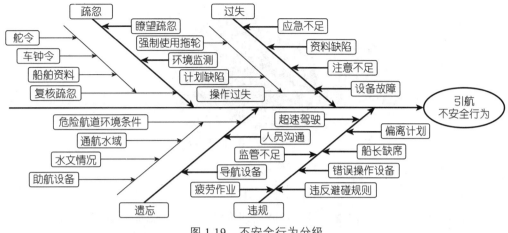

图 1.19 不安全行为分级

第二，通过走访、量表、专家访谈等形式，确定各引航不安全行为的关键问题，可以通过建立模型等形式，对不安全行为进行梳理（见图 1.20）。

图 1.20 引航操作模拟实验情景

第三，将模型代入引航操作过程中，分析引航理性及无意识不安全行为的认知作用机制，揭示引航任务过程中不安全行为的认知关联因素及其影响路径。

第四，基于眼动、脑电生理传感技术开展引航模拟实验，通过使用实验模拟场景、设备、眼动设备、脑电设备等多种方式开展实验（见图 1.21 和图 1.22）。

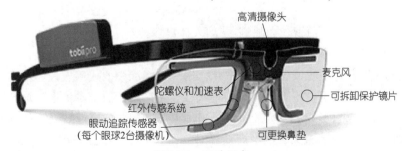

图 1.21 眼动设备

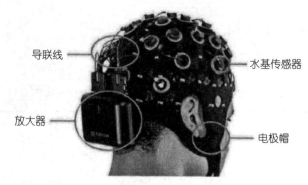

图 1.22 脑电设备

第五，通过融合眼动和脑电信号，智能化评价引航员的认知适任能力（见图 1.23）。

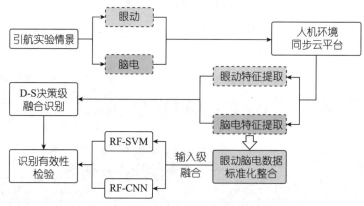

图 1.23 基于眼动及脑电数据的融合识别方法

2. 不断结合新技术与新方法

人因工程学的研究需要综合考虑人机环境各组成部分的相互关联性，以及工作系统设计变更可能对系统所有部分产生的潜在影响。人因工程是随着社会的发展而发展的，不同的时代、历史背景和社会环境下，其人因工程的定义会有所不同。这是因为人因工程的核心在于研究人与系统之间的关系，而这样的系统会随着科技的发展而不断改变。

随着技术的发展，即使是传统的研究方法也可以借助更先进的技术手段得到深化，而且随着时代的发展，很多原有数据也必须与时俱进地进行更新。以《中国成年人人体尺寸》(GB/T 10000-1988) 为例，该标准中的人体测量数据源自 1986 年我国开展的第一次全国人体尺寸测量调查，该调查覆盖了华东、华北、西北、东南、华中、华南、西南等区域，涉及 18 ～ 25、26 ～ 35、36 ～ 60(男)、36 ～ 55(女) 多个年龄段，测量项目涵盖了身高、体重、上臂、前臂、大腿等 47 项人体尺寸。该标准于 1988 年 12 月 10 日发布，1989 年 7 月 1 日开始实施，至今该数据已经使用了三十多年。而在此期间，我国人民生活水平有了质的飞跃，体型也发生了显著变化，因此该标准中的成年人人体数据已无法准确反映当前国民的身体状况，不再适合作为现代社会生产生活的基本依据。这一现象与产业界日益增长的数据需求形成了巨大的供需矛盾，对与之相关的产业发展，特别是产品人性化设计水平的提高造成了重大影响，产业界对其修订的呼声日益高涨。2023 年 8 月 6 日，国家市场监管总局、国家标准化管理委员会发布了新的《中国成年人人体尺寸标准》(GB/T 10000-2023)，于 2024 年 3 月 1 日正式实施。该标准根据时代的发展，增加了更多的人体尺寸、更科学的年龄分组、人体功能尺寸等内容，如图1.24所示。

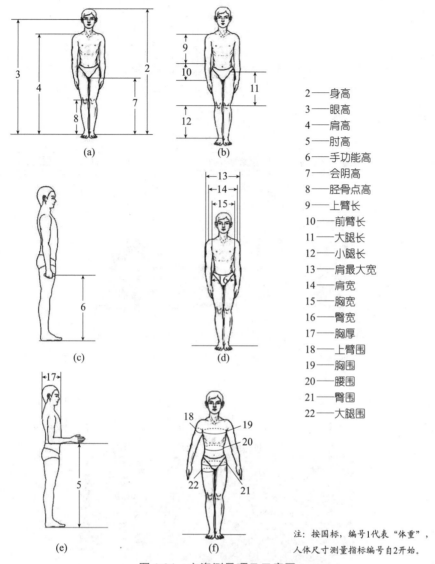

2——身高
3——眼高
4——肩高
5——肘高
6——手功能高
7——会阴高
8——胫骨点高
9——上臂长
10——前臂长
11——大腿长
12——小腿长
13——肩最大宽
14——肩宽
15——胸宽
16——臀宽
17——胸厚
18——上臂围
19——胸围
20——腰围
21——臀围
22——大腿围

注：按国标，编号1代表"体重"，人体尺寸测量指标编号自2开始。

图1.24　立姿测量项目示意图

新标准广泛适用于成年人消费用品、交通、服装、家居、建筑、劳动保护、军事等领域的生产，与服务产品、设备、设施的设计及技术改造更新，同时适用于各种与人体尺寸相关的操作、维修、安全防护等工作空间的设计及其工效学评价。

技术的发展为人们采集数据提供了更加便捷的方法，一些数据可以通过多种方式直接或间接地获取，如三维扫描技术、动作捕捉技术、三维建模有限元分析等。举例来说，利用三维数据采集技术，我们可以进行个性化服装定制。这一技术通过在服装定制流程中应用三维人体数据，解决人体测量中长期存在的复杂性问题，从而实现个性化定制产品的规模化生产，如图1.25所示。

通过影像法，可将电子计算机断层扫描(computed tomography，CT)、核磁共振成像(magnetic resonance imaging，MRI)等技术扫描糖尿病足获得的数据进行处理。采用逆向工程方法建立足部三维实体模型，利用软件进行网格优化处理并进行有限元分析，如图1.26所示。

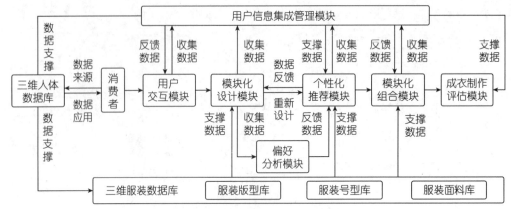

图 1.25　用户自主设计流程图

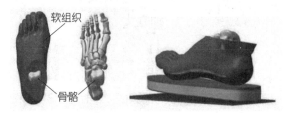

图 1.26　足部几何模型（左）、足部和鞋具接触区域（右）

　　人因工程中的动作捕捉系统在影视、动漫、游戏、医疗健康、体育等方面有着广泛的应用，如图 1.27 所示。通过应用动作捕捉系统设计的可穿戴式下肢关节运动姿态捕捉装备，可以帮助患者恢复健康。该装备的结构设计为左右对称，单边结构从腰部到脚跟处，分为 4 节，关节联结之处设置运动参数传感器，以便实时传递患者的运动功能参数。

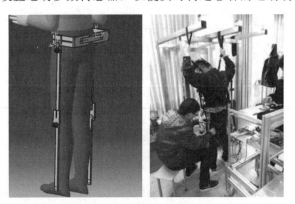

图 1.27　穿戴式腿部数据采集器

　　此外，技术的发展还深入心理领域，如脑力负荷、决策、技能表现、可靠性、工作压力和培训等多个方面，这些领域与人因工程学紧密相连。例如，功能性核磁共振成像 (functional magnetic resonance imaging，fMRI)、脑电图 (electroencephalogram，EEG)、事件相关电位 (event-related potential，ERP)、功能性近红外光谱技术 (functional near infrared spectroscopy，fNIRS)、脑磁图 (magnetoencephalogram，MEG)、经颅磁刺激 (transcranial magnetic stimulation，TMS) 等技术，均在心理研究中发挥着重要作用。不同的技术各有利弊，其特点也不一样，下面按照数据时间分辨率和数据空间分辨率两个方面进行分类，如表 1.3 所示。

表 1.3　不同技术的优劣势

技术	数据时间分辨率	数据空间分辨率
功能性核磁共振成像	高	高
脑电图 / 事件相关定位	高	低
功能性近红外光谱技术	低	高
脑磁图	高	高

1.3.2　应用的挑战与策略

1. 应用领域的拓展

人因工程学持续关注微观人体工程学 (包括程序、环境，以及执行任务所需设备和工具的设计) 和宏观人体工程学 (包括工作组织、工作类型、使用的技术，以及工作角色、沟通和反馈)。这些学科不能被孤立地看待，因为产品和系统设计的整体视角需要综合考虑人、技术和环境之间的关联性，以及系统设计变更可能对系统所有部分产生的潜在影响。

随着社会的不断发展与科技的持续进步，人因工程学的应用领域一直在扩展。其基本原则根植于社会技术价值观之中，坚持以人为本的核心理念，将技术视为辅助人类的工具，致力于提高生活质量，尊重个体差异，并对利益相关方负有责任。人因工程学不仅涵盖了人身安全、工作效率、舒适性等方面，还深入到生活和工作中的大健康、人机智能交互、人工智能等多个领域。

中国大健康产业的发展已全面加速。从十九大报告提出"实施健康中国战略"，到二十大报告进一步强调"推进健康中国建设"，并明确到 2035 年要建成"健康中国"的宏伟目标，这一进程显著推动了大健康产业链的快速发展，伴随而来的是对供应链体系模式创新和管理迭代的更高要求。在这一复杂系统中，人因工程因其独特的跨学科特性，扮演着至关重要的角色。它涉及与健康相关的人体生理、心理等数据的采集，以及在系统开发过程中对数据的分析与应用，同时强调系统性思考，致力于探索与人相关的解决方案。因此，众多研究者基于人因工程的系统思想和方法，通过多学科的融合，结合时代技术发展，充分考虑当代背景下的实际问题，展开了大量的关于大健康的探讨与研究工作。

例如，针对脑卒中患者，通过功能性近红外光谱技术，采用脑机接口技术，实现人机交互，解读人的大脑意图 (见图 1.28)，然后将这些意图转

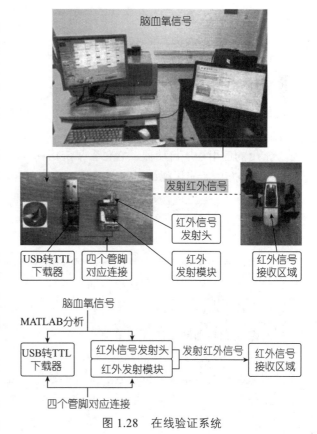

图 1.28　在线验证系统

化为控制外部助行设备的具体指令，实现对外部设备的控制。这个过程使得外部设备的控制更加智能化，进而促进了康复训练的效果。这种创新方法不仅有利于患者运动功能的恢复，而且可以减轻医护人员的工作负担。

2. 研究成果对创新设计的促进

在人们一般的认知中，人因工程学作为一种应用研究学科，在一个系统开发后的评估量化中有着举足轻重的作用。其实，人因工程研究还包括了大量的基础研究的转化，在这个转化过程中需要不断地进行调整，才能实现研究成果对创新设计的促进。

图 1.29　保罗·莫里斯·菲茨

保罗·莫里斯·菲茨 (Paul Morris Fitts，1912—1965)(见图 1.29) 是美国人因工程学学会早期最杰出的成员之一，其代表著作《设备设计师的人因工程指南》在军事和航天领域被广泛使用。以他命名的菲茨法则至今都影响着人机交互设计，该定律的主要观点是，选择目标的难度与目标的距离和目标的宽度之间存在着对数关系，即目标越远或越小，选择该目标所需的时间就越长。这一定律强调了目标的尺寸和距离对用户操作的影响，为界面设计和交互元素的布局提供了指导原则。它描述了手部动作的速度和准确性之间的关系，是一种人体运动的预测模型，主要用于人机交互和人因工程学。在1954 年的原始论文中，菲茨提出了量化目标选择任务难度的指标。这个度量是基于信息类比的，其中到目标中心的距离 (D) 被视为信号，而目标的容差或宽度 (W) 则被视为噪声。该指标被称为 Fitts 的难度指数 (index of difficulty，ID，单位以 bit 表示)：

$$ID = \log_2\left(\frac{2D}{W}\right)$$

此后该定律不断完善。在实际应用中，设计者可以利用菲茨定律的原理来优化用户界面，使常用的操作目标更大或更容易到达，以提高用户的操作效率和准确性。例如，在计算机界面中，按钮的大小、布局和距离都是菲茨定律考虑的重要因素。macOS 的 Dock 是一个常用的应用程序启动器，它包含了应用图标，如图 1.30 所示。为了遵循菲茨定律，苹果确保 Dock 中的应用图标足够大，使用户可以轻松地点击它们以启动相应的应用程序。

图 1.30　macOS 的 Dock 栏

人因工程在应用研究和基础研究领域均展现出显著优势。在应用研究层面，众多系统已采纳了人因工程的思想和成果；而在基础研究层面，人因工程的思想则助力众多基础的研究成果转化为切实可用的产品和系统，从而更好地服务于人类。

3. 多模态与即时反馈评估策略

随着人们对自身了解的日益深入，"一题多解"的方法为研究提供了多维度的视角，使人们能够从更多角度分析问题。如今，这种不同类型数据的模态形式已经在各行各业取得了显著发展，通过多种数据之间的配合和互相佐证，研究结果会更加可靠。

在人因工程研究中，多模态研究方法逐渐兴起。这种模态的形式是测量手段增加及系统性整合的产物。一方面，它受到人为因素的影响，人体在不同的情况下表现出同一个状态，其代表的内容可能不同，而不同的状态可能反映出人体出现了某些情况。比如，可以同时通过心电图 (electrocardiogram，ECG)、肌电图 (electromyography，EMG)、眼电图 (electrooculogram，EOG)、脉搏波 (blood pulse wave，BPW) 信号、动作行为特征 (如单位时间内眼睑闭合率、眨眼频率、眨眼速率、视线方向、瞳孔直径等) 来检测人体的疲劳状况。另一方面，随着测量手段越来越多样化，整合这些数据的方法也在不断增多，且这些技术日益成熟，涵盖了机器学习、人工智能等多个领域。

例如，当盾构机司机在驾驶过程中出现疲劳感时，其感知信息、判断决策及操作能力下降，影响盾构掘进施工效率，同时司机的生理指标也会发生变化。通过脑电信号、心电信号、肌电信号、皮电信号等技术，可以同时检测驾驶员的疲劳状态，并分析造成驾驶疲劳的主要原因和机制，如图 1.31 所示。

图 1.31 盾构机司机驾驶疲劳检测实验设备

多模态识别技术的案例很多，例如为了提升情感识别的准确性，通过向被试者展示情绪视频，激发他们的情感反应，并据此采集他们的脑电 (EEG) 和眼动数据。随后，从这些数据中提取每个通道信号之间的联系，并基于这些联系提出了一种多模态特征融合的情感识别方法，如图 1.32 所示。

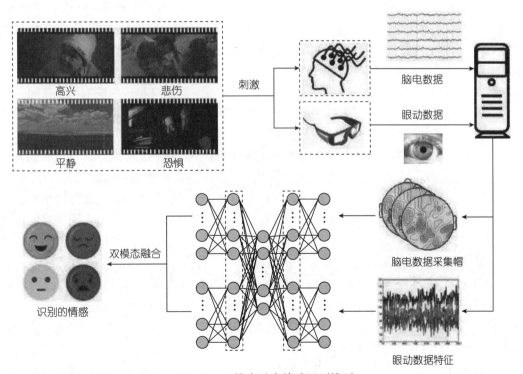

图 1.32 双模态融合情感识别模型

在这个方法中，EEG 和眼动数据被转化为图结构数据，以便通过多路图卷积技术分别对各种模态的信号进行特征提取。接着，利用模态注意力图卷积层来有效融合不同模态通道间的连接信息。为了验证该方法的有效性，我们对采集到的被试者的四类情感数据进行了实验测试。结果显示，与仅使用 EEG 或仅使用眼动数据的单模态识别结果相比，图卷积融合方法能够显著提高情感识别的准确率。更进一步地，当在图卷积融合方法中引入模态注意力机制后，识别率再次得到提升。

1.3.3　我国人因工程学发展的新动向

1. 新科学问题的不断拓展

世界处于不断的发展之中，人们的需求与科技的发展都呈现出动态的特征，因此我们要结合时代的发展来审视一个学科的发展。人因工程研究始终随着社会的变迁而演变，但是其以人为本的核心是不变的，变的是技术手段、应用领域等。

传统的人因工程学包括与身体活动有关的人体解剖学、人体测量学、生理学和生物力学特征等内容，其研究范畴包括工作姿势、物料处理、重复动作、与工作有关的肌肉骨骼疾病、工作地点布局、安全及健康等多个方面。在新时代的制造系统中，人因工程学取得了显著进展，主要体现在部分工作和动作的自动化、人的不可或缺、人的安全保障，以及可穿戴设备等新技术的应用等方面。新时代背景下的智能制造系统是一种高度复杂的人机协同系统，协同问题和安全问题是该系统面临的主要挑战，而有效的人机协同是保证智能系统安全和效率的关键因素。

目前，我国人因工程学科的发展势头强劲，根据对国际 16 个人因工程领域期刊 2010—2020 年所刊载的论文检索分析，中国学者共发表论文 2291 篇，占全部文章数量 (15 088 篇) 的 15.18%，这表明中国学者正在成为国际人因工程研究领域的中坚力量。中国人类工效学学会从成立至今，其会员数量已逐步增至 2200 多人，成为国际第二大人因学会。随着人因理念在用户体验领域的渗透，国内组建了用户体验联盟、用户体验专家组、国际体验设计协会，以及工程心理学分会等与人因学相关的学术组织。此外，自 2016 年起至 2023 年止，由学界发起、政府支持的中国人因工程高峰论坛已成功举办 7 届，围绕人因设计与测评、人因工程与工业 4.0、人因工程与人工智能等主题，以及推动行业应用等专题进行了深入的研讨与交流。

在国际上，我国的人因工程研究处于整体跟随的状态，但在部分应用领域，如载人航天，已经崭露头角。我们的基础研究大多是基于国外理论和模型进行本地化改进或应用，在理论层次、研究技术手段，以及结合具体应用领域进行验证等方面，与国际水平相比存在不小的差距。此外，重大领域方向和重要行业管理部门尚未深刻认识到人因工程的价值和意义，导致在基础研究、实验室建设和标准规范制定上的投入不足，同时在重大工程应用上的推动力度也显得不够。

2021 年，工业和信息化部、国家发展改革委、教育部、科技部、财政部、人力资源社会保障部、国家市场监督管理总局、国务院国资委八部门印发《"十四五"智能制造发展规划》，指出要攻克智能感知、人机协作、供应链协同等共性技术，研发人工智能、5G、大数据、边缘计算等在工业领域的适用性技术。关于智能制造装备创新发展行动，指出研发可穿戴人机交互设备等基础零部件和装置的重要性；而在智能制造标准的制定方面，则强调要加大标准试验验证的力度，以推动人机协作等基础共性和关键标准的制修订工作，以满足技术演进和产业发展的需求，加快开展行业应用标准的研制进程。

在网络化、智能化的进程中，人因工程继续发挥着举足轻重的作用，不仅在航空航天、计算技术、智能系统等领域，而且在与百姓日常生活密切相关的各种产品设计开发中，其重要性也日益凸显。当前，人工智能、大数据、云计算、物联网、无人驾驶车、无人机、虚拟现实等技术正引领新一轮的技术革命，因此智能制造系统人因工程的研究和应用要能够进一步消除不确定性，使系统的运行可预测、可控制。通过建立完善定量和客观的测试技术与评价指标，将人的经验和知识快速高效地转移到信息系统，并集成到智能制造系统中，从而提高系统处理复杂问题的能力。同时，使用新技术与方法来提高人机环之间的沟通互动与控制能力，综合考虑人机环之间的关系，创新应用各种新兴技术来构建新一代智能制造系统。这不仅旨在构建和谐的人机关系，实现人与机器和谐共处，还致力于利用新技术提升员工的工作舒适度和幸福感。

2. 虚拟现实和人工智能技术的发展

当前，众多研究正积极运用各种技术来采集用户数据，并借助多模态、人工智能等先进的数据处理方式，开展人因工程研究。随着数字化时代的到来，大量涌现的虚拟技术为解决人因工程研究中的环境营造难题提供了新的途径。通过探讨新型人机环关系，我们更加注重设计的信息呈现方式、行为反馈的宜人性表达，实现人机环的良性互动。这一努力旨在有效缓解由人的操作和认知带来的不可避免的压力问题，确保用户能够准确感知系统的态势，从而保障系统的顺畅运行。

虚拟现实 (virtual reality，VR)、增强现实 (augmented reality，AR)、混合现实 (mixed reality，MR) 等技术的进步，能够为研究营造所需的环境，并实时对环境进行光照、颜色、布局、纹理等方面的调整。在虚拟的环境中，我们可以搭建房间、驾驶室、车厢，乃至地铁站、工厂流水线、空间站、航站楼等复杂环境。随着技术的不断发展，体验也越来越真实，不仅涵盖视觉、听觉，还扩展到嗅觉、触觉等，通过系统性的构建有效增加沉浸感。在这种环境中展开人因工程研究，能够更好地控制实验条件，替代部分真实环境的搭建，降低成本，缩短周期，提高效率，特别是一些复杂空间的虚拟搭建会比实际场景的搭建更加便利。此外，如果在增强现实技术的基础上增加实际的交互感知，构建人—信息—物理三元虚拟融合系统，可完善人因工程研究规范与测评技术，形成量化标准，将定性问题转化为可参考的定量指标，形成主客观结合、定性定量综合集成的人因评价标准。该系统可以解决人作为人因工程的主要研究对象，在面对不同作业需求、新型系统和复杂问题时，产生的心理变化、认知思考和决策执行能力等方面的多样性及差异性，并提供有效的解决方案。

沉浸式虚拟现实显示系统 (cave automatic virtual environment，CAVE)，可以通过高分辨率的立体成像技术、计算机图像处理技术、声场还原技术，以及其他模拟技术，产生完全沉浸的虚拟环境，如图 1.33 所示。例如，在沉浸式虚拟现实显示系统中，对乘客通过舷窗观察机身外部时的视野效果进行舒适性评估，获取观察者对不同舷窗模型的主观舒适性评价并开展对比分析，以获得最佳舒适度的客舱舷窗设计特征；选取合理的人体尺寸、座椅尺寸，确定合适的视野范围，并设计舷窗尺寸和位置，使乘客在垂直平面和水平面均有较舒适的外部视角，如图 1.34 所示。

图 1.33　沉浸式虚拟现实显示系统

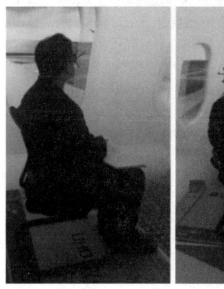

图 1.34　观察者测试舷窗舒适性

　　当前的智能时代展现出"技术提升＋应用开发＋以人为中心"的特征。针对新科技时代，围绕人工智能与人之间的关系的新型人因工程学基础理论框架尚未建成，这是亟待解决的问题。智能人因工程学作为人因工程学领域的研究前沿，近年来随着以人工智能、机器人、生物信息，以及数据科学等为代表的新科技革命的兴起，正在迅速发展成一门多学科高度融合交叉的科学。这种新型的高度融合的人机关系需要在同一空间下让机器逐渐具备人类的感知、学习、思考、自适应及决策能力，通过与人类大脑逻辑思维及应变能力的结合，使"机器"能够充分发挥其快速、准确、耐疲劳等机械性能优势。人与机两者之间优势互补，以自然、安全的方式进行交互，共同协作完成设定的目标方案。人工智能呈现出深度学习、跨界融合、人机协同、群智开放等一系列特征。因此，建立新一代人工智能基础理论体系，实现人机协同增强智能，成为人工智能发展的重点之一。

　　伴随人工智能、大数据等新兴技术的发展，新一代人机交互技术更加强调人机共融的理念。然而，在智能时代背景下，人机共融技术研究正处于初级阶段，在未知动态环境感知能力提升、人机协作安全性提升、结构与机构技术的提升，以及人机交互技术智能化发展等方面仍面临挑战，未来在技术研发、理论研究与公众意识等方面仍有很长的路要走。因此，需要不同领域共同配合来实现前沿领域的交叉融合，突破目前人机共融相关技术瓶颈，探究其未来技术发展的创新要素，加快新型人机环系统在各领域的融合应用。

随着人工智能的迅猛发展，智能传感监测、智能虚拟现实模拟、计算机数值仿真、行为智能观察分析、数据信息处理与算法等领域迅速发展。在新时代背景下，人因工程学的研究理论框架和研究路径需要随着时代的发展而改变，需要考虑新型人机环关系的构建、相关心理学理论的应用、人机交互设计标准开发、现有人因学科方法的改进，以及人工智能研发的参与。人工智能的发展策略应该聚焦于实现人类与机器智能的优势互补，将人的作用有机融入新型人机环系统中，从而催生出更强大、更具可持续性的人机混合增强智能。

2.1　人因工程学研究方法概述

人因工程学的研究方法，是建立在强大的人类科学基础之上的可操作的方法和技术，是人因工程学科的主要组成部分。人因工程学研究的目的，是通过揭示人—机—环境之间关系的规律，以确保系统总体的最优化。

2.1.1　人因工程学研究的原则

1. 决定论

就人因工程学研究而言，决定论意味着人—机—环境系统设计的每一个细节背后都有其特定的原因。例如，门把手的形状设计和安装高度的确认，都是基于人体测量尺寸、心理因素，以及空间环境要求等方面的考量。因此，人—机—环境系统的设计呈现出一定的规律性，使我们可以对其进行预测。

2. 可揭示性

在人因工程学的研究中，可揭示性意味着能够通过科学的方法揭示出系统总体最优化的规律。以空间环境设计为例，科学研究发现，工作照明、湿度、温度等因素是影响工作效率的重要因素，找到这些原因后，人因工程学家就能够分析出特定空间里工作效率低下的原因，并据此进行空间环境的优化设计。

3. 客观性

人因工程学研究的是人—机—环境三者之间的关系，这其中包含错综复杂的变量条件，但影响它们之间关系的规律是客观的。因此，人因工程学的研究结果应不受研究者的影响，或者说不依赖于研究者。

4. 数据驱动

数据驱动是指研究的结论能够有客观数据的支持，而这些数据是采用科学系统的程序收集的。事实上，作为科学思维的特征之一，数据驱动在人因工程学中能够发挥巨大的作用。比如，泰勒在研究铁锹铲煤效率时，通过将铲煤载荷控制在 5kg、10kg、17kg、20kg 这四个水平，最终发现在载荷为 10kg 时铲煤的效率最高。

5. 经验主义

经验主义是指通过直接观察或个人经验来获得知识的过程，这一过程与基于逻辑推理而非直接经验的理性思考相区别。经验主义提出的问题，可以通过各种系统的观察和研究来得到解答，而系统的观察和积累经验正是科学方法论的核心特征。

2.1.2　人因工程学研究的特点

人因工程学诞生以来，科学的研究方法一直都是其研究的基础。人因工程学研究的方法包括科学的提问方式、获得答案的逻辑性和方法。具体来讲，人因工程学的研究具有如下几个特点。

(1) 客观性。人因工程学研究强调客观事实和证据，致力于发现自然界的规律。

(2) 可证伪性。人因工程学研究要求理论和观点具有可证伪性，即可以通过实验和观察来证明其真伪。

(3) 系统性与逻辑性。人因工程学研究遵循严密的逻辑体系，通过系统性的观察、实验和分析来得出结论。

(4) 可重复性与普遍性。人因工程学研究强调实验和观察的可重复性，要求研究结果能够在不同条件下重现。这有助于确保科学知识的普遍性和可靠性。

(5) 精确性与模糊性。人因工程学研究追求精确的测量和描述，使用定量和定性的方法来分析数据。而模糊性源于人的主观和复杂系统交互，这与非科学方法的毫无根据的模糊表达有本质区别。

(6) 开放性与保守性。人因工程学的研究具有开放性，愿意接受新证据和观点，不断修正和完善现有的理论。

2.1.3　人因工程学研究的目标

1. 描述

人因工程学致力于描述人—机—环境之间的关系，这一描述过程是指研究者用来定义、区分、分类或者把人机系统各因素及其之间的关系进行归类的手段。在此过程中，常规法则研究法常被采用。通过常规法则研究法，人因工程学试图建立广泛适用于多样性总体的概括性规律与通用原则。为了实现这个目标，大量的试验是不可或缺的，研究者旨在通过这些实验描述某一群体的平均水平或者有代表性的表现。这一平均水平可能反映了组内个体的表现，也可能并不完全涵盖所有个体的具体表现。

运用常规法则研究法的研究者承认个体之间存在较大差异，但他们试图强调相似性而非差异性。在科学研究中，研究者根据他们所要研究的问题来决定描述一组个体还是一个个体的行为，但人因工程学研究的通常是描述一组个体的行为。

2. 预测

人因工程学中有很多重要的问题都要求做出预测。例如，在噪声大的作业环境中工人是否更容易疲劳？司机在驾驶过程中眨眼频率的降低是否意味着他已经处于疲劳状态？不同的照明条件是否会影响人的生理节律？研究结果将对诸如此类问题做出肯定的回答，这些回答不仅为人因工程增添了有价值的学科知识，而且有助于改善人、机、环境三者之间的关系。

当一个变量的分数能用来预测另一个变量的分数时，可认为两个变量间存在相关关系。当相同的人、事或物的两个不同指标一起改变时，我们就说存在相关关系。也就是说，当一个变量的一列分数趋向于和另一个变量的一列分数相关联时，此时的两列分数称为"共变"。例如，已知疲劳度和在操作中要求的注意力集中程度相关，工作要求注意力越集中，则越容易产生疲劳。

需要指出的是，有效的预测并不在于知道为什么两列变量之间存在某种关系。例如，我们可以依靠对动物行为的观察来预测地震。某些动物在地震前行为明显异常，如蛇会逃出洞穴，狗会狂吠跑圈，这些现象可能都会对地震产生有效预测，即动物行为的异常可以用来预告即将发生的灾难。但这并不要求我们理解为什么地震前某些动物的行为异常，或为什么发生地震。

3. 解释

解释是科学方法的核心目标，研究者通常用实验的方法来找出人、机、环境三者之间互相影响的因素。在实验研究中，他们能够对环境进行严格的控制，确保探究某一因素时，仅操纵一个变量，从而准确判断该变量对系统的影响。通过精心设计和严格控制变量的实验，人因工程学家能够推断出导致特定影响的原因，并据此得出结论。对于人因工程研究者而言，实验在做出因果推论方面扮演着至关重要的角色。

然而，即使实验控制严格，研究者也可以根据实验结果形成因果推论，但也存在其他问题。其中，一个重要的问题是因果结论的推广，即实验结果只适用于参加实验的人群，但研究者经常要将实验结果推广至没有参加实验的人群。因此，判断实验室研究结果能否推广到现实世界中是人因研究的一个重要任务。实验室研究得出的结论有助于解释系统之间的关系，而且这一知识适用于研究和干预现实系统中的问题。

4. 应用

尽管人因工程学的研究者热衷于描述、预测和解释人、机、环境三者间的相互影响及关系，但这种知识不应局限于理论层面。相反，它应该被应用于现实生活中，旨在建立更有效、安全、健康及舒适的人机环境系统。

针对创造性变化的研究，我们通常称之为应用研究。在这一领域，人因学家致力于通过研究来改善人、机、环境系统，使其更加完善。例如，对于手部残疾的弱势群体，无障碍设计的研究便能有效提升他们的生活质量。

2.2　人因工程学的科学研究方法

研究方法在人因工程学的发展中具有重要的作用，只有掌握科学的研究方法才能保证研究工作取得预期的结果。人因工程学研究方法是建立在强大的科学基础之上的可操作的方法，这些方法涉及多种技术，是人因工程学科的主要组成部分。在《人因学和人类工效学的世界百科全书》中，有一个专门的部分详尽介绍了相关的方法和技术。而该书的其他部分，即便没有提供人因学方法的实际案例，也会提及并参考这些人因学方法。

2.2.1　常用的人因工程学研究方法

科学的人因工程学的研究方法，能够为工程师、设计师和专业人因学实践者，提供设计、分析和评估实际问题的结构性步骤。人因工程学的研究是围绕人—机—环境系统问题展开的，许多问题的研究依赖于实验和统计分析结果。研究方法除了传统的调查法、观察法、实验法、感觉评价法、心理测试法、图式模型法之外，还引入了其他学科领域的研究方法和手段。表 2.1 总结了近五年国内外常用的人因工程学研究方法。

表 2.1　国内外人因工程学研究方法

方法	研究方法及应用对象比较	
	国外应用对象	国内应用对象
调查法	● 人的职业损伤和工作负荷研究 ● 特殊工种的工作姿势研究 ● 老年人和残疾人的生活需求研究 ● 小学生书包负重与疾病研究等	● 作业环境对人的影响调查 ● 疲劳调查 ● 工作压力调查 ● 人机系统问题调查 ● 人为失误影响因素调查等
观察法	● 用同步录像记录和视频观察方法研究复杂作业流程 ● 用机动电流图 (EMG) 研究工作姿势及人体舒适性 ● 用 3D(三维) 人体测量技术、分级测量方法进行人体研究和评价 ● 手工作业复杂度评价 (机器配合测量) 等	● 观测作业流程，进行作业分析及改善 ● 作业时间测定、人的反应时间测定 ● 运用 3D(三维) 测量技术进行人体研究 ● 生理测绘法、主观测绘法测定脑力负荷 ● 工作环境测定、体力工作负荷测量 ● 工作研究用于生产作业过程优化等
实验法	● 计算机模拟仿真实验法应用于人—机系统协调性的研究 ● 实验室实验法研究人格类型 ● 工作姿势的合理设计研究等	● Power-DOE 模拟实验分析热舒适性 ● 实验室模拟仿真人—机系统进行分析 ● 产品视觉评估方法用于设计和改进产品 ● 产品可用性评价等
感觉评价法	● 运用人的主观感受对产品和系统的特定质量进行评价，如对噪声声级、照明效果进行评价 ● 对产品和系统的整体进行评价，如环境的舒适性、满意度、居住性的评价 ● 运用主观评价法对脑力负荷进行评价	
心理测试法	以心理学中有关个体差异理论为基础，将操作者个体在某种测验中的成绩与常模做比较，用以分析操作者的心理特点。常用于素质、能力测试，对企业人才选拔和培训有意义	
图示模型法	近年来应用较少	采用图形对人—机系统进行描述，直观地反映各要素之间的关系，多用于机具与环境的设计和改进，以及人机功能的分配
工效计量方法	● PMV 模型预测评价环境 ● 适应神经模糊推论系统分析 ● 用模糊层次分析法优化空间布局 ● 语义微分法分析顾客认知和产品评价 ● RULA 法用于人因工程质量评定 ● 自调模糊神经推理系统评价人体研究方法 ● 数学建模方法用于解决热平衡、照明适应的评价问题等	● 遗传算法、CMAC 神经网络算法用来研究热舒适 ● 层次分析法用于疲劳致因分析 ● 模糊综合评价用于划分驾驶疲劳等级 ● 模糊决策模型用于复杂系统的功能分配 ● 灰色理论预测车祸死亡率 ● 基于信息灯的启动算法进行工作调度等

2.2.2　人因工程学研究步骤

在开展人因工程学的科学研究时，我们需要谨慎地接受相关论断，并在接受之前对这些论断的证据进行批判性的评估。科学方法以实证为依据，实证研究则强调直接观察和实验，且整个研究过程受到最终观察和实验证据的引导。

1. 观察

我们可以通过直接观察他人的活动来初步了解其行为方式，但这种日常观察往往既不细致也不系统。大多数人在观察时，没有刻意去控制或排除那些可能影响观察结果的因素。

相比之下，科学家在进行实验时，会设置极其严格的控制条件。他们会主动调整一个或多个因素（这些被调整的因素被称为自变量），然后观察这种调整如何影响被研究的行为。在简单的实验中，自变量通常有两个状态：一个是实验状态（也就是进行了某种特殊处理的状态），另一个是控制状态（也就是没有进行特殊处理的状态）。比如，如果想研究喝酒对处理复杂信息速度和准确性的影响，那么自变量就是饮料中是否含有酒精。在这个例子中，实验组的参与者会喝含酒精的饮料，而控制组的参与者则喝不含酒精的替代饮料。接下来，研究者会让参与者玩一个复杂的游戏，以此观察他们处理复杂信息的能力。

为了评估自变量对行为的具体影响，科学家还会测量一些指标，这些指标被称为因变量。在酒精影响的研究中，研究者会记录控制组和实验组参与者在玩视频游戏时的出错次数，这个出错次数就是因变量。

科学家会仔细观察因变量在不同自变量条件下的差异，并尝试确定这些差异是否完全由自变量的不同状态引起。为了得出准确可靠的结论，科学家还会运用各种控制技术，通过细致且有控制的观察，来排除其他可能干扰实验结果的因素。

2. 报告

科学家在呈报其研究成果之际，致力于清晰地区分直接观测所得的结果，以及基于这些观测数据所推导出的结论。在科学文献的撰写过程中，观察者需保持高度的警觉性，以免陷入草率推断的误区。为确保报告的准确性和完整性，观察者应详尽地叙述实验或观察事件的全貌，同时剔除那些无关紧要或冗余的细节，以维护报告的精炼度。

科学报告应力求无偏见且客观公正，这是科学研究的基石。为了验证报告的客观性，一个有效的方法是寻求来自一个或多个独立观察者的验证。这种做法在科学界极为普遍，通过对比不同观察者之间的观察结果，可以检验观察的一致性和准确性。例如，在观察研究中，经常采用测量观察者间一致性的方法来确保数据的可靠性。

值得注意的是，尽管科学界在追求客观性和准确性方面做出了巨大努力，但仍有一些细微的偏差可能难以被察觉，甚至在经过严格审查的科学报告中也可能遗漏。这些偏差可能源于观察者的主观判断、实验条件的微小变化或其他未被充分控制的变量。因此，科学家在进行观察和研究时，必须保持高度的谨慎和耐心，以捕捉那些可能出乎意料的实验结果。

以鱼类繁殖行为为例，有一种特殊的鱼类，其卵是在雄性鱼类的口中孵化的。如果观察者初次观察到鱼卵在雄性鱼口中消失，便草率地推断它们被雄性鱼吞食，那么这种推断就可能是错误的。一个更为严谨的观察者会耐心地等待，并密切关注可能出现的任何非预期结果，以确保对鱼类繁殖行为的准确理解。这种做法体现了科学研究中应有的谨慎态度和耐心观察的重要性。

3. 概念

概念涵盖了有生命与无生命的事物、活动中的事件，以及这些事物或事件之间的相互联系与特征。作为交流的符号，概念的明确界定是确保思想交流清晰无误的基础。在人因学研究中，概念的学习占据着举足轻重的地位。

科学家赋予概念意义的一种重要途径便是操作定义，它依据可观察的程序来阐释概念，该程序旨在产生并测量概念。以智力为例，可以通过一种强调逻辑关系理解、短时记忆，以及对词义熟悉性的纸笔测验来进行操作定义。尽管有些概念与智力的操作方式不尽相同，但一旦确立了特定的测验作为操作定义，至少能在一定程度上避免关于智力定义的争议。操作定义促进了交流，特别是在那些了解并认同操作定义应用背景的人群中，它显著提升了交流的效率和准确性。

尽管操作定义能够准确传达意思，但这种交流方式也面临着质疑。一个显而易见的问题是，如果我们对智力的某种操作定义不满，可能会倾向于为智力提供另一种操作定义。这是否意味着，有多少种操作定义，就有多少种智力？每当我们在智力的纸笔测验中增加一系列新问题时，我们是否需要重新定义智力？为了确定一个不同的程序是否会产生一个新的智力定义，我们必须寻求充分的证据，如考察在一个测验上得分高的人，在另一个测验中是否同样表现出色。如果答案是肯定的，那么新测验可能与旧测验测量的是相同的概念。

4. 仪器

我们常常借助各类仪器进行测量，这种依赖的程度远超我们的日常感知。从汽车的速度计、卧室内的时钟，到测量体温的温度计，这些都是我们日常生活中频繁接触的测量工具。一旦这些仪器的准确性出现问题，便可能引发一系列不良后果。准确性，指的是仪器显示值与实际准确值之间的一致性程度。例如，不准确的时钟可能导致我们迟到，不准确的速度计可能让我们收到违规罚单，而不准确的体温计则可能让我们在生病时浑然不觉。为了确保仪器的准确性，我们通常采取校准刻度或与已知准确度的其他仪器进行对比验证的方法。

此外，仪器的测量还涉及精确性的差异。例如，以 0.1 秒为单位的时间测量，其精确度就不如以 0.01 秒为单位的时间测量。轿车上的汽油表虽然能够提供相对准确的测量，但在精确度方面却有所欠缺，无法给出非常细致的读数。在人因学研究中，我们同样需要借助各种仪器进行测量。比如，在生理心理实验中，为了评估个体的唤醒水平，我们需要使用能够精确测量内部状态的仪器，如心率计和血压计；对于焦虑的测量，有时则需要利用测量皮肤生物电反应的仪器。此外，纸笔测验、问卷和量表等也是人因科学研究中常用的行为测量工具。

5. 测量

科学家为研究各类事件与现象，常借助仪器进行测量，这一过程提供了科学方法中不可或缺的精确且可控的观察记录。物理测量作为科学测量的重要分支，依据统一的量度标准和专业的测量仪器进行。例如，长度作为一个可通过物理测量来评估的量度，拥有诸如米、英寸等一致认可的长度单位。

在测量过程中，仪器的准确性和精确度至关重要，同时，测量的有效性和可信度亦不容忽视。一般而言，效度是衡量测量真实性的关键指标，它要求测量应精准反映研究者意图测量的内容。我们在探讨智力的可能操作定义时，已对此有所涉及。测量的有效性可通过多种独立测量方法的一致性来验证，即若不同方法针对同一概念进行测量时，能够得出预期中的相同结果则视为测量有效。

信度则是指测量的一致性程度，它涵盖重测信度（即同一测量工具在不同时间点对同一组被试进行测量时所得结果的相关程度）、内部一致性信度（测量工具内部各项目或部分之间的相关性）、评分者信度（不同评分者对同一对象进行评分时的一致性），以及平行形式信度（两个平行形式的测量工具对同一组被试进行测量时所得结果的相关程度）等多种类型。测量的效度和信度是科学研究中的核心问题，它们对于确保研究结果的准确性和可靠性具有至关重要的作用。

6. 假设

假设是对某一现象或事件所做出的试探性解释。在较为简单的层面，假设主要描述的是特定变量之间的关联方式。在流行文化中，人们往往将白色或明亮与正面价值相联系，而将黑色或黑暗与负面价值相对应，这种明亮与黑暗的感知实际上是一种主观体验。曼耶及其同事的研究便基于这样一个假设：情感判断与明暗感知之间的联系是自动发生的，即人们倾向于自动地将较明亮的对象视为积极的，而将较暗的对象视为消极的。为了验证这一假设，曼耶等人设计并实施了一系列实验。实验中，他们要求参与者判断计算机屏幕上呈现的 100 个词汇是积极还是消极的，其中 50 个词汇先前已被评定为积极情感词汇，如"甜""爱""漂亮""熟睡"等，另外 50 个则为消极情感词汇，如"苦""病痛""魔鬼""粗鲁"等。研究者通过操控词汇的呈现颜色（白色或黑色）作为实验变量，来观察其对参与者判断的影响。实验结果显示，当词汇的情感色彩与其呈现颜色相冲突时（如"爱"以黑色呈现），参与者做出判断所需的时间会更长，且错误率更高。

在更为复杂的理论层面，假设能够揭示特定变量之间关联的原因。例如，麦耶及其同事认为，人类大脑的进化使得概念思考与物理知觉之间形成了自动的关联。基于这一理论，他们提出，如果人们没有首先自动地考虑对象的物理特性，如明亮程度，那么他们将无法判断一个词语（或任何对象）的情感色彩。在他们的实验中，当明亮程度与正确的情感判断相冲突时，参与者需要额外的认知加工（如更长的反应时间、更多的思考）来克服自动的联想，从而做出正确的褒贬判断。

几乎每个人在日常生活中都会提出一些旨在解释人类行为的假设，比如为何人们会做出看似无意义的暴力行为、为何人们会选择吸烟、为何某些学生的学习成绩优于其他学生等。然而，这些假设是否属于科学假设，则需要进一步的审视。区分日常假设与科学假设的一个重要标志在于其可检验性，即如果一个假设无法被检验，那么它在科学上便是无意义的。具体而言，有三种类型的假设无法通过可检验性的检验：一是假设中的概念未被准确定义；二是循环论证的假设；三是受个人主观影响而未得到科学认可的假设。

课后练习

思考题

1. 人因工程学研究的目的是什么？它如何通过科学思维实现这一目的？
2. 决定论在人因工程学研究中的具体应用是什么？
3. 可揭示性在人因工程研究中的重要性体现在哪些方面？
4. 客观性在人因工程学研究中如何体现？
5. 数据驱动在人因工程学研究中的作用是什么？
6. 经验主义在人因工程学研究中可能带来的问题是什么？
7. 人因工程学研究方法的特点有哪些？
8. 人因工程学研究方法在国内外的应用对象有哪些差异？
9. 调查法在人因工程学研究中的应用有哪些？
10. 观察法在人因工程学研究中如何帮助理解复杂作业流程？

11. 实验法在人因工程学研究中的作用是什么？

12. 感觉评价法在人因工程学研究中如何帮助评价产品和系统的质量？

13. 心理测试法在人因工程学研究中的应用是什么？

14. 图示模型法在人因工程学研究中的作用是什么？

15. 工效计量方法在人因工程学研究中的应用有哪些？

讨论题

1. 描述、预测、解释和应用这四个科学方法的目标在人因工程学研究中如何相互关联？

2. 实验室研究结果如何应用于现实世界中的人、机、环境系统？

3. 人因工程学研究方法在不同文化背景下的应用可能会遇到哪些挑战？

4. 在人因工程学研究中，如何平衡定量研究和定性研究？

实践题

1. 设计一个简单的调查问卷，用于评估办公室环境中的照明对人员工作效率的影响。

2. 使用观测法，分析一个生产车间的工作流程，并提出改善建议。

3. 设计一个实验，研究不同工作姿势对工人疲劳程度的影响。

4. 通过感觉评价法，评估新设计的工作椅的舒适性。

5. 使用心理测试法，为一个需要注意力高度集中的岗位选拔合适的员工。

第2篇

人因工程科学研究实践

第3章
人因工程研究方法：观察法

观察法是人因科学研究的重要工具，它致力于尽可能全面且准确地描述行为。要想达到这一目的，我们必须依靠观察人们行为的样本来描述行为，并确保这些样本能够代表人们的普遍行为。

个体行为经常会随其所处的环境变化而改变。设想一下，我们在教室里的表现和在家里表现的差异；孩子与父亲在一起和与母亲在一起时行为的变化。社会心理学家很久前就注意到，仅是他人在场就足以影响一个人的行为，这种影响作用可能是社会助长（他人在场时成绩提高）或社会抑制（他人在场时成绩降低）。因此，为了对行为进行全面的描述，需要我们在不同情境和不同时间进行观察。

观察法为行为假设者提供了丰富的资料来源，因此观察也是研究者探索人类行为方式及其成因的第一步。通过本章的学习，我们将了解记录和分析观察数据的方法，探讨为什么要为观察创造特殊的情境，并深入探讨在使用观察法进行研究时，解释结果所面临的困难和挑战。

3.1 观察法的抽样

在进行观察研究前，研究者必须决定在何时何地进行观察。在多数观察研究中，研究者不能观察到所有的行为，只能观察到特定时间、特定情境，以及特定条件下发生的一些行为。换句话说，必须对行为进行抽样，该样本可用来代表一个更大群体的所有可能的行为。研究者只有通过选定时间、情境和条件，对代表总体的行为样本进行观察，才能将其结果推论到总体中。

抽样时所选择的时间、情境和条件对抽样的核心要素——被试，有着重大影响。基于观察所得的结果，只能推论到与实施观察的研究相似的被试、时间、情境和条件中。而一个具有代表性的样本，其关键特征在于它与所在群体中的被试在时间、情境和条件等方面均保持相似性。例如，学年初对课堂行为的观察结果，并不能用来等同于学年末课堂的典型行为。

外部效度是指研究结果能推论到不同的总体、时间、情境和总条件中的程度。考察一项研究的外部效度，需要确定本研究的结果在多大程度上可以解释除本研究之外的其他人、情景和条件。本节将详细描述时间抽样和情境抽样是怎样提高观察结果的外部效度的。

3.1.1　时间抽样

时间抽样指研究者系统地或随机地选择进行观察的时间间隔。当研究者对那些并不经常发生的事件感兴趣时，他们就会对行为样本采用时间抽样。在时间抽样中，研究者通过选择不同的时间间隔来寻找代表性样本。时间间隔的选择可以是系统的（如每周的第 1 天观察）、随机的或者二者兼有。

例如，用时间抽样来观察儿童的课堂行为。在这样的研究中，研究者每天观察儿童两个小时。如果研究者把观察限制在一天的某个特定时间内，比如只在早上，那么他们的结果将不能被推论到其余的在校时间。获取代表性样本的方法是在整个教学日内系统地安排观察时段，如每隔两个小时开始一次历时 30 分钟的观察，共进行 4 次观察。第 1 个观察时段在上午 9 点开始，第 2 个时段在 11 点开始，以此类推。另一种可能的安排是在教学日内每隔半个小时安排历时 10 分钟的观察。在此情境中，也可以运用随机时间抽样，在整个教学日内，随机分配 4 次历时 30 分钟的观察，或者 12 次历时 10 分钟的观察，这样每天都有一个不同的观察时间表，虽然每天的观察时间段不同，但是从长远来看，在整个教学日内发生的所有行为都有相同的抽样机会。

在实际的研究中，常常同时采用系统时间抽样方法和随机时间抽样方法，如可以系统地设计观察时间间隔，而在每个时间间隔内随机选择时间点进行观察。例如，每天的同一时间段内，设定 4 次历时 30 分钟的观察（上午 9 点、上午 11 点等），然后观察者在每次30 分钟的观察时间内，随机进行 20 秒时间间隔的观察。无论使用哪一种时间抽样方法，观察者都必须仔细考虑每一种方法的优势和局限。

当事件的发生频率较低时，时间抽样方法的有效性会大打折扣。这是因为，如果事件不常发生，研究者采用时间抽样可能会完全错过这些事件。此外，如果事件的持续时间较长，时间抽样还可能导致研究者遗漏事件的关键部分，如起始或结束阶段。例如，在对儿童"扭打"活动的研究中，研究者站在操场的角落来观察某幼儿园一个班级中的孩子，由于这种行为发生的频率相对较低，因此只能在发生扭打的时间段进行观察，一直观察到扭打场面结束。研究者通常不会对这些特殊事件采用时间抽样，因为特殊事件不一定会在随机选定的观察时间段内发生。这意味着，如果依赖时间抽样，研究者可能会错过这些事件，从而无法获取到有价值的数据。

3.1.2　情景抽样

情境抽样是指在不同地点、环境和条件下研究行为，在情境中，可使用被试抽样来对情境中的某些人进行观察。研究者可通过使用情境抽样来显著地提高观察结果的外部效度。

情境抽样要尽可能多地在不同地点、环境和条件下观察行为。通过不同情境的抽样，研究者可避免其研究结果只适用于某些特定的环境和条件下所特有的情况。例如，动物在动物园与在野外的行为表现不同，儿童在家中和在外面的行为表现不一样等。通过对不同情境的抽样，研究者也可增加被试样本的多样性，与只观察一些特殊类型的个体相比，能够获得更大的普遍性。

例如，拉弗朗斯和梅奥在调查不同种族人群在目光接触上的差异时，采用了情境抽样，他们在大学自助餐厅、商业区快餐店出口、医院和机场休息室，以及饭店观察成对个体间的目光接触。通过采用情境抽样，研究者可以调查到不同年龄、不同社会地位、不同性别和种族的人群，这对于目光接触文化差异的研究结果有很高的外部效度，比那些只对某一特定情境中某些特定类型的被试进行观察所得到的结果要准确得多。

在多数情况下，研究者会观察在抽样时间和地点出现的所有个体的行为，如研究者想观察学生早上和晚上在图书馆学习时的专心程度，他们会在指定时间观察图书馆内的所有学生。然而，有些时候同时发生的事件较多，就会影响到观察的有效性，如研究者要观察食堂高峰期学生对食物的选择，那么他们就不可能观察所有的学生，在这种情况下，研究者会使用被试抽样来确定观察哪些学生。与时间抽样程序类似，研究者可系统地选择学生(每次观察第 10 名学生)或随机地选择学生。同样，被试抽样的目标是获得在食堂吃饭的学生的代表性样本。

3.2 观察法的类型

依据不同的分类标准，观察法可以展现出多种形式。本节主要介绍四组主要的观察法。

3.2.1 参与式观察和非参与式观察

根据观察者融入情境的差异，观察法可分为参与式观察法(participant observation，也称"参与观察法""参与研究法")、非参与式观察法(non-participant observation，也称"非参与观察法""局外观察法")。在观察法的分类中，参与式观察与非参与式观察的分类有着较高的认可度。

1. 参与式观察

参与式观察是案例研究、质性研究，以及人因研究的关键方法，其根源可追溯至"田野工作"(field work，亦称"田野作业""田野方法"等)。该方法最早由 Linderman 于 1924 提出，他将社会科学研究中的观察者分为"客观的观察者"(类似于"非参与式观察者")和"参与式观察者"。根据观察者融入情境程度的差异，参与式观察可进一步细分为公开性参与式和隐蔽性参与式两种。

1) 参与式观察的操作要点

(1) 研究者需要深入研究对象的生活背景，参与他们的日常生活和社会活动。

(2) 观察者应保持隐蔽，不暴露自己的研究者身份。

(3) 观察者需要记录观察过程中的关键事件、互动和行为。

(4) 研究者在分析数据时，要注意保持客观，避免受到个人情感的影响。

2) 参与式观察的注意事项

(1) 避免主观偏见。研究者需要尽量避免个人主观偏见对观察结果的影响，确保数据的客观性和真实性。

(2) 尊重被观察者。在参与式观察中，研究者需要尊重被观察者的意愿和隐私，不得强迫或诱导被观察者参与研究。

(3) 确保研究符合伦理。在研究中，需要确保研究过程和研究结果符合伦理要求，不得对被观察者造成不良影响。

2. 非参与式观察

非参与式观察是指研究者在不参与研究对象活动的情况下，从外部观察和记录研究对象的行为和互动。这种方法保持了观察者与研究对象的距离，有助于保持客观性。

1) 非参与式观察的操作要点

(1) 观察者需要保持与研究对象的距离，避免参与他们的活动。

(2) 观察者应尽量保持客观，避免受到个人情感的影响。

(3) 记录观察过程中的关键事件、互动和行为，以便后续分析。

2) 非参与式观察的注意事项

(1) 保持观察者与研究对象的距离，确保观察的客观性。

(2) 观察者需具备出色的观察和记录能力，以便能够准确捕捉研究对象的行为和互动。

(3) 由于非参与式观察可能难以获得研究对象内心的想法和感受，观察者需要在分析数据时注意这一点，避免过度推断。

以下是一个运用非参与式观察法，研究动物园游客对动物行为观察及其影响的案例。

研究背景：动物园是一个受欢迎的休闲场所，吸引了大量游客。然而，游客的行为可能对动物产生影响，尤其是在动物福利方面。因此，了解游客的行为及其对动物福利的影响至关重要。

研究目的：通过非参与式观察法研究动物园游客的行为，分析游客行为对动物福利的影响，为动物园管理提供改进措施。

研究方法：采用非参与式观察法，对动物园内的游客行为进行实地观察。研究者记录游客与动物互动的情况，如拍照、喂食、敲击玻璃等行为，同时观察动物的反应，如紧张、恐惧、攻击等。

研究步骤：①前期准备。了解动物园的布局、动物种类和游客流量等基本信息，确定观察点和观察时间段。②收集材料。在观察期间，研究者记录游客的行为、动物的反应，以及游客与动物之间的互动情况。③数据整理。整理观察到的数据，对游客行为进行分类，如积极行为(保持安静、适当距离观看)和消极行为(大声喧哗、喂食、敲击玻璃等)。④分析研究。分析游客行为对动物福利的影响，探讨不同类型的游客行为与动物反应之间的关系。⑤研究结果。观察发现，动物园游客的某些行为对动物产生了负面影响。例如，大声喧哗、敲击玻璃等行为使动物表现出紧张和恐惧的情绪。此外，不适当的喂食行为可能导致动物健康问题。

研究结论：动物园管理者应加强对游客行为的引导和规范，提高游客对动物福利的认识，以降低游客行为对动物福利的负面影响。具体措施包括设置明确的参观规则、加强宣传教育、设置监控设备等。

这个案例展示了非参与式观察法在实际研究中的应用，通过对游客行为的实地观察，揭示了游客行为对动物福利的影响，为动物园管理提供了有益的建议。

3.2.2　结构式观察和非结构式观察

观察法通常不需要依赖结构化的问卷辅助研究，事先的组织和计划也相对较少，但这同时也带来了信息冗余、成本高昂等问题。为应对这些挑战，在实际研究过程中，研究人员可依据标准化的观察流程，制定既实用又科学的观察计划。因此，观察法被划分为结构式观察和非结构式观察两类。

1. 结构式观察

结构式观察是指在观察活动进行前，研究人员事先制定观察计划并且严格按照该计划执行，为特定的观察对象指定观察范围和内容，以获得系统、简明的，可以用来解释和研究某些特定问题的数据和信息。结构式观察在实际操作过程中，通常需要制定一个科学而实用的观察框架，框架的具体内容因研究内容的不同而有所差异。常用的结构式观察框架有如下 5 种：

(1) POEMS 框架。POEMS 框架由美国伊利诺理工大学设计学院提出使用。其中，p 代表 people，即被观察者；o 代表 object，指观察时看到的物体；e 代表 environment，指观察内容所处的环境背景；m 代表 message，指观察者在事件过程中可能获取到的相关信息；s 代表 service，指被观察者在事件过程中可能涉及或接受的服务。POEMS 框架在观察过程中强化了对人的分析，是以人为中心的观察框架。表 3.1 为 POEMS 框架记录表。

表 3.1　PEOMS 框架记录表

人 (p)	物 (o)	环境 (e)	信息 (m)	服务 (s)
大三女学生	抹布	卫生间	收拾茶具	无
	塑料盆		清洗抹布	
	茶杯		等待蓄水	
	水龙头		清洗茶具	
	开关		动作小心	
	杯垫		耐心清洗	
	茶漏		避免二次污染	

(2) 4A 模型。4A 模型包含 actors(行为者)、activities(活动)、artifacts(物品)、atmosphere(氛围) 及其动态相互作用。4A 模型主要通过事实观察、定格分析和视觉化综合 (利用文字、图片、视频等有效形式描绘未来可能出现的使用情境)，最终构建出用户情境。具体的记录表格参见表 3.2 ～表 3.6。

表 3.2　关于行为者的记录表

	人	年龄	能力	兴趣	行为目标	行为特征
行为者	大二女学生	20	熟练清洗茶具	没有	洗干净茶具	耐心

表 3.3　关于活动的记录表

	类型	系列动作	目标	结果	难点
活动	清洗	详细记录整个活动过程中的所有行为动作	洗干净茶具	打碎了茶具	茶垢难洗

表 3.4　关于物品的记录表

物品	材质	功能	特点	形态	风格
A					
B					
……					

表 3.5　关于氛围的记录表

氛围	特征	格调	位置	布局

表 3.6　关于动态相互作用的分析表

动作记录	图	图	图	图	图	图
动作定格	A	B	C	D	E	F
行为意义						

(3) 事理框架。事理框架源于工业设计学家柳冠中的"人为事物"学说及"事理学"理论。该框架的组织结构涵盖时间、环境、人物和产品四个维度，通过细致观察用户的行为，分析各元素及其之间的关系，进而将这些元素组合成动态的"事"（行为）。在这样一个从具体到抽象、从客观到主观的转化过程中，事和物的意义也就逐步显现。事理框架将活动作为整体来进行分析，具体的记录表格参见表 3.7。

表 3.7　事理框架记录表

事的要素	事的描述	相关资料	推断	理解
时间	记录整个事件	相关补充		
环境				
任务			自己的一些推断	自己对于行为的理解
人物				
行为				
相关物				

(4) POSTA 框架。POSTA 框架涵盖了人、物品、布局、时间、活动五个方面，并针对功用、心理、社会这三个层次进行深入分析。该框架特别加强了对物的细致分析，具体记录和分析内容可通过表 3.8 和表 3.9 来展现。

表 3.8　POSTA 样表

人	物	布局	时间	活动
大三女学生	涉及的所有物品	场景布局	动作进行的时间、时长	整个行为记录

表 3.9　POSTA 框架分析样表

人	物品 A	物品 B	物品 C	物品 D
功用层	用来干什么			
心理层	用户为什么用它			
社会层	有没有社会、文化因素			

(5) AEIOU 框架。AEIOU 框架是一种用于解释观察的探索性分析方法。其中，activity 代表人们为实现某一特定目标而完成的一系列行为；environment 代表活动发生的场景；interaction 代表的是人与人，或者人与物之间发生的互动因素；object 代表活动中所使用的物品；user 代表参与这些活动的用户。在完成观察记录之后，需要对所记录的观察信息进行重组、归类和综合分析，以便明确活动的目的和意义。具体的记录表格可参见表 3.10 和表 3.11。

表 3.10 AEIOU 框架分析样表

活动	场景	交互	物品	用户
		人与人，或人与物之间的互动因素		

表 3.11 AEIOU 分析样表

目的	总结出的用户目的 A	总结出的用户目的 B	总结出的用户目的 C	……
AEIOU	此前记录的 AEIOU 中哪些反映了目的 A			

2. 非结构式观察

非结构式观察是一种灵活的观察方法，它不对被观察的内容、程序或流程做出严格的事先规定。相反，观察者会根据现场的实际情况和即时发生的事件，随机地决定观察的重点和方向。这种方法允许观察者根据现场的变化和突发情况，自由地调整观察的角度和深度，从而捕捉到更多真实、自然且富有洞察力的信息。

3.2.3 直接观察和间接观察

在选择观察法的前提条件中，明确提到研究对象必须是能够直接观察得到的，或者至少是能够通过观察进行合理推断的。这一要求为直接观察与间接观察的分类提供了根本依据。

1. 直接观察法

直接观察法是指观察者对研究对象直接进行考察和记录，而不通过其他事物对该对象进行推断的观察方法。

在人因工程研究中，直接观察法常用于研究工作环境中工人的行为和工作流程。例如，研究者可能对工厂生产线上的工人进行直接观察，以了解他们在执行任务时的身体姿势、动作频率、休息时间，以及与工具和设备的互动。研究者可能会记录工人在重复性劳动中的疲劳表现，或者在复杂任务中的认知负荷。这种直接观察有助于识别潜在的人体工程学问题，如工作站姿设计不合理导致的肌肉紧张，或者工作流程中的效率瓶颈。

2. 间接观察法

间接观察法是指通过观察人员对历史痕迹、周边环境、自然物品等的考察，来获取所需信息的观察方法。

在人因工程研究中，间接观察法主要用于深入了解目标群体、分析用户行为，以及发现问题并提供优化依据。例如，在开发某款新产品时，为了深入了解目标群体的生活形态，研究者会观察他们微信朋友圈的内容分布、关注的 App 类型，以及转发的推送类型等信息，这种方法即属于间接观察法。

随着大数据时代的到来，以及网络日益融入人们的日常生活，间接观察法在人因研究中的应用愈发广泛。特别是在人机交互 (HCI) 研究中，用户日志分析已成为一种重要的间接观察手段。研究者会记录用户在使用某个软件或应用程序时的行为，但并非直接观察用户本身。用户日志详细记录了用户的操作历史，包括点击次数、操作路径、完成任务所需时间等关键信息。通过分析这些日志数据，研究者能够洞察用户与系统互动的方式，以及用户在使用过程中可能遇到的难题。这种方法有助于揭示用户界面设计中存在的问题，如导航不够直观、功能难以发现等，从而为界面优化提供有力的依据。

3.2.4　公开观察和隐蔽观察

从观察对象的角度来看，观察法可以分为公开观察和隐蔽观察两种。

1. 公开观察法

公开观察法即观察对象知道自身正被观察，观察人员公开出现，甚至可能直接与观察对象有一定程度的交流的观察方法。在公开观察的情况下，观察对象可能会因为观察人员的存在而产生不正常的行为，或者因为存在观察事实的影响而在潜意识里形成抵制情绪等。

在人因工程的研究中，公开观察法常用于研究工作环境中工人的行为和工作流程。例如，为了提升装配线工人的作业效率并减少职业伤害，研究团队决定采用公开观察法进行深入研究。研究开始时，观察人员身着统一的、易于识别的服装，并明确告知装配线上的工人他们的观察目的，即了解工作流程中的瓶颈和潜在风险点。观察人员记录工人的具体操作步骤、工具使用情况，还会适时地与工人进行简短交流，以获取工人对于当前工作流程的直接反馈和感受。为了最大限度地减少工人因意识到被观察而表现出轻微的紧张或刻意调整自己的行为，观察人员在整个过程中始终强调观察的匿名性和数据的保密性，鼓励工人保持自然的工作状态。

2. 隐蔽观察法

隐蔽观察法是指在真实的社会环境中，调研人员从一旁观察人们的言行，且被调查者没有意识到自己的行为已被观察和记录的一种调查方法。这种方法常用于收集第一手资料，特别是在需要避免被调查者受到干扰或影响其自然行为的情况下。

例如，在交通心理学研究中，隐蔽观察可能用于研究驾驶员在驾驶过程中的行为，研究者可能会在汽车内部安装隐蔽的摄像头和传感器，记录驾驶员在不同道路条件下的驾驶行为，如变道、超车、使用导航设备等。这种观察方式可以让研究者收集到更自然、不受观察者影响的数据，有助于分析驾驶员的决策过程和潜在风险行为。

观察法虽广泛应用，但存在局限性，如资料难以量化、样本小等。在参与性观察中，研究者暴露身份可能导致被观察者感到受欺骗，对研究不利，尤其是涉及隐私事件时。结构式观察虽可做定量分析，但样本有限且评价主观，结论仅供参考。为克服这些局限，研究者常结合定量研究、实验研究等方法，并使用标准化工具、培训观察者、多次观察和交叉验证等手段，以增强研究的全面性和可靠性。

3.3　运用观察法的流程

3.3.1　观察前的准备

1. 确定研究目的和问题

研究者在使用观察法之前，需要明确所要解决的问题和目的。这一步骤至关重要，因为它能够为后续的观察设计、数据收集，以及整个研究过程提供明确的方向和指导，确保研究的针对性和有效性。

2. 选择观察类型

根据具体的研究目的和问题，研究者必须精心挑选合适的观察类型，如采用参与式观察，让研究者深入其中，以获得更深入的见解，或是非参与式观察，以保持客观性和距离感。此外，为确保观察的有效性和全面性，研究者还需明确观察的时间段、具体地点及观察的频率，从而系统地收集数据，为研究的深入分析提供有力支持。

3. 设计观察工具和变量指标

研究者需要设计观察工具(如观察表、记录表等)，并确定观察的变量。研究的变量类型可以是：

(1) 事件发生的频次，如操作 App 出错的次数。

(2) 指定时间点发生的事件，如以每 30 秒为一个事件间隔，在第 30、60 秒的时候发生的事件。

(3) 事件的持续期，如用户完成一个指定任务的时间的长短。

(4) 对于某个事先通过抽样选定的特定用户，研究者会进行特别的观察。这种针对性的观察应当紧密围绕研究目的和问题来设计相关指标，以确保能够高效地收集到与研究主题密切相关的信息。

在正式开始观察之前，研究者还需要进行一定的准备工作，如熟悉研究环境、与研究对象建立信任关系、进行预观察等。

3.3.2　实施观察

1. 系统观察

在实际观察过程中，研究者需要根据设计好的观察工具和指标进行系统、全面的观察。观察者应保持客观、公正，尽量避免个人偏见和主观判断对观察结果的影响。

2. 记录和整理数据

观察过程中收集到的数据需要进行详细的记录和整理。研究者可以使用文字、图片、音频或视频等多种方式记录观察结果，并在观察结束后对数据进行整理和归类。

3.3.3　观察后的总结

1. 分析数据

研究者对收集到的观察数据进行分析，以解答既定的研究问题和实现研究目的。分析方法的选用，如描述性分析、相关性分析、比较分析等，将依据研究问题的具体性质来确定，旨在全面、准确地揭示数据背后的规律和趋势。

2. 得出结论和提出建议

根据数据分析结果，研究者得出关于研究问题的结论，并提出相应的建议。这些建议可以用于指导实践、改进政策或推动相关领域的理论发展。

3. 撰写研究报告

研究者需要将整个观察研究的过程、方法、结果和结论整理成一份研究报告。报告应清晰、完整地反映研究的全貌，以便其他研究者和实践者参考和借鉴。

3.4　观察数据的分析

3.4.1　数据简化

数据简化是一个抽象与概括行为数据的过程，在这个过程中，研究者致力于运用定性分析的方法，将其观察记录进行言语上的精炼与总结，旨在构建一种理论框架，用以阐释描述性记录中所展现的行为模式。定性分析的实践包含研究者对信息的言语概括，其中涉及确定核心主题、实施分类与分组，以及对描述性记录进行深入观察。这一系列步骤的实施，本质上就是数据简化的具体体现。

通过简化处理，研究者可以对观察法所得到的数据进行概括总结。他们依据特定的标准（如通过对行为进行分类），对观察到的行为进行编码，从而将原本叙述性的记录转化为量化的数据。

1. 编码分析

数据简化常涉及编码过程，即依据特定标准对行为或特定事件进行识别和分类。以学前儿童行为研究为例，麦克格鲁确定了 115 种不同的行为模式，并依据身体部位建立了分类行为模式的编码图式。编码范围从面部表情（如龇牙咧嘴、露齿而笑的脸、脸皱了起来）到运动行为（如飞奔、爬、跑、跳和踏步）。在观看幼儿园孩子们的录像时，编码者可利用编码图式对这些行为进行分类。

编码工作通常基于与研究目的紧密相关的行为或事件来展开。以哈塔普对儿童攻击行为的观察研究为例，他在为期 10 周的观察中，共记录了 758 条与攻击相关的信息。为了对这些攻击事件的性质进行精确分类，哈塔普采用了 9 种不同的编码分类，通过编码来简化数据，观察者能够更有效地分析特定行为类型及其与先前事件之间的关联。研究中发现，儿童在争夺玩具失败后往往会露出噘嘴的表情，这一行为通常发生在他们经历挫折之后，很多时候甚至是哭泣之前的预兆，具体表现为脸部皱起。这些发现通过编码得到了清晰的呈现，从而帮助研究者更深入地理解儿童行为背后的原因和模式。

2. 定量数据分析

当运用定量数据分析时，会使用描述性测量对于观察数据进行概括。当事件被分到不相容的类别时，最常用的描述测量是相对频数，各种行为发生的次数与观察到的事件总次数的比率就是相对频数。例如，詹妮等人观察了 6 所大学校园里的学生，观察报告显示，82%的女大学生用一只或两只胳膊抱着书（或者是将书的一小部分靠在臀部，或者是放在身体前面），但只有 3% 的男大学生使用这种拿书方法。

3. 量表分析

在采用等距量表或比率量表记录行为时，会运用描述性统计来提供更丰富的信息。这些量表常用于测量观察结果或时间，并通过集中趋势测量（如算术平均值）来概括数据。平均数能代表一组分数的典型水平，有效总结群体表现。为了全面描述群体成绩，还需报告离散性测量，即分数与平均数的偏差程度，常用标准差来衡量。例如，拉夫劳斯和梅奥的研究中，通过测量目光接触的平均时间和标准差，发现白人听众注视白人说话者面部的时间普遍长于黑人听众注视黑人说话者，且此规律在同性组和混合性别组中均成立，同时男性组的目光接触时间显示出较低的离散性。这些集中趋势和离散性测量有效地总结了该研究的大量观察数据，如表 3.12 所示。

表 3.12 听者注视说话者面部的平均时间及标准差

组别	平均数	标准差
黑人谈话者		
男子组	19.3	6.9
女子组	28.4	10.2
混合组	24.9	11.5
白人谈话者		
男子组	35.8	8.6
女子组	39.9	10.7
混合组	29.9	11.2

3.4.2 观察者信度

观察者信度，指不同的独立观察者，针对同一观察对象所做记录的一致性程度。它是通过计算一致性或相关的程序来评估的，取决于如何测量和记录行为。提高观察者信度能够增强研究者对行为观察准确性（有效性）的信心。为了提升观察者信度，可以采取明确界定所观察的行为和事件、对观察者进行培训，以及提供差异性反馈等手段。

分析观察数据时，评价观察的信度是一个至关重要的方面。若观察不可信，则无法获取有意义的信息。研究者常用的一种方法是通过询问另一位观察相同事件的观察者是否得到相同结果来评估观察者信度。当两个独立观察者的记录出现不一致时，我们会对正在测量的内容及实际发生的行为和事件产生不确定性。此外，若待记录的事件界定不明确，也可能导致观察者间的信度降低。

为了提高观察者间的信度，不仅需要为待观察的现象提供精确的言语定义，还要给出具体的实例；同时，通过培训观察者及让他们做观察练习，也能有效提高观察者间的信度；在培训和练习期间，向观察者提供与其他观察者存在差异的反馈，同样有助于提高观察者间的信度。

评价观察者间信度的方法取决于如何测量行为。当事件根据不相容的种类（称为名量表）分类时，通常使用一致性百分比评价观察者信度。计算观察者之间一致性百分比的公式为

观察者之间的一致性 = 两个观察者一致的次数 / 总的观察次数 ×100%

在许多观察研究中，数据是由几个观察者在不同的观察时间内收集的。在这种情况下，研究者只使用一个观察样本来测量信度。例如，要求两名观察者根据时间抽样程序记录行为，在这个时间子集中两个观察者都在场。两个观察者都在场时的一致性大小，可以表示整个研究的可信度。

不过，高度可靠的观察并不一定等同于精确的观察。设想这样一个场景：两名观察者所看到的事情确实一致，但他们"错误的程度"也恰好相同，因此两者都无法提供精确的行为记录。例如，几个观察者可能都声称看到了同样的事物（如不明飞行物），而最终证实他们看到的其实是同一个物体（如一个气象气球），只是由于表述不同而产生了误解。

此外，当两个独立的观察者得出一致的结论时，我们往往会倾向于认为他们的观察比单个观察者的数据更为准确和有效。为了确保观察者的独立性，每位观察者不应知晓其他人的记录内容。由于两个观察者受到结果预期、疲劳或厌烦等因素影响的程度通常不会完全相同，因此我们可以更有信心地认为他们所报告的事情是真实发生的。当然，报告的可信度会随着独立观察者记录结果的一致性增加而提高。

3.5　批判性思考观察研究

要想做好观察研究，就必须考虑如何对行为和事件抽样，如何选择适宜的观察方法，以及如何记录和分析观察数据。在了解观察方法的基本要点之后，我们还需要了解可能产生的问题。

3.5.1　观察者的影响

1. 反应性问题

当人们意识到自己正在被观察时，他们的行为往往会因此发生改变。这种由观察者影响被观察者行为的现象被称为反应性问题。在参与实验研究的过程中，被试有时会感到不安和焦虑，这种心理状态可以通过测量唤醒水平（如心率和皮肤电反应）来简单显示。当观察者在场时，被试的反应可能会受到干扰，导致他们的行为不再能够真实反映观察者不在场时的自然状态。

安德伍德和萧纳西曾描述了一项有趣的实验，用以说明这一反应性问题。在这项实验中，一名学生负责观察在有停车标志的交叉路口，司机是否会停车。当学生手拿笔记本站在街角时，他很快注意到所有的汽车都会在停车标志处停下来。然而，这名学生随后意识到自己的存在可能正在影响司机的驾驶行为。为了验证这一假设，他选择在交叉路口附近隐藏起来，结果他发现司机的行为确实发生了改变。

当观察者在场时，被试往往会倾向于以他们想象中的研究者所期望的方式做出反应。由于他们深知自己是科学研究的一部分，并通常怀有合作的意愿，希望成为表现良好的被试。因此，他们经常会试图猜测什么行为是被期待的，并据此调整自己的行为。这种行为调整的依据来自研究情境中的各种线索，这些线索被称为需求特征。

被试对研究情境中需求特征的这种反应，会对科学研究的外部效度构成威胁。当被试的行为方式无法代表其在研究情境之外的自然行为时，结果的推广（即外部效度）和对研究结果的解释都会受到潜在的威胁。这是因为被试可能会无意中使一个研究变量看起来比实际更有效，从而抵消了另一个变量的作用。为了减少需求特征对研究结果的影响，研究者可以采取一些措施来限制个体对他们在研究中角色的了解，以及他们对本研究要检验的假设的了解。这样做的目的是让被试的行为更加接近自然状态，从而获得更具代表性的行为数据。

2. 控制反应性

研究者可以采用多种方式来控制反应性问题，以确保研究结果的准确性和可靠性。以下是一些主要的方法：

(1) 隐蔽测量。隐蔽测量是一种消除反应性的有效方法，它指的是在被试不知道他们正在被观察的情况下对其行为进行测量。为了实现隐蔽测量，研究者可能需要隐藏观察者或机械记录设备，如录音机或录像机。此外，隐蔽测量还可以通过间接观察行为来获得，比如检查物理痕迹或档案信息。例如，研究者使用图书馆保存的记录来评价电视的引入对一个社区的影响，他发现阅读借阅小说的记录减少了，但对非小说的需求没有影响。

(2) 适应观察者在场。另一种处理反应性的方法是让被试适应观察者在场，当被试逐渐习惯了观察者的存在后，他们可能会逐渐显示出正常行为。适应可以通过习惯化或脱敏来完成。在习惯化过程中，观察者在许多种不同场合简单地把自己引入一个情境，直到被试不再对他们的在场做出反应。这种方法可以帮助研究者获得更真实、更自然的行为数据。

无论研究者采用何种方法来控制反应性，都必须注意道德问题。特别是当研究者试图通过隐蔽测量方式进行观察，来控制反应性时，可能会严重侵犯被试的隐私权。随着科技的发展，互联网技术的普及，科学研究也遇到了新的道德难题，如在互联网上进行研究时，如何保护被试的隐私和信息安全成为一个亟待解决的问题。因此，研究者在设计研究时，必须充分考虑道德问题，在追求科学研究的准确性和保护被试的权益之间找到平衡点，确保研究过程符合伦理规范，并尊重被试的权益。判定什么构成了隐私侵犯并非易事，需要考虑到信息的敏感性、观察的环境及所获得的信息的传播方法。

3.5.2　观察者偏差

1. 期望效应

在许多科学研究中，观察者对于特定情境或行为往往持有某些预期。这些预期可能源自过去的研究成果，也可能基于观察者自身对于该情境中行为的假设。当这些预期影响到观察者的观察过程，导致观察结果出现系统性误差时，便构成了观察者偏差期望效应的一个来源。

以罗森汉及其同事的研究为例，他们深入探究了精神病医院内工作人员与病人之间的相互作用，并揭示了工作人员方面存在的严重偏差。具体而言，一旦病人被贴上"精神分裂症"的标签，人们便倾向于仅根据这一标签来解读他们的行为，甚至将心智健全者的正常行为也误判为精神错乱的迹象。更为关键的是，研究者后来发现，参与性观察者所做的公开记录，竟被工作人员当作病人的病态例证加以引用。这一实例清晰地揭示了观察者偏差，即由观察者的期望所引发的观察过程中的系统性误差可能带来的风险。

2. 自动装置偏差

尽管自动化装置能够减少观察者偏差，但它并不能完全消除这一偏差。在实际操作中，为了使用摄像机记录行为，观察者需要决定拍摄的角度、位置和时间，这些决策都可能受到个人偏差的影响，从而在一定程度上将系统误差引入研究结果。阿尔特曼描述了一项关于动物行为的观察研究，其中观察者在动物不活动时进行午间休息，导致研究结果明显缺少对动物不活动期间的观察记录，这就是观察者偏差的一个实例。

此外，自动化装置虽然可以辅助记录，但往往会延缓分类和解释的过程，并且在对叙述性记录进行编码和分析时，仍然有可能引发观察者偏差效应。因此，我们不能单纯依赖自动化装置来消除观察者偏差。

要降低观察者偏差的发生概率，关键在于意识到其存在并采取措施进行控制。使用自动化装置可能是一个有用的方法，但还需结合其他策略。例如，通过限定观察者所获得的信息来减少偏差。哈塔普在分析他对儿童攻击行为的观察研究结果时，采取了不让分析者看到先前叙述性记录的措施，以避免信息干扰编码者的判断。同时，当观察者不了解观察目的或研究意图时，也可以显著降低由观察者期望引起的系统误差。

课后练习

思考题

1. 请运用本章提供的表格，对某购物中心的消费者行为进行观察记录及分析。

2. 解释隐蔽观察是什么，提供一个实际的例子说明在哪种情况下可能选择使用隐蔽观察而非公开观察。

3. 请在自主查阅有关文献、书籍的基础上，回答什么是观察者效应，以及它可能如何影响观察法研究的结果。

4. 一位社会学家想要研究城市公园中人们如何使用公共空间，根据情境描述，分析研究者是否适合使用观察法，并解释原因。

5. 假设你是一位市场研究员，想要了解消费者在一家超市内的购物行为。请设计一个观察研究方案，包括观察目的、观察对象、观察工具、数据收集和分析方法等要素。

6. 结合你所学的专业或兴趣领域，思考一个可以应用观察法的研究问题，并简要描述你是如何进行观察和收集数据的。

7. 在进行隐蔽观察时，研究者可能会面临哪些伦理挑战？列出至少三个可能的伦理问题，并提出你认为合适的解决方案。

第4章

人因工程研究方法：问卷法

　　问卷调查法简称问卷法，是获取研究对象资料的一种基本方法。与观察法相比，问卷法的优势体现在其结构化的设计、样本的包容性和研究深度等几个方面，尤其是在研究项目需要收集大量数据，对样本进行统计推断时，问卷法体现出无可比拟的优势。具体来说，问卷法具有标准化程度高、实施相对简单、较好的研究深度、数据易于处理和分析，以及样本区分度好等优点。

　　问卷法依赖于精心设计的结构化问卷，因此问卷设计的质量成为问卷法成功实施的关键要素。调查对象的回答是否真实反映其意愿则关乎问卷法的信度。此外，调查人员在调查过程中和调查对象之间的沟通还会对最终的数据质量产生影响。总体说来，问卷法的缺点在于设计科学、合理的问卷难度较大，调查对象的回答难以辨别真假，问卷调查的有效回收率难以保证等。

4.1　问卷设计的信度与效度

　　在人因工程研究中，问卷法与其他学科所采用的测量方法一样，都必须确保准确性和有效性。理想的问卷调研要为研究项目提供能够反映真实情况的数据，而这些准确的数据则源自严谨且合理的问卷设计。任何问卷调查的结果都可以被视作由多个组成部分构成的测量值模型，即

$$X_M = X_T + X_S + X_R$$

式中，X_M 指问卷调研得到的测量值，X_T 指特征的真实得分，X_S 指系统误差，X_R 指随机误差。

　　如果人因调查中得到的测量值 X_M 与现实值 X_T 完全一致，那么系统误差和随机误差为零。但在现实中，X_M 与 X_T 完全一致的情况极少出现，或者说根本不存在，它们之间存在误差。误差可以分为系统误差和随机误差两部分。系统误差指的是测量过程中持续出现的误差，这种误差的产生主要是因为测量设备和测量过程存在缺陷。例如，使用一个计时偏慢的表来记录反应时间，这样会造成所有进行反应实验的人其反应时间都低于真实值。避免系统误差最好的办法是选择合适的测量尺度。随机误差是调研过程中由于不确定因素出现所造成的误差，它无法避免但可以尽量控制，比如运用随机抽样的方式抽取样本，就可以降低随机误差导致的偏差。认识系统误差和随机误差的区别，对于我们理解问卷设计的信度和效度至关重要。

4.1.1　问卷设计的信度

1. 信度的含义

信度，特指问卷设计的可靠性，衡量的是在同一总体或相似总体中重复施测时，问卷量表能否产生一致结果的能力。

例如，菜市场用电子秤称量果蔬的重量，称了多次其重量都相同，说明此秤的信度很高；如果用同一个电子秤称量同一把菜的重量，多次称量的结果都不相同，说明这个电子秤的信度较低。在问卷调研中，可用同一方法研究同一问题，经过多轮调研，其结果都相同，说明这一方法信度较高，比较可靠；反之，如果调研结果都不相同，则说明所使用的（或设计的问题）方法不可靠，信度较低。

在测量值模型的各要素中，系统误差不会削弱信度，因为它不会让测量结果随时间而改变，可保证一致性。相反，随机误差是影响信度的一个重要因素，它能够引起测量结果的前后波动，进而降低问卷调研的信度水平。

2. 信度的类型

信度可以通过计算问卷测量结果的系统相关系数来确定，即通过确定一个问卷在不同执行过程中得到的若干量值之间的相关系数来评价信度。如果系统相关系数比较高，说明所设计的问卷在不同的调研环境中获得了一致的结果，因而是可信的。信度指标大致可分为稳定系数（跨时间的一致性）、等值系数（跨形式的一致性）和内在一致性系数（跨项目的一致性）三类。

信度分析的方法主要有四种：重复测量信度法、α 信度系数法、复本信度法、折半信度法。下面我们重点介绍重复测量信度法和 α 信度系数法。

1) 重复测量信度法

重复测量信度指在（尽可能）相同的测试环境中，用一种测量方法（或同一问题的问答设计）对同一总体被调查对象进行前后两次询问，计算的两次测量值之间的相关系数就是重复测量信度。相关系数越高，其重复测量信度就越高。重复测量信度是最常用的一种测量问卷信度的方法。

使用重复测量信度法会带来一些相应的问题。首先，信度会随时间间隔的不同而变化，间隔较长时，重复测量的信度往往会降低。其次，对于新产品等调查问卷，由于消费者在前一次调查后经过一段时间可能对新产品有了更深入的了解，因此前一次和后一次对同一新产品的态度测试可能会截然不同，导致测量结果的差异。最后，重复测量信度可能会因为同一项目与其自身的高度相关性，导致相关系数高于实际值，从而夸大了信度水平。鉴于这些问题，重复测量信度法应当与其他方法，如复本信度法和折半信度法结合使用。

2) α 信度系数法

Cronbach α 信度系数是一种重要的信度评估工具，其公式为

$$\alpha = (k/(k-1)) * (1 - (\sum S_i^2)/ST^2)$$

式中，K 为量表中题项的总数，S_i^2 为第 i 题得分的题内方差，ST^2 为全部题项总得分的方差。

从公式中可以看出，α 系数评价的是量表中各题项得分间的一致性，属于内在一致性系数。这种方法适用于态度、意见式问卷（量表）的信度分析。通常 Cronbach α 系数的值

为 0～1。如果 α 系数不超过 0.6，一般认为内部一致信度不足；达到 0.7～0.8 时，表示量表具有相当的信度；达到 0.8～0.9 时，说明量表信度非常好。Cronbach α 系数的一个重要特性，是它们的值会随着量表项目的增加而增加。不同的研究者对信度系数的界限值有不同的看法，在基础研究中，Cronbach α 系数至少应达到 0.8 才能接受，在探索研究中，Cronbach α 系数至少达到 0.7 才能接受，而在实务研究中，Cronbach α 系数只需达到 0.6 即可。

4.1.2 问卷设计的效度

1. 效度的概念

效度是指由测量工具测出的量值能够反映现实的准确程度，即测量工具的准确性。在问卷调研中，效度具体表现为所设计的问卷（或问题量表）是否以及多大程度上能够得到反映调研主题的结论。如果调查的结果能够反映现实问题，那么所设计的问卷（或问题量表）的效度就高，反之其效度就低。

效度研究的核心在于探讨观察值与实际值之间的接近程度，即评估通过问卷调查所得结果反映现实问题的准确性高低。因此，问卷效度的概念具有多重意义。

2. 效度的类型

目前，确定问卷效度通常从三个角度进行考量，即内容效度、标准效度和结构效度。

1) 内容效度

内容效度也被称为表面效度，是对问卷设计内容适合性和相符性的考察。例如，当我们要设计一份调查大学生生活方式的问卷时，在设计具体问题之前通过文献调研发现，生活方式指标体系应该包括主观指标、客观指标和行为指标，即生活水平、生活满意度和生活合理度。其中，主观指标主要是生活满意度；客观指标主要是物质生活条件；而行为指标则体现了生活方式在生活资源配置方面的作用是否得到有效的发挥，是否对人的全面发展及社会可持续发展起到推动作用。那么，我们在设计问卷中的具体问题时，最好围绕这些指标体系进行设计，这能够较好地保证问卷的内容效度。

2) 标准效度

标准效度也称为实证效度或统计效度，是指以几种不同测量方法（或问卷表）对同一主题进行调查时，将其中一种测量方法（或问卷表）作为标准，衡量其他测量方法（或问卷表）。例如，在问卷调研过程中，我们需要对被调查者的基本信息，如年龄、性别、专业等进行确认。这些个人资料的基本信息可从被调查者回答的问卷中得到，但为了确定这些信息的准确性，我们还可以检查被调查者的身份证、户口簿等做进一步的核对。以身份证个人基本信息资料为标准，问卷调研中个人信息如果和身份证信息一致，说明调查问卷的效度较高，否则说明调查问卷的效度低。

3) 结构效度

结构在心理学理论中原本指的是那些抽象且假设性的概念或变量，例如智力、焦虑、动机等。在更广泛的研究领域中，结构则是指研究者根据研究需求而构建的一种特定概念，它属于一类特殊的概念范畴。

结构效度是指这样一种情况：当理论上认为变量 X 与 Y 之间存在相关关系时，如果用于测量 X 的指标 X_1 与用于测量 Y 的指标 Y_1 之间也表现出相关关系，并且在用另一个

指标 X_2 替代 X_1 重新测试整个理论框架时，能够得出与使用 X_1 时相同的结果，那么我们就可以认为新的测量指标 X_2 具有结构效度；反之，则不具备结构效度。以疲劳度研究为例，皮肤电是一个传统的反映疲劳度的指标。随着脑成像技术和眼动研究技术的发展，头部血管的血氧含量及瞳孔运动变化的数据，也成为衡量疲劳度的可靠指标。这意味着，在这些新的测量手段下，血氧含量和瞳孔数据实际上在疲劳度研究中具有与皮肤电相同的效度。

4.2　问卷的结构与设计流程

4.2.1　问卷的结构

通常情况下，一份完整的问卷至少应包括卷首语、基本信息题项与题干、正式问卷题项与题干，以及结束语四部分。

1. 卷首语

卷首语旨在简要介绍本次调查的目的、意义和主要内容，调查对象的选取方法和途径，被调查者的希望和要求，填写问卷的说明，回复问卷的方式和时间，调查的匿名和保密原则等的简单介绍与说明。卷首语的语言要简明，文字不宜过多。例如：

本问卷旨在探究××问题，了解××现状。我们精心挑选了调查对象，并诚挚邀请您参与。请您根据真实情况填写问卷，您的意见对我们至关重要。填写时，请参照问卷说明。完成后，您可通过××方式回复，截止时间为××。我们承诺，所有信息将严格保密，确保您的隐私安全。感谢您的配合与支持！

2. 基本信息题项与题干

调查问卷中的基本信息题目，通常包含的内容因应用领域和具体情境的不同而有所差异。一般来说，它们都会围绕如下几个核心方面展开。

(1) 身份或背景信息：姓名、性别、年龄、职业、教育背景等，用于了解受访者的基本特征和背景。

(2) 联系方式：电话号码、电子邮箱、邮寄地址等，便于后续沟通或数据核实。

(3) 特定领域信息：根据调查主题，可能需要收集与特定领域相关的基本信息，如健康状况、收入情况、兴趣爱好等。

(4) 分类或分组信息：用于将受访者划分为不同的群体或类别，如地区、行业、职位等级等，以便进行更深入的分析。

题干作为问题或调查的核心组成部分，其表述需清晰且简洁，旨在精确描述所欲探究的问题或现象，从而确保受访者能够准确无误地理解其意图。依据问题的具体性质，题干会相应地提供多个选项供受访者勾选，或者明确要求受访者填写相关信息以获取详尽数据。若问题附带特定的限制条件，例如时间框架、数量上限等，这些条件必须在题干中予以明确阐述，以避免产生任何歧义或误解。此外，在某些特定情境下，题干可能还会包含必要的背景信息或情境描述，旨在为受访者构建一个更加清晰的认知框架，帮助他们更准确地理解问题并据此作出回应。以下是一个简单的示例：

基本信息

姓名：

年龄：

职业：

联系电话：

从事的行业：(可选)：

问题1：请选择您目前所在的城市：

A. 北京　　　　　　B. 上海　　　　　C. 广州　　　　　D. 其他(请填写)

问题2：您对以下哪种类型的活动最感兴趣？(可选多项)

A. 体育运动　　　　B. 文化艺术　　　C. 社交聚会　　　D. 其他

3. 正式问卷题项与题干

调查问卷中的正式题目是针对研究目的设计的，要求所设计或选择的题目必须与研究目的保持一致。题目的内容主要根据研究主题或调查目标进行设定，旨在通过受访者的回答来收集相关数据和信息。题目的数量应在保证能够较为完整表达调查内容的前提下，尽量精简，以便提高问卷的填写效率和受访者的参与度。

无论是为了市场调研、学术研究还是政策评估，分类方法会直接影响到数据收集的有效性和分析结果的准确性。在设计正式问卷题目时，可根据题目的功能与性质进行合理的设计。

1) 功能类问题

根据问卷中问题的功能，我们通常可以将问题分为接触性问题、实质性问题、辅助性问题三大类。

(1) 接触性问题。一般包括一组几个彼此联系，且与所要研究的课题具有某种程度相关的问题；它主要是为建立接触，在调查结果分析时可能不会全部用到，甚至完全不用；问题设置应简单明了，如"我是一个小学生""我喜欢参加体育运动"。

(2) 实质性问题。实质性问题是为获得实质性材料而设计的，是问卷的核心。实质性问题一般采用封闭性或半封闭性问题，形式可以是肯否式、菜单式、排序式或等级式，有些与意向、动机或情感有关的实质性问题，必须注意采用适当的问题类型。

(3) 辅助性问题。辅助性问题在问卷中起辅助作用，根据其具体功能又可细分为如下四类。

① 过滤性问题(测谎题)：通常安排在实质性问题之前，与实质性问题配对安排，用来鉴别调查对象对所回答的问题是否具备资格或是否真实。

问题："你喜欢课外体育活动吗？"

A. 根本不喜欢　　　B. 不太喜欢　　　C. 一般　　　　D. 比较喜欢　　E. 很喜欢

如果调查对象的回答是A，而其后面的实质性问题"你在课外主要从事哪类体育活动？"就难以回答，如果作了回答，其答案就前后矛盾，其结果不应予以统计。

② 校正性问题：为了检验调查对象对实质性问题的回答是否真实，也可以设计校正性问题，安排在实质性问题之后。

第一问："你经常看教育专业的报纸和杂志吗？"

A. 是的　　　　　　B. 不是

第二问："请写出自己经常阅读的教育专业报纸或杂志(包括名称、出版单位)。"

③ 补充性问题：在需要回忆实质性问题时，为防止可能出现的因回忆困难或失误带来的结果失真，通常可借助一些补充性问题，来辅助和增强回忆的准确性。

问题："你对心理学感兴趣是在几年级？"

如果调查对象发生回忆障碍，可以补充："你什么时候开始阅读心理学的书籍？"或其他合适的问题。

很显然，一些补充性问题在通过谈话调查时很容易提出，而在书面问卷中，调查者主要通过预测来检验哪些问题调查对象回忆起来会发生困难，以便能够将较大的问题分解，较复杂的问题简化或采取其他措施。

④ 调节性问题：用来消除枯燥疲劳、紧张及由于问题突然转移而产生的不适应感。此外，它还有联结作用，帮助实现从一组问题向另一组问题过渡。有时为了给调查对象留下一个有始有终的印象，在问卷表最后可采用开放性的问题形式安排一个调节性问题。

问题："您对本项调查的感受如何？"

A. 欢迎　　　　　　B. 不欢迎　　　　C. 无所谓

2) 性质类问题

根据问卷中题目的性质，问卷可以分为量表题项和非量表题项两种类型。

(1) 量表题项。量表可以反映受访者对某件事情的态度或看法。通常问卷中会使用李克特量表，其中包括非常好、比较好、一般、比较不好、非常不好之类的选项。在实际应用中，测量量表根据答项数量可以分为四级量表、五级量表、七级量表和九级量表。例如，答项为 5 个 (如前例所示) 即为五级量表。在计算方式上，通常赋值为 5、4、3、2、1，数值越高，代表样本对本题项越同意，或者越认可、满意、喜欢的态度偏好。

量表广泛应用于人因工程研究的各个领域，很多分析方法适用于量表题项，如因子分析、相关分析、回归分析、方差分析、t 检验、聚类分析等。如果需要使用某种分析方法，那么应当尽量合理地设计量表题项。需要注意的具体事项如下：

① 量表题项需要有文献参考依据。量表题项设计切勿随心所欲，研究人员应该参考前人的文献量表设计，或者在前人设计的文献量表上进行适当的修改。如果需要对量表进行修改，那么研究人员需要有充分的依据，例如根据当前实际研究有必要对量表进行少量改动，在进行预测试时发现某个题项问法不合理，或者在正式分析时发现因子分析部分某个题项应该被剔除等。

优秀的量表是取得良好分析结果的基础，如果量表设计随意，则很有可能导致信度不达标，效度结果很差等尴尬的结果。如果量表来自国外的文献，那么通常要考虑到翻译和实际情况，需要对问卷进行预测试和多次修改，以避免在正式分析时出现问题。

② 量表题项数量。根据经验，使用量表对某个变量进行调查时，最好每个变量对应 4 ~ 7 个题目，不能太少，也不能过多。具体每个变量应该由几个题项表示，可以调查的具体内容为准。

在进行探索性因子分析 (或者验证性因子分析、结构方程模型分析等) 时，建议每个变量对应 4 个题项以上，否则很可能出现探索性因子分析结果较差的尴尬结果。通常来说，当变量仅由 3 个或 2 个题项表示时，信度会较低；当变量仅由一个题项表示时，则无法测量信度和效度。如果仅希望表达整体概念，如整体满意度情况，那么可以仅使用一个题项表示。

一个变量对应的题项数量不能过多，当数量超过 10 个时，很容易导致整个问卷题项过多，被试不愿意认真回答，从而产生数据不真实，最终分析结果差的问题。

③ 因变量题项设计。进行影响关系研究 (X 影响 Y)，如回归分析探究多因素对大学生就业观的影响时，需特别注意因变量 Y(就业观) 应有明确题项。若仅自变量 X 有题项，因变量 Y 缺失，则无法实施回归分析。此外，避免将自变量 X 与因变量 Y 置于同一题项中，如"我不想就业想继续深造"混淆了择业倾向 (X) 与择业原因 (Y)，应拆分为独立两题。同样，若问卷全为因变量题项，缺失自变量题项，亦无法进行回归分析来研究影响关系。

④ 量表题项设计要规范统一。量表题项设计要规范统一，同一个变量的题项不能混合使用多级量表。例如，变量对应着 5 个题项，其中 3 个题项使用 7 级量表，另外 2 个对应 5 级量表。此类问卷会导致数据处理不准确，无法计算变量题项的平均值，影响问卷分析的科学性。

⑤ 量表反向题。在问卷设计中，当某个变量由 3 个题项表示，且其中 2 个题项反映样本的正向态度，而另一个题项表达反向态度时，便涉及了反向题。例如，在大学生就业价值观的调查中，就职倾向这一变量由"我想去大城市工作""我想要稳定可靠的工作"及反向题"我目前不想就业"3 个题项组成，其中最后一个题项与前两个题项的意思相反。虽然出于语言修辞的考虑或量表来源的要求，有时问卷中必须使用反向提问法，并需对数据进行重新编码处理，但若非必要，应尽量避免使用反向题。同时，问卷中绝对不应设置模棱两可的题项，如"我也不确定到底是不是要就业"，因为这通常会降低问卷的信度和效度，导致因子分析结果不佳。

⑥ 排序题或打分题。当对选项进行排序时，通常有 3 种设计方法：第一种方法是直接让样本回答排序情况；第二种方法是使用五级量表或七级量表；第三种方法是使用打分题，即直接对每个选项进行打分。

(2) 非量表题项。非量表题项即为量表 (或类似量表) 外的题项，比如多选题或者基本事实现状题项等。非量表题项更多在于了解基本事实现状，通过对此类题项进行分析，研究当前情况，并且提出相关建议。通常情况下，非量表题项包括单选题、多选题、填空题等类型。在分析方法上，非量表题项可以使用频数分析进行基本描述，以及使用卡方分析对比差异，也可以使用 Logistic 回归分析和聚类分析。非量表题项设计的注意事项如下。

① 单选题项设计。在问卷中，样本个人背景信息包括性别、年龄、学历等，可以设置成单选题形式。针对年龄、学历等问题，选项设置需要结合具体情况进行。例如，当预测样本的年龄范围为 18 ~ 30 岁时，选项可设置 18 ~ 21 岁、22 ~ 24 岁、25 ~ 27 岁、28 ~ 30 岁共 4 组，无需设置其他的选项。

在其他非量表题项设计方面，研究人员有时并不清楚选项的具体内容应该如何设计，或者对选项设计并没有把握。此时，可以先进行预调查，总结归纳选项的具体内容。非量表题项之间可以通过卡方分析进行差异对比，但如果选项过多，就会导致每个选项对应的样本数量很少，因此需要结合样本数量情况设置选项数量。例如，计划收集 150 个样本，如若每题对应 10 个选项，则很容易导致个别选项基本上没有人选择或者选择数量极少，分析方法不适用的问题。非量表题项的选项也不能过少，如果过少则信息不够充分，那么最终获取的价值也有限。

② 多选题选项设计。通常情况下，多选题只能计算频数和百分比，通过频数和百分比可以直观地展示每个选项的选择情况，并且通过对比百分比大小得出相关结论。通常情况下，多选题的选项非常多，因此如果总样本较少，则容易导致每个选项的平均样本较少，也就没有统计代表意义了，通过卡方分析得出的结论也就不可靠。研究人员需要提前知晓

这类情况，平衡样本数量与多选题选项之间的关系。如果多选题选项较多，那么需要收集更多的样本。

③ 填空题选项设计。在问卷设计中，无论是单选题还是多选题，常常会设置一个"其他"选项，以便让样本人群提供具体信息。但根据经验，这类题项的回答比例往往很低，且即使有人回答，也多为"不知道""无"等无效答案，这些文字答案通常不具备研究意义。由此可见，填空题作为一种开放式题项，虽然能够收集到丰富的样本回答，但由于统计分析主要针对封闭式答案进行，因此建议尽量少用填空题。例如，在询问年龄时，直接提供选项让样本选择，而非填写具体数字，会更便于统计分析。当然，如果因特殊需求必须设置填空题，那么在后续处理时，需要手动将文字答案进行标准化，即将表达相同意思的文字进行统一，并编码后再进行分析，从而将开放式的填空题转化为封闭式的单选题或多选题。

④ 逻辑跳转题。非量表类问卷中经常会使用逻辑跳转题，这种题目是思路跳跃的一种体现。逻辑跳转题选项过多会导致研究思路混乱，尤其是在使用软件分析时，需要进行多次数据筛选工作以匹配逻辑跳转，从而使看似简单的问卷分析变得异常复杂。因此，为了保证问卷逻辑清晰，应尽量减少逻辑跳转题，如果必须使用，那么可以将同一类跳转后的题项紧挨在一起。

4.2.2 问卷设计流程

编制一份具有良好信度和效度的问卷并非易事，本节为大家介绍问卷编制的基本流程，具体包括如下六个步骤。

(1) 确定要探究的信息。在编制问卷时，先要确定需要寻求什么信息，这也是整个调查研究的第一步。也就是说，调查者必须先确定问卷中包括哪些类型和性质的问题。先预测提出这些问题可能出现什么结果，然后判断这些结果是否能够回答研究所提出的问题。这一步非常重要，一份构建和编制粗劣的问卷与一份构建和编制完善的问卷在施测和分析时都需要投注同样的心力和时间，但两者的区别在于构建和编制完善的问卷能使研究结果具有价值，而构建和编制粗劣的问卷可能会影响后续数据收集的质量与分析的准确性。

(2) 确定问卷的类型。确定问卷的类型主要取决于所选的调查方法。例如，若采用被试自己作答的方式，则问卷设计应便于自我填写；若选择电话访谈形式，则必须选用训练有素的访谈者来提出问题。在设计问卷的过程中，研究者还可以考虑借鉴其他研究者已编制的问卷。特别是在评估大学生价值观问题时，如果先前已有调查人员编制了信度和效度良好的相关问卷，那么重新编制就显得没有必要。此外，采用前人的问卷进行调查，还能使后续研究者的研究结果直接与前人的结果进行比较，从而更具参考价值。

(3) 拟定问卷初稿。如果没有现成的问卷能够满足研究目的，就需要调查者自己拟定问卷稿。在拟定初稿过程中，需要注意措辞及问题的顺序。

(4) 问卷的检查和修改。有时编制问卷者认为客观且清晰的问题，可能在他人看来并不够客观明确。因此，在这一步骤中，最好能邀请一些在调查研究方面经验丰富的人员，以及熟悉所研究领域的专家共同参与问卷的检查工作。例如，在调查学生就业方面的问题时，最好邀请学院负责就业工作的人员来审阅问卷，并认真听取他们的意见和建议。如果研究的主题充满争议，那么听取来自不同立场的两方面代表的意见就显得尤为重要，因为这样可以帮助我们避免在问卷中设置一些可能导致偏差的项目。

(5) 前测。在编制有效问卷的过程中最关键的一步是问卷的前测。前测是指尽可能在与正式测试相同的情境下，用小样本被试进行测试。前测所选取的被试也必须能够代表最终样本中的被试。例如，最终样本是大学生，如果前测是对中学生进行调查，那么这种前测就没有任何意义。不过，前测与正式的测试确实存在不同，在前测中要对被试进行详尽的调查，了解他们对每一道题目及整个问卷的反应，这有助于研究者剔除一些意见含混或者唐突的题目。如果在前测后问卷需要做出较大改动，那么就可能需要进行第二次前测，以确保第一次前测出现的问题已经得到解决。

(6) 编辑问卷，并确定正式施测中的具体程序。

4.3　问卷设计的原则

4.3.1　问卷措辞的原则

表达方式对回答有着重要的影响，因此从事调查研究的人员必须对此予以高度重视。在一项关于头痛治疗的研究中，研究人员发现，提问方式的细微差别能够引发调查对象给出截然不同的答案。具体而言，当询问调查对象"你是否经常头痛？如果有，请说明频率"与"你是否偶尔头痛？如果有，请说明频率"时，前者往往导致调查对象报告的头痛次数更多。这一案例充分表明，即便是措辞上的一字之差，也可能导致截然不同的调查结果。

被试在面对提问时往往会对问题的含义做出"想当然"的理解。这一点对选择问卷的措辞具有重要的启示。例如，问卷中某个词语的含义比较模糊，面对这种情况，被试可能会根据自己的偏好，"想当然"地对该词语做出解释。因此，面对诸如"很少""经常"等词汇时，不同的被试可能会有不同的理解。此外，被试还可能会想当然地认为调查所提出的问题肯定是他们能够回答的问题。受此影响，当被试面对一些没有答案或者没有正确答案的问题时，他们都可能给出答案。比如，要求被试对他从没有使用过的产品发表意见时，他们仍可能给出意见。

在调查研究中，问卷措辞的准确性至关重要，它直接影响测量结果的可靠性。为确保问卷的有效性，设计时应特别关注重要问题的表达方式，力求清晰、明确，旨在使问卷能够准确捕捉调查对象的真实意图，为后续的数据分析和研究提供坚实可靠的基础。具体而言，我们可从以下几方面着手进行优化。

1. 问题类型的设计

调查研究人员在编写问卷的过程中，经常会选用两种提问方式：自由反应式问题（即开放式题目）；封闭式问题（即选择题）。

在调查研究中，自由反应式问题以其开放性和灵活性著称。这类问题，如"请列出你最喜欢的几部电影并说出理由"，给予了被试极大的回答空间，能够深入挖掘其真实想法和感受。自由反应式问题的措辞往往更加宽泛和包容，旨在鼓励被试自由表达，不受预设选项的限制。这种设计不仅有助于收集到丰富多样的信息，还能让被试在回答过程中感受到尊重和重视，从而提高其参与度和回答质量。

相比之下，封闭式问题则更加注重答案的明确性和标准化。这类问题，如"在使用这款产品的过程中，你觉得它的界面设计的如何？"并给出"很人性、比较人性、一般、不够人性、很不人性"等选项，要求被试在备选项中进行选择。封闭式问题的措辞通常更加精确和具体，旨在引导被试在限定范围内作答，以便于后续的数据统计和分析。通过明确的问题措辞和标准化的选项设置，封闭式问题能够确保收集到的信息更加一致和可比，为科学研究提供有力的数据支持。

2. 问题词汇的设计

在问卷编制过程中，问题词汇的选择与设计至关重要。为了确保问卷的有效性和数据的准确性，研究者需要遵循一系列原则来精心设计问题的措辞。

首先，词汇应尽量简单、直接，并选用所有被试都熟悉的字眼。这有助于确保被试能够准确理解问题的意图，从而做出真实、有效的回答。避免使用过于专业或生僻的词汇，以减少被试的困惑和误解。

其次，问题应该清晰具体，避免双重提问。双重提问是指一个问题中同时包含两个或多个独立的询问点，导致被试无法准确回答。例如，"你经常使用电子阅读器和手机吗？"就是一个典型的双重提问，因为它同时询问了关于电子阅读器和手机的使用情况。为了解决这个问题，可以将问题拆分为两个独立的问题，如"你经常使用电子阅读器吗？"和"你经常使用手机吗？"。

再次，在保证提问明确的基础上，应尽量缩短问题的长度。大多数调查问卷中的问题字数都控制在 20 字以内，这有助于保持问卷的简洁性和易读性。长而复杂的问题容易让被试感到困惑和疲惫，从而降低其回答的质量和积极性。

最后，如果提问中有条件句，应将条件或假设置于句子开头。这有助于提高问题的可读性和逻辑性，使被试能够更快地理解问题的背景和前提。例如，"如果研发一款专门为老年人设计的 App，请问你会怎样设计？"就比"你会怎样设计，如果研发一款专门为老年人设计的 App 的话？"更加清晰易懂。

3. 避免引导性和暗示性问

问卷中还应该避免引导性和暗示性的提问。

引导性提问方式如"大多数人都赞成使用核能源，请问你怎么看？"为了避免引导性问题可能带来的偏差，在提问中要么罗列出所有的观点，如"有些人赞成使用核能源，有些人反对使用核能源，还有人对此不置可否，请问您怎么看？"要么一个也不提及，直接提出"请问您怎么看待核能源的使用？"这样的问题。

暗示性提问是指在提问中包含了某些带有感情色彩的词汇，如激进、酒鬼等就带有一定的感情色彩，应该避免使用此类词汇。避免使用暗示性提问的最好办法是请一些持不同观点的人员检查问卷。

一份优质的问卷应当遵循以下原则：选用简单直接、为所有被试所熟悉的词汇；确保问题表述明确具体，不含糊其辞；避免引导性、暗示性提问及双重提问，以免误导被试；合理控制问题字数，尽量保持在 20 字以内，以提高问卷的简洁性和易答性；若问题中包含条件句，应将其置于句子开头，以增强问题的逻辑性和可读性；最终，务必确保问卷中每个问题的可读性，让被试能够理解并准确回答。

4.3.2　问卷问题设计的原则

1. 合理性

问卷设计的合理性原则至关重要，它要求问卷必须紧密围绕调查主题展开，确保每个问题都直接关联到研究的核心内容和目标。在设计问卷时，应避免偏离主题的冗余问题，以及可能产生误导的无关选项。每一个问题的设定都需经过深思熟虑,确保其能够有效收集到对调查主题有价值的信息。通过精心构建与调查主题高度相关的问题,问卷能够更准确地反映被试的意见和看法,为研究者提供可靠的数据支持,从而确保调查结果的准确性和有效性。

2. 一般性

在问卷设计中,一般性原则强调的是问卷问题的设置需具备普遍意义。这意味着问卷中的问题应适用于广泛的受访者群体,避免使用过于专业、地域性或特定文化背景下的表述。普遍性问题的设置能够确保不同背景、年龄、性别、教育程度等多样化的受访者都能理解并作答,从而提高问卷的回收率和数据的代表性。遵循一般性原则,有助于收集到更全面、客观的信息,为研究结果提供坚实的基础。

例如,在"居民广告接受度"的调查中,有这么一道问题:

你通常选择哪一种广告媒体?

A. 报纸　　　　B. 电视　　　　C. 杂志　　　　D. 广播　　　　E. 其他

如果答案是另一种形式:

A. 报纸　　　　B. 车票　　　　C. 电视　　　　D. 墙幕广告

E. 气球　　　　F. 大巴士　　　G. 广告衫　　　H. ……

若要求的统计指标没有那么细(或根本没必要),那么这个问题的设置就犯了一个"特殊性"的错误,从而导致某些问题的回答实际上对调查是无用的。

另外,在一般性的问卷技巧中,还需要注意不能犯问题内容上的错误。

问题:你拥有哪一种信用卡?

答案:A. 长城卡　　B. 牡丹卡　　　C. 龙卡　　　　D. 维萨卡　　　E. 金穗卡

其中,D 的设置是错误的,应该避免。

3. 逻辑性

问卷的设计要有整体感,这种整体感即是问题与问题之间要具有逻辑性,独立的问题本身也不能出现逻辑上的谬误,从而使问卷成为一个相对完善的小系统。

问题 1:你通常每日读几份报纸?

A. 不读报　　　　B. 1 份　　　　C. 2 份　　　　D. 3 份以上

问题 2:你通常用多长时间阅读?

A. 10 分钟以内　　B. 半小时左右　C. 1 小时　　　D. 1 小时以上

问题 3:你经常读下面哪类(或几类)报纸?

A. × 市晚报　　　　B. × 省日报　　　C. 人民日报　　　D. 参考消息

E. 中央广播电视报　　　　　　　　F. 足球……

在以上 3 个问题中,由于问题设置紧密相关,因而能够获得比较完整的信息。调查对象也会感到问题集中、提问有章法。相反,假如问题是发散的,问卷就会给人以随意、不严谨的感觉。那么,将市场调查作为经营决策的一个科学过程的企业就会对调查失去信心!

逻辑性的要求是与问卷的条理性、程序性分不开的。因此,在一些综合性的问卷中,调查者会将差异较大的问卷分块设置,从而保证了每个"分块"的问题都密切相关。

4. 明确性

明确性在问卷设计中关乎问题设置的规范性,它具体指的是命题的准确性和提问的清晰度。明确性原则要求问卷中的问题必须表述清晰、易于理解，以便受访者能够迅速而准确地回答。这包括使用通顺的语句结构，避免歧义和模糊性，确保受访者能够明确把握问题的意图，并据此给出明确的答复。遵循明确性原则，可以显著提升问卷的有效性和数据的可靠性。

问题：您的婚姻状况，是怎样的？

A. 已婚　　　　　　　B. 未婚

显而易见，此题还有第三种答案（离婚 / 丧偶 / 分居），如按照以上方式设置则不可避免地会发生选择上的困难和有效信息的流失，其症结即在于问卷违背了"明确性"原则。

5. 非诱导性

非诱导性指的是在问卷设计时，问题应被设置在中立、客观的立场，避免包含任何提示性或主观臆断的语言。这一原则强调要将被访问者的独立性和客观性置于问卷操作的首要位置，确保他们的回答不受问卷设计者的影响或引导。换言之，非诱导性要求问卷中的问题必须保持中立，以便受访者能够基于自己的真实想法和经历来回答，而不是被问卷中的语言所左右。这样的设计有助于收集到更加真实、客观的数据。

问题：你认为这种化妆品对你的吸引力在哪里？

A. 色泽　　　　　　B. 气味　　　　　　C. 使用效果

C. 包装　　　　　　E. 价格　　　　　　F. ……

这种设置是客观的，若换一种答案设置：

A. 迷人的色泽　　　B. 芳香的气味　　　C. 满意的效果

D. 精美的包装　　　F. ……

这样的设置则具有诱导性和提示性，从而在不自觉中掩盖了事物的真实性。

6. 便于整理、分析

成功的问卷设计除了考虑要紧密结合调查主题与方便信息收集，还要考虑到调查结果的容易得出和说服力。这就需要考虑到问卷在调查后的整理与分析工作：首先，要求调查指标是能够累加和便于累加的；其次，指标的累计与相对数的计算是有意义的；最后，能够通过数据清楚明了地说明所要调查的问题。

4.3.3　问卷问题顺序的原则

编制问卷过程中的另一重要环节就是确定问题的顺序，尤其是问卷的最初几个问题，因为它们不仅确立了其余问题的基调，也影响被试回答其余问题的意愿和态度。总体来讲，问卷问题的顺序设计应遵循如下几个原则。

1. 根据问题的功能安排序列

在问卷设计的布局上，通常遵循一定的逻辑顺序以优化数据收集的效果。一般而言，接触性问题被安排在最前面，用于建立与被调查者的初步联系并激发其参与兴趣。随后，进入实质性问题部分，这是问卷的核心，旨在收集具体、深入的信息。在实质性问题的前后，根据调研需求，会巧妙地穿插各种功能性问题，如过滤性问题（用于筛选符合条件的受访者）和校正性问题（用于核实或调整之前的回答）。特别需要注意的是，为了避免调查对象察觉到问卷的设计意图而可能影响回答的真实性，过滤性问题和校正性问题不应与实质性问题安排得过于紧密，确保它们能发挥应有的作用而不致失去意义。这样的布局既保证了问卷的流畅性，也提升了数据的准确性和有效性。

2. 敏感性问题和开放性问题放在卷末

在问卷设计中，合理安排问题的顺序至关重要。一般而言，敏感性问题和开放性问题更适合放在卷末。如果将关于同事关系、家庭生活等敏感性问题置于卷首，可能会立即引起调查对象的反感和抵触情绪，影响后续问题的回答质量。同样，开放性问题由于需要调查对象进行较多思考和书写，较为耗时，若放在开头，可能导致调查对象产生畏难情绪，影响整体参与度。

然而，在某些特定情境下，如问卷采用自陈量表的形式，为了吸引被试的注意力并激发其兴趣，研究者可以将最有趣的问题放在开头。而对于询问个人信息的问题，则更适合放在最后，以减轻调查对象的心理负担。但如果调查采用的是个人面谈法或电话访谈法，情况则有所不同。在这种情境下，首先询问调查对象的个人信息是一个明智的选择，因为这些信息通常较为简单且容易回答，有助于提升调查对象的信心，并为后续深入交流建立良好的基础。此外，在涉及敏感话题之前先询问个人信息，还能在一定程度上帮助调查者与调查对象建立更加融洽的关系，为后续敏感话题的探讨创造有利条件。

3. 采用漏斗形技术

在设计问卷时，应采用漏斗形排列问题的方式，即先提出范围广泛、较为一般的问题，随后逐渐过渡到更为具体、特殊的问题。这种排列方式有助于引导调查对象从宽泛的思考逐渐深入到具体的细节中，使回答过程更加自然流畅。通过先询问广泛性问题，可以为后续的具体问题提供背景和框架，帮助调查对象更好地理解和回答。同时，这种排列也有助于确保问卷的逻辑性和连贯性，提高数据收集的有效性和准确性。

例如，某研究问卷中涉及两道关于堕胎的问题。第一个问题较为一般："如果某孕妇已经结婚，但不想再要孩子，你认为她是否可以合法堕胎？"第二道问题则更为特殊："如果某孕妇腹中的胎儿很可能存在某些方面的先天不足，你认为她是否可以合法堕胎？"在测试阶段，研究者发现问题的顺序对回答结果有显著影响。当一般问题被放在前面时，60.7% 的受访者表示支持合法堕胎；而当这个问题被放在后面时，支持率下降到 48.1%。相比之下，特殊问题的回答则相对稳定，无论前置还是后置，支持率都保持在 83% ~ 84%。

通过调整问题顺序，采用漏斗式提问法，研究者能够更有效地收集数据，确保问卷结果更准确地反映调查对象的真实想法和态度。

4. 问题要相互联系

在问卷设计中，应当将内容上相互关联的问题归为一组，先集中询问同一框架内的问题，再转向另一个框架的问题。对于同一框架内的问题，应按照逻辑次序、时间顺序或内容体系来安排，以保持调查对象的注意力和思维的连贯性。

然而，为了避免问题之间产生反应倾向，即避免调查对象的回答受到前面问题的影响而趋于一致，需要采取一些措施。这些措施包括在问题之间插入调节性问题，或者变化问题的提问形式，以确保每个问题都能独立地引发调查对象的真实思考和回答。通过这样的设计，可以更有效地收集到客观、准确的数据。

5. 先询问为后续问题提供必要信息的问题

在设计问卷时，首先应确保先询问那些为后续问题提供必要信息的基础性问题。为了维持回答者的注意力并防止其对不同问题产生相同的反应，问题的形式和长度在排列上应有所变化。

在规划提问顺序时，可以巧妙地运用过滤法。这种方法涉及先向被调查者提出一般性的问题，根据这些一般性问题的回答，再决定是否继续深入询问更具体的问题。例如，关于"你是否想拥有一辆车？"的问题，应当放在"你每月的养车费用是多少？"这类具体性问题之前。如果被调查者回答"是"，那么才有必要进一步询问养车费用等更详细的信息。在自陈量表中，根据被试的不同回答，问卷会有明确的指示引导其继续回答下一个相关问题。

采用过滤法不仅有助于使问卷更加精炼，还能有效缩短施测时间，是问卷编制中不可或缺的重要策略。通过这种方法，可以确保问卷既高效又准确地收集到所需的信息。

6. 精心设计答案序列

回答者在面对二选一的问题时，往往倾向于选择排在前面的答案；而在多选一的问题中，他们则更可能倾向于选择肯定性的答案。为了避免这种倾向性影响数据的客观性，问卷中的问题答案应当随机排列，或者采用肯定与否定答案交替排列的方式，而不应固定以一种顺序来呈现。这样的设计可以确保收集到的答案更加真实、全面，从而提高问卷调查的有效性和可靠性。

4.4　常见的问卷问题设计

(1) 对笼统、抽象、含混概念不加操作性定义。

问题：你的家庭布局是什么样的？

A. 学术气氛　　　　B. 现代化　　　　C. 时髦　　　　D. 整洁　　　　E. 一般

这样的问题，会造成问卷设计者与调查对象，或者调查对象之间的理解不一致。

(2) 两个以上概念在同一题目中出现。

问题：你经常教小孩识字和算术吗？

该问题使那些只教小孩识字或只教算术的家长很难回答。

(3) 使用专门术语、行语、俗语。

(4) 答案设置漏掉了综合性的选择项目。

问题：你在为孩子选择书包时，最重视的是什么？

A. 质量　　　　B. 容量　　　　C. 价格　　　　D. 色彩

(5) 出现带有某种倾向的暗示性问题。

问题：你喜欢饮誉中外的小说《红楼梦》吗？

(6) 使用不肯定的词，如"某些""相当""非常""经常"。

(7) 使用可作多种解释、意义含糊的词。

问题：你父亲属于哪一社会阶层？

其中，"属于"可理解为"目前是""最终或应该属于"。

(8) 问卷中出现调查对象未经历过的或不知道的问题，导致问卷结果的虚假性。

(9) 问题的陈述使用否定句(特别是双重否定句)，致使答卷者忽略其中的否定词而误解题意，造成答案不真实。

(10) 问题中带有刺激性的词语，伤害调查对象的感情，引起反感。

(11) 问题缺乏受限制的前提。

(12) 题目中供选择的项目未包含所有的情况。

课后练习

思考题

1. 问卷法在人因工程研究中的重要性是什么？

2. 如何理解问卷调研结果的测量值模型？

3. 系统误差和随机误差有什么区别？

4. 问卷法的优势是什么？

5. 什么是问卷的信度？

6. 前测在编制有效问卷中的作用是什么？

7. 如何理解人因工程研究中的问卷设计的效度？

8. 问卷法的缺点是什么？

9. 问卷法在人因工程研究中的主要优势是什么？

10. 问卷的结构通常包括哪些部分？

11. 问卷设计的流程包括哪些步骤？

12. 问卷问题设计的原则有哪些？

13. 问卷问题设计的顺序原则有哪些？

讨论题

1. 讨论在人因工程研究中，如何平衡问卷法的结构化和灵活性。

2. 讨论如何将其他研究方法与问卷法结合使用，以提高研究质量。

3. 讨论在人因工程研究中，如何提高研究深度。

4. 为确保受访者回答问题的真实性和准确性，可采用哪些方法？

5. 分析问卷法在收集数据时可能存在的局限性，如社会期望偏差、问卷设计偏差、回答偏差等。针对这些局限性，提出可能的改进策略。

实践题

1. 设计一个简单的问卷，旨在了解大众对某 App 的态度和偏好。问卷应包括至少 10 个问题，涵盖不同类型 (如单选题、多选题、量表题、开放性问题等)，并考虑问卷的逻辑顺序和问题的清晰度。

2. 讨论在进行问卷调查时可能遇到的伦理问题，如隐私保护、知情同意、问卷的匿名性等。提出你认为合适的解决方案，并解释为什么这些措施是必要的。

3. 设计一份针对用户使用习惯的问卷，并进行前测，根据前测结果进行修改。

4. 选择一个你感兴趣的人因工程研究主题，设计一份结构化的问卷并进行实际调查，分析调查得到的数据，评估问卷的信度和效度，并根据调查结果提出改进问卷的建议，并进行第二次前测。

5. 编写一份问卷调查计划书，内容包括调查目的、调查对象、调查方法，以及时间安排等。

第5章
问卷数据分析案例

5.1　量表类问卷数据分析

在量表类问卷分析中，研究变量之间的影响关系是一项常见任务。研究人员通常会首先提出一个假设，即自变量 X 对因变量 Y 存在某种影响关系，然后运用相应的统计方法来验证这一假设，以期发现二者之间的规律，并最终提出建议。在统计分析过程中，相关分析常被用于探索研究变量之间的关系情况，如判断变量之间是否存在关系，以及关系的紧密程度等。最后，研究人员会采用回归分析来进一步研究变量之间的回归影响关系。

量表类问卷数据分析的思路可分为 6 个部分，即样本背景、特征等的分析，问卷题项归类分析，问卷题项信效度分析，研究变量描述性分析，变量相关关系分析，研究假设验证分析。相应的分析方法，如表 5.1 所示。

表 5.1　问卷分析汇总表

分析思路	分析目的	对应的分析方法
样本背景、特征等的分析	了解样本的基本背景特征信息	频数分析、描述性分析
问卷题项归类分析	将题项进行分类并浓缩成更少的因子，以便进一步分析	探索性因子分析
问卷题项信效度分析	研究样本数据是否真实可靠；判断研究题项是否可以有效地测量研究人员需要测量的变量	信度分析、探索性因子分析
研究变量描述性分析	了解研究样本对变量的整体分布情况	频数分析、描述性分析
变量相关关系分析	研究变量之间的关系情况，包括有无相关性及相关性的紧密程度	相关分析
研究假设验证分析	研究假设的真或伪、挖掘更多有价值的研究结论	回归分析、方差分析、t 检验、卡方检验

本章将以案例的形式对表 5.1 中提及的分析思路及分析方法等进行详细阐述。案例数据来源于对某大学学生的职业观的调研，其核心研究思路在于探究相关因素对大学生就业意向的影响关系，并比较不同背景样本对各影响因素的态度是否存在显著差异。问卷调研涵盖了人口统计基本信息及影响就业意向的主体内容，具体包括声望地位因素、保健因素和个人发展因素三个方面。

调研所采用的量表题目均为五级李克特量表题，问卷的设计结构与具体内容，如表 5.2 所示。

表 5.2　大学生就业意向调研问卷结构与内容

问卷结构	题项	内容
基本信息 Q1	Q1.1	性别
	Q1.2	专业
	Q1.3	年级
声望地位因素 Q2	Q2.1	容易成名成家
	Q2.2	单位知名度高
	Q2.3	社会地位高
	Q2.4	晋升机会多
保健因素 Q3	Q3.1	收入高
	Q3.2	有五险一金
	Q3.3	职业稳定
	Q3.4	职业场所环境优雅
个人发展因素 Q4	Q4.1	能进一步接受教育
	Q4.2	符合兴趣爱好
	Q4.3	自主性强
	Q4.4	能发挥自身才能

5.1.1　样本背景信息分析

问卷研究分析的首要步骤为统计样本的背景信息，以便全面且详细地了解研究样本的基本特征。本案例中，涉及性别、专业、年级三个题项，分别对应 Q1.1、Q1.2 和 Q1.3。为了有效统计这些调研样本的基本信息，我们通常采用的统计方法包括频数分析和描述性分析。具体的操作步骤见二维码 5.1

5.1　频数分析及描述性分析

5.1.2　问卷题项归类分析

归类分析的目的在于将研究题项进行分类，并提炼出少数因子，以便进一步分析研究。在此过程中，我们通常采用探索性因子分析这一方法。探索性因子分析不仅具备提取因子的功能，还可以进行效度验证及权重指标的计算。

使用因子分析的探索因子功能时，需要多次重复分析，删除不合理的题项，最终找到因子与题项的对应关系，并且对因子进行命名。使用该功能时，需要结合主观判断，并且多次重复操作，找出最优探索性因子结果。具体操作步骤见二维码 5.2。

5.2　因子分析设置

我们以"文件职业观量表调查数据"为例，进行因子分析。具体操作见二维码 5.3。

5.1.3　量表的信效度分析

5.3　因子分析操作

1. 信度分析

1) 信度分析方法

信度分析需要针对每一个具体的细分选项进行，以确保量表调查数据中的整体质量和可靠性。在利用 SPSS 数据统计分析软件进行数据处理时，我们可以通过计算各变量的 α 系数，来评估量表的信度。此分析预测试更多地关注量表设计的质量，即是否会由于量表题项设计存在问题而导致信度质量不达标。如果出现问题，那么需要对题项的文法进行修改或者对题项进行删除处理。正式问卷的信度分析只需关注 α 系数的值，一般应高于 0.7，有时候标准也可以放宽至 0.6。信度分析的思路，如图 5.1 所示。

(1) 分析 α 系数。如果此值高于 0.8，则说明信度高；如果此值介于 0.7 ～ 0.8，则说明信度较好；如果此值介于 0.6 ～ 0.7；则说明信度可接受；如果此值小于 0.6；则说明信度不佳。

(2) 修正后的项总计相关性 (corrected item-total correlation，CITC)，是衡量量表中每个题项与其所属总体或量表总分之间相关程度的重要指标。如果某个题项的 CITC 值低于 0.3，这通常意味着该题项与量表整体的相关性较弱，可能无法有效地反映量表所要测量的核心构念或维度。因此，在量表优化和修订的过程中，可以考虑删除 CITC 值低于 0.3 的题项，以提高量表的整体信度和效度。

(3) 如果在进行信度分析时，发现某个题项对应的"删除项后的 α 系数"值明显高于整体量表的 α 系数，这通常意味着该题项的存在降低了量表的整体信度。在这种情况下，我们可以考虑将该题项删除，并重新进行信度分析，以观察删除后量表信度的变化情况。如果删除后量表的信度得到提升，那么这一删除操作就是合理的。

(4) 对上述分析结果进行总结。

信度分析的具体操作见二维码 5.4。

5.4　信度分析

2) 信度的影响因素

(1) 题项的数量会影响问卷的信度。通常来讲，题目数量越多则信度越高。比如，仅观察篮球运动员的一次投篮动作就想判断他的篮球水平，那么所得到的结论显然会不可靠。同样，只向人们提一个问题也无法真正了解他们的就业价值观。因此，只有当我们对篮球运动员进行大量观察、用许多问题询问大学生们对于求职的态度后，才可能大幅提升问卷的信度。

(2) 如果被调查对象的样本较为多样，也将有助于提升问卷的信度。问卷调查的目的往往是确定人与人之间的差异程度，因此如果被调查对象差异较大，那么对他们进行区分就更容易，如果被调查对象差异小，想要对他们进行区分就会比较困难。举个例子，如果我们想要调查中学生的学业负担情况，那么我们的样本幅度应该尽量宽泛，如包括城市中学生、农村中学生，经济发达地区的中学生、经济欠发达地区的中学生，重点中学的学生、普通中学的学生等，这样就比较容易对他们进行区分。如果只是对城市中学生的学业负担进行调查，显然很难做出可靠的评估。因此，如果想要问卷具有较高的信度，那么在选取被调查对象时应考虑增加被调查对象的多样性，而不是在狭窄的范围内选择被调查对象。

(3) 施测情境。如果施测情境能够保证被调查对象安心作答，问卷中给出的指导语足够明确，那么调查信度也将增加。

2. 效度分析

1) 效度分析的类型

效度分析包括问卷的内容效度、标准效度、结构效度三类。

(1) 问卷的内容效度。常用的检验内容效度的方法，是通过文字描述量表的有效性。具体分析时，建议按以下几点从各个角度论证问卷设计的合理性。

① 用文字描述问卷的设计过程，包括问题设计与思路如何保持一致性。

② 用文字描述问卷设计的参考依据，如参考某文献设计问卷等。

③ 用文字描述问卷设计的过程，如是否进行过预测试，对问卷进行过哪些修改处理等，修正的原因等。

④ 用文字描述专家或同行的认可性，比如问卷设计经过某指导教授或老师的认可，或者与相关专业人士进行过沟通修改等。

⑤ 其他可用于论证问卷设计合理性的说明等。

(2) 问卷的标准效度。标准效度评估是将经典量表的测量结果作为"金标准"，并与当前数据所得的结果进行 pearson 相关分析，以此来考察实测得分与权威标准得分之间的相关性。如果相关系数值较高，则说明效标效度良好，且相关系数越大，代表两组数据的相关性越高，从而反映出问卷的效度越高。

(3) 问卷的结构效度。问卷的结构效度包括聚合效度和区分效度。下面通过案例来讲解这两个概念。

当前，心理学家日益重视考察诸如快乐、生活满意度、自尊、乐观主义，以及主观幸福感等心理指标。然而，这些指标是否都在测量同一个概念，如主观幸福感，还是各自测量着不同的心理概念，仍是一个待解之谜。为了回答这些疑惑，卢卡斯等人开展了几项研究，在研究中他们要求被试完成涉及幸福的不同维度的问卷。由于此处只是想借用该例子说明有关结构效度的概念，因此我们只选取他们第三个研究中的一小部分数据。在研究中，他们要求被试完成三个量表，分别是生活满意度量表 (SWLS)、五项目生活满意度量表 (LS-5)，以及一个正性情感量表 (PA)。在该范例中，研究旨在探讨生活满意度的概念能否与更广义的幸福概念 (积极情感) 相区分。

表 5.3 中的数据来自一项有关"生活满意度"的调查，我们使用这些数据说明如何评估结构效度。

表 5.3 结构效度范例

	SWLS	LS-5	PA
SWLS	(0.88)		
LS-5	0.77	(0.90)	
PA	0.42	0.47	(0.81)

表 5.3 中的数据构成了一个相关矩阵，能清楚地显示出多个变量间的相关程度。请先观察对角线上括号内的数值，这些数值代表了三个量表的信度，信度均在 0.8 以上，由此可见量表都具有较好的信度。但在该范例中，我们重点要评估的是"生活满意度"的结构效度，说明两个量表在测量生活满意度这个概念上存在"聚合"。

如果量表间存在区分效度，则能更有力地证明生活满意度的结构。在表 5.3 中，生活满意度量表 (SWLS) 和积极情感量表 (PA) 间的相关系数为 0.42，相关性较小；五项目生活满意度量表 (LS-5) 与积极情感量表 (PA) 间不存在显著相关性，即两个生活满意度量表所测的概念与积极情感所测的概念不同。因此，在生活满意度与积极情感之间就存在了区分效度，这说明对生活满意与广义的幸福并不相同。在该范例中，因为既有聚合效度的证据又有区分效度的证据，说明了生活满意度量表的结构效度良好。

2) 影响效度的因素

(1) 问卷设计的质量。如果问卷调研的内容不合理，目的也不明确，且题项设置质量不高，那么该问卷的效度就会受到影响。

(2) 项目数量。更多的项目可以提供更全面的信息，减少偶然误差的影响，并使测验内容更能代表被测领域的关键要素。增加测验的项目数量，不仅能够有效提升测验的信度，即测量结果的一致性和稳定性，而且在一定范围内可以对测验的效度产生积极影响，即增强测量结果反映被测特征的真实程度。

3) 效度分析的判断标准

问卷效度分析的常用方法包括探索性因子分析、验证性因子分析两种。在正常情况下，对量表数据进行效度分析时，均需要使用探索性因子分析来验证并说明其效度，并且还需配合内容效度进行综合考量与说明。

(1) 探索性因子分析效度分析判断标准。

① KMO(kaiser meyer olkin，采样充分性度量) 值通常应该不低于 0.6。

② 题项在对应因子上的因子载荷系数大于 0.3，即题项应该与提取的因子至少不是弱相关。

③ 不存在题项与因子对应关系出现严重偏差。

④ 变量共同度大于 0.6。

⑤ 累积方差解释率大于 50%。

效度分析一般需要经历多次，如果最终得到的结果能够满足以上标准，则说明维度划分比较合理，具有良好的结构效度。

(2) 验证性因子分析效度判断标准。

① AVE(average variance extracted，平均方差提取值) 和 CR(composite reliability，组合信度) 是分析聚合效度的常用指标，通常情况下 AVE 大于 0.5，且 CR 值大于 0.7，则说明聚合效度较高。

② 区分效度可通过对比 AVE 平方根与相关关系值进行检验。如果 AVE 平方根大于相关系数值，则说明区分效度良好。

在进行效度分析时，通常需要经过多次的分析过程，以确保获得较理想的结构效度。当使用的是已有的成熟量表，并且理论维度已经明确时，如果探索性因子分析的结果无法匹配原量表维度，那么建议直接使用验证性因子来进一步验证量表的结构效度。

4) 问卷效度分析的方法

效度分析在预测试和正式研究时均可以进行，在绝大多数情况下，问卷研究会使用探索性因子分析进行效度水平判断 (即前文所说的结构效度)，将 SPSS 软件生成的结果与专业预期进行对比，如果软件生成的结果与预期基本一致，则说明效度较好。如果研究量表具有很强的权威性，那么不需要使用探索性因子分析进行效度验证，可以使用内容效度进行分析。总括起来，不同类型的效度分析通常采用的分析思路及工具是不同的。

内容效度、标准效度和结构效度这三种类型对应的方法如图 5.1 所示；效度分析的基本思路如图 5.2 所示。

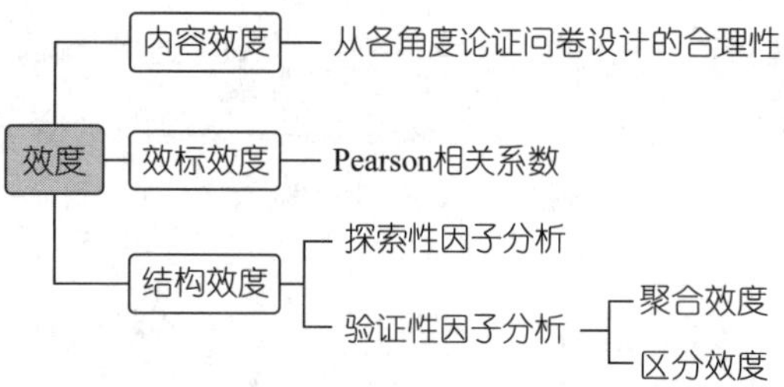

图 5.1　效度分析示意图

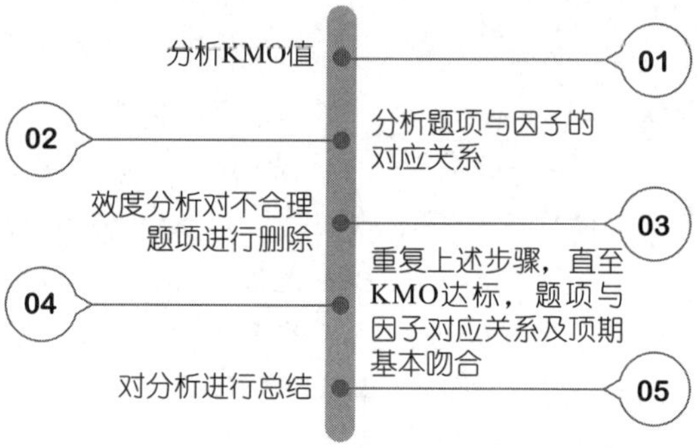

图 5.2　效度分析思路

对于结果的分析，我们通常可以参考下面的要点。

(1) 分析 KMO 值。如果 KMO 值高于 0.8，则说明效度高；如果此值介于 0.7 ～ 0.8，则说明效度较好；如果此值介于 0.6 ～ 0.7，则说明效度可接受；如果此值小于 0.6，说明效度不佳。

(2) 分析题项与因子的对应关系。如果对应关系与研究心理预期基本一致，则说明效度良好。

(3) 删除题项。如果效度不佳，或者因子与题项对应关系与预期严重不符，或者某分析项对应的共同度值低于 0.4(有时以 0.5 为标准)，则可考虑对题项进行删除。删除题项的常见标准：一是共同度值低于 0.4(有时以 0.5 为标准)；二是分析项与因子对应关系出现严重偏差。

(4) 重复上述步骤，直至 KMO 达标。题项与因子对应关系与预期基本吻合，说明效度良好。

(5) 对分析结果进行总结。

问卷效度分析的操作，其具体分析过程与结果见二维码 5.5。

5.5 问卷效度分析

通过两个案例，我们从内容效度和结构效度的角度对效度的验证进行了探讨，其测量的方法主要是探索性因子分析方法，此方法可以通过 SPSS 软件实现。使用探索性因子分析进行效度验证时，首先需要对 KMO 值进行说明，KMO 值指标的常见标准是大于 0.6。随后需要具体说明提取的因子数量、每个因子的方差解释率、累计方差解释率，并且详细描述各个题项与因子的对应关系，如果对应关系与预期相符 (符合专业知识预期)，那么说明问卷有着良好的效度。在使用探索性因子分析进行效度验证时，很可能会删除对应关系与预期不一致的题项，或者因子载荷系数值较低的题项等。

另外，我们应该清楚的是，结构效度分析是综合概括的分析，并没有绝对性的判断指标。题项与因子的对应关系基本上符合专业情况，因子载荷系数值高于 0.4，即可说明效度较好。结构效度分析的目的是证明数据有效，建议研究人员对问卷量表进行前测，尽量使用高质量的量表，以免出现效度不达标的尴尬情况。

5.1.4　研究变量描述性分析

对变量的研究通常是从基本统计分析入手的，通过基本统计分析可以掌握研究变量的基本统计特征及整体情况，把握数据的分布形态。基本统计分析对后续的分析工作将起到重要的指导和参考作用。在正式对研究变量进行基本统计分析前，我们有必要先理解一些基本的统计描述指标。通常来讲，如果需要使用统计指标对研究变量进行描述，至少需要表现几个方面的数据特征，即集中趋势、离散趋势，以及分布形态。下面对这些指标进行介绍。

1. 集中趋势的描述指标

1) 均值

一组分数（一个分布）的集中趋势反映了这组分数中心的位置，可以通过三种量数来描述其集中趋势：平均数、众数和中位数。这三种集中趋势量数各自用一个简单的数字来描述一组分数的中心位置。我们先从平均数开始，它是最常用的集中趋势量数。理解平均数是学习数据分析的一个重要基础。均值的数学定义为

$$\bar{x} = \frac{1}{n}\sum_{i=1}^{n} x_i$$

式中，n 为样本量；x_i 为各观测值。

它表明均值利用了全体数据，代表了数据的一般水平；均值的大小容易受到数据中极端值的影响。

2) 众数

众数是表示集中趋势的另一种量数，是分布中最常见的一个简单值，它的含义是出现频率最高的变量的分数值。比如，有 10 名学生参与大学生焦虑水平研究，研究中需记录下他们上个星期做梦的总次数。做梦的数据如下：7、8、8、7、3、6、9、8、2、5。其中，8 出现的次数为 3 次，出现的频率为最高，因此该组分布的众数为8，或者是频数分布直方图的顶点或高峰，如图 5.3 所示。可以看到，焦虑程度为 4 的直方图形最高，因此大学生焦虑水平的众数为 4。

在一个完美对称的单峰分布中，平均数与众数相等。然而，在不对称的分布中，平均数与众数会不同。在图 5.3 中，大学生焦虑程度的平均值为 3.51，而众数为 4，两者并不相等。在这种情况下，众数可能不是分布分数集中趋势的最佳量数。实际上，研究者有时会通过比较众数和平均数

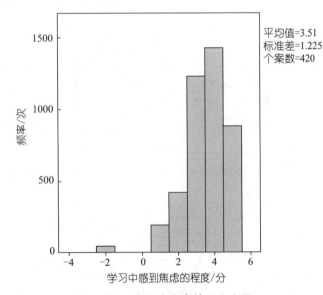

图 5.3　大学生焦虑情况直方图

来揭示分布并非完美对称。众数作为代表值有其局限性，因为它不能全面反映分布的多个方面。具体来说，当分布中的某些分数发生变化时，众数可能保持不变，但平均数会受到影响，分布中的任何改变都会影响平均数。

3) 中位数

中位数是将全体数据按大小顺序排列，在整个数列中处于中间位置的那个值。它将全部数值分成两部分，比它大和比它小的数值个数正好相等。具体而言，当数列中的数据的

个数为奇数时，$M=X_{(n+1)/2}$；当 n 为偶数时，$M=(X_{n/2}+X_{n/2+1})/2$。例如，在 1、3、3、6、7、7、7、8、8、9 这个数列中，共有 10 个数，中位数的值为 (7+7)/2=7。由于中位数是位置平均数，因此不受极端值的影响，在具有个别极大或极小值的分布数列中，中位数比平均数更具有代表性。

在人因工程研究中，反应时是一个常见的测量指标。例如，当屏幕上出现绿色圆圈时，通常要求被试尽可能快地按下按钮。假设在绿色圆圈出现 5 次后，被试的反应时 (以秒为单位) 分别是 0.74、0.86、2.32、0.79 和 0.81。这五个数字的平均值为 1.104 秒，但这个平均值受到了一个极端长的反应时 2.32 秒的影响 (可能是由于被试在绿色圆圈出现时有所迟疑)。相比之下，中位数较少受到极端分数的影响，这五个分数的中位数是 0.81 秒，更能代表这组数据的中心趋势。因此，在需要削弱极端分数影响的情况下，使用中位数是恰当的。中位数适用于各种分布类型的数据，但由于它仅考虑数据居中的位置，对信息的利用不够充分，特别是在样本量较小时，中位数的数值可能会不太稳定。因此，对于对称分布的数据，研究者通常会优先考虑使用均值作为描述中心趋势的量数，仅在均值不适用的情况下才使用中位数。

在科学研究中，是否使用平均数、众数和中位数是有争议的。平均数并不总是能清晰地代表分布中的实际情况，当有一小部分极端分数导致平均数不能代表主要分数的趋向时，中位数就会被使用。图 5.4 通过展示三个分布中平均数、众数、中位数的相对位置证明了这个观点。图 5.4 左图的分布是偏向左的 (负偏态)，其长尾指向左边，分布中的众数是最高点，它在分布的最右边；对于中位数所在的位置，有一半的分数比它大，一半比它小，中位数小于众数；平均值被分布长尾巴的较低值所影响，并且它的值比中位数要小。图 5.4 右图是一个分布向右偏斜 (正偏态) 时的平均数、众数与中位数的相对位置，在这种情况下，平均数的值要比众数或中位数中的任何一个都大，因为平均数被分布的长尾上的非常高的值所影响。图 5.4 中间所示的分布是一个正态曲线，对于正态曲线来说，最高点处于分布的中间点上，这个中间点是中位数的值，因为分布中分数的一半低于那个点，又有一半高于那个点；平均数也落在同一个点上，因为正态曲线是一个对称分布，中间点的左边和右边分数的个数是一样的；在正态曲线上，平均数、众数、中位数都是一样的值。

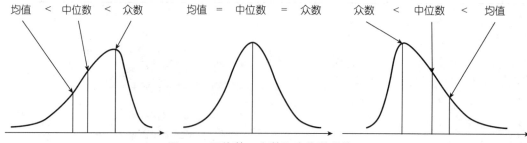

图 5.4　平均数、众数和中位数的位置

2. 离散趋势的描述指标

研究者经常需要统计分布中分数的离散程度。例如，当我们要统计某大学返校培训生和兼职学生的平均年龄时，可能得到的答案是："这些学生的平均年龄是 29。"然而，这个结果缺少细节，如果课堂中的每个学生实际年龄都是 29，得出的平均值为 29，则分布中的分数没有一点偏离，即分数没有变化或离散；但如果班级中有一半成员是 19 岁，一半是 39 岁，那么平均数也是 29，在这种情况下的分布偏离得很厉害，分布中的分数有很大的离散。

　　我们可以将分布的离散看作是与平均数的偏离程度，有一样平均数的分布可能会有非常不同的离散程度。此外，平均数不同的分布也可能有相同的偏离平均数的程度。因此，当平均数提供了一组分数的代表值时，它无法表明这组分数的离散程度，为了了解分布的离散程度，还需要其他指标。

　　1) 方差

　　方差就是一组分数偏离平均数的程度。准确地说，方差是每个分数与平均数差异的平方和的平均。其计算公式为

$$\sigma^2 = \frac{\sum (X - \mu)^2}{N}$$

式中，σ^2 为总体方差，X 为变量，μ 为总体均值，N 为总体样本数。

　　在描述统计中，方差的使用并不如其他指标频繁，这是因为方差基于离均差平方进行计算，难以直观展现实际数值的离散程度。例如，一个班级的方差为 100，与另一个方差为 10 的班级相比，虽然前者显示出更大的离散分布，但数字 100 本身并不能直观地反映出数值之间的实际变化范围。

　　2) 标准差

　　描述一组分数的离散程度，使用最广泛的量数就是标准差。标准差直接与方差相联系，并且是通过将方差进行开方计算得出的。方差是分数与平均数差异的平方和的平均值，因此它的标准差就是直接的、未经平方的与平均数的距离，即标准差就是分数与平均数差异的平均值。例如，如果一个班级年龄的标准差是 20 岁，这意味着年龄分布较为离散，从平均值来看，每个人与平均数的差异平均达到 20 岁。标准差为我们提供了一个关于离散程度的大致了解。

　　然而，标准差并不能完美描述数据分布的形状，它可能会受到数据中一个或多个异常值 (极端值) 的显著影响。以做梦次数的数据为例，原始分数为 7、8、8、7、3、1、6、9、3、8，计算出的标准差为 2.57。但当有一个额外的人加入研究，报告上周做了 21 次梦，分数的标准差跃升至 4.96，几乎是没有额外人加入时的 2 倍。鉴于这种情况，我们通常只在数据服从正态分布时才使用标准差这一指标，因为正态分布能够较好地平衡各种数值对标准差的影响，减少异常值带来的偏差。

　　3) 变异系数

　　当需要比较两组数据的离散程度的大小时，直接使用标准差来进行比较可能并不合适，它可以出现两种情况。

　　(1) 测量尺度相差太大。例如，希望比较蚂蚁和大象的体重变异，直接比较其标准差显然不合理。

　　(2) 数据量纲不同。例如，希望比较身高和体重的变异，两者的单位分别是米和千克，那么，究竟是 1 米大，还是 1 千克大，这根本无法比较。

　　在以上情形中，应当考虑消除测量尺度和量纲的影响，而变异系数就可以做到这一点，它是标准差与其平均数的比。变异系数的计算公式为

$$变异系数\ C \cdot V = (\ 标准偏差\ SD\ /\ 平均值\ Mean\ ) \times 100\%$$

例如，已知某猪场中成年母猪 A 平均体重为 190kg，标准差为 10.5kg，而成年母猪 B 平均体重为 196kg，标准差为 8.5kg，试问两个品种的成年母猪，哪一个体重变异程度大？

此例观测值虽然都是体重，单位相同，但它们的平均数不同，只能用变异系数来比较其变异程度的大小。

成年母猪 A 体重的变异系数：C·V = 10.5 / 190 * 100% = 5.53%

成年母猪 B 体重的变异系数：C·V = 8.5 / 196 * 100% = 4.34%

所以，成年母猪 A 体重的变异程度大于成年母猪 B。

注意，变异系数的大小，同时受平均数和标准差两个统计量的影响，因而在利用变异系数表示资料的变异程度时，最好将平均数和标准差也列出。

3. 分布形态的描述指标

除了以上两大基本趋势，随着对数据特征了解的逐渐深入，研究者常常会提出假设，认为该数据所在的总体应当服从某种分布。那么，针对每一种分布类型，都可以由一系列指标来描述数据偏离分布的程度。例如，对正态分布而言，偏度系数、峰度系数就可以用来反映当前数据偏离正态分布的程度。

由于假定的分布不同，所使用的分布形态描述指标也会有所差异。这里简单介绍与正态分布有关的偏度系数和峰度系数的概念。

1) 偏度系数

偏度是用来描述变量取值分布形态的统计量，指分布不对称的方向和程度。偏度系数 (Skewness) 的计算公式为

$$Skewness = \frac{1}{n-1} \sum_{i=1}^{n} (x_i - \overline{x})^3 / SD^3$$

式中，$\overline{x}$ 为平均值，SD 为标准差。

SK 是无量纲的量，取值通常为 −3 ~ +3，其绝对值越大，表明偏斜程度越大。当分布是对称分布时，正负总偏差相等，偏度值等于 0；当分布是不对称分布时，正负总偏差不相等，偏度值大于或小于 0。偏度值大于 0 表示正偏差值较大，为正偏或右偏，直方图中有一条长尾拖在右边，如图 5.5 右图所示；偏度值小于 0 表示负偏差较大，为负偏或称左偏，直方图中有一条长尾拖在左边，如图 5.5 左图所示。偏度绝对值越大，表示数据分布形态的偏斜程度越大。

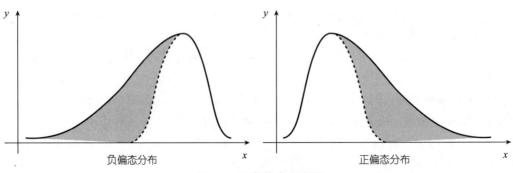

图 5.5 正负偏度示意图

2) 峰度系数

峰度系数 (Kurtosis)，是描述变量取值分布形态陡峭程度的统计量。其计算公式为

$$\text{Kurtosis} = \frac{1}{(n-1)s^4} \sum_{i=1}^{n} (x_i - \overline{x})^4$$

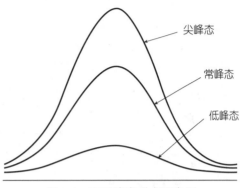

图 5.6　不同峰度分布形态图

直观看来，峰度反映了峰部的尖度。样本的峰度是和正态分布相比较而言的统计量，当数据分布与标准正态分布的陡峭程度相同时，峰度值等于 3；当数据分布比标准正态分布陡峭，峰度值大于 3，称为尖峰分布；当数据的分布比标准正态分布更平缓，峰度值小于 3，称为平峰分布。峰度分布形态，如图 5.6 所示。

4. 变量描述性统计分析

为了分析指标，往往采用两种方式：第一，数值计算，即计算常见的统计基本量，通过数值准确反映数据的基本统计特征和变量统计特征上的差异；第二，图形绘制，即绘制常见的基本统计图形，通过图形直观展现数据的分布特点，比较数据分布的特点。通常，数值计算和图形绘制是结合使用的，起到相辅相成的作用。

1) 数值计算

我们继续以大学生健康情况调查数据为例，说明如何获取样本数据在 12 个量表题项中的基本分布指标，包括平均数、众数和中位数。具体的操作步骤见二维码 5.6。

2) 图形分析

统计数据的优势，在于可以对各种数据细节进行精确呈现，缺点则是不够直观，读者很难立刻抓住主要的特征数据。图形则可以直观地反映数据的主要特征，而且更为简洁。

5.6　平均值、众数等的计算

SPSS 的统计绘图系统一直处于不断的演进之中，在 SPSS 24.0 版本中，用户可以看到 3 种图形版本：①主统计图系统，它是主要的 SPSS 统计绘图系统；②可视化图形板系统，通过绘图菜单上的图形画板模板选择器生成的图形就属于此类，其编辑操作与主统计图系统完全不同；③ R 统计图，它通过调用 R 插件，直接在 SPSS 结果窗中绘制 R 图形，这种图形在 SPSS 中基本无法作任何进一步的编辑操作。

下面以人因数据的描述性分析中常见的图形分析方法，即直方图、茎叶图、箱图、散点图和 P-P 图为例，进行具体讲解。

(1) 直方图。直方图用于表示连续变量的频数分布，实际应用中常用于考察变量的分布是否服从某种分布类型，如正态分布。图形中以各矩形 (直条) 的面积表示各组段的频数 (或频率)，各矩形的面积总和为总频数 (或等于 1)。若各组段的组距不等，则以各组段组距除该组段频数之商为矩形的高度，以该组段的组距为矩形的宽度，以保证矩形的面积等于该组的频数。具体操作见二维码 5.7。

（2）茎叶图。绘制直方图时需要先对数据进行分组汇总，因此对样本量较小的情形，直方图会损失一部分信息，此时可以使用茎叶图来更精确地描述。和直方图相比，茎叶图在反映数据整体分布趋势的同时，还能够精确地反映出具体的数值大小，因此在小样本中优势非常明显。茎叶图的形状与功能和直方图非常相似，但它是一种文本化的图形，因此在 SPSS 中没有被放置在【图形】菜单项中，而是在【分析】/【描述统计】/【探索】过程中实现。以"工艺美术课程学习数据"为例进行分析，结果如图 5.7 所示。可以看出，茎叶图实际上可以被近似地看作将传统的直方图横向放置的结果，其整个图形完全由文本输出构成，内容主要分为 3 列。第一列为频率，表示所在行的观察值频

5.7 直方图输出
及编辑

数；第二列为主干，表示实际观察值除以图下方的主干宽度后的整数部分；第三列是叶，表示实际观测值除以主干宽度后的小数部分。图下面通常会给出注释，如本例中茎宽为 10，每片叶子代表 2 个样本。

在解读茎叶图的时候，应该将以上几个部分结合起来考虑，如图 5.7 中的第 5 行，由于茎宽为 10，茎数值为 2，且叶子部分的第一个数字为 0，则该片叶子表示数据集中有 5 个样本，且样本变量取值为 20。

频率	Stem & 叶
1.00	0 . 0
2.00	0 . 77
2.00	1 . 14
1.00	1 . 9
5.00	2 . 00344
1.00	2 . 7
3.00	3 . 013
9.00	3 . 556678999
6.00	4 . 013444
4.00	4 . 5688
11.00	5 . 00012333344
9.00	5 . 566688889
12.00	6 . 001122333344
8.00	6 . 55667889
9.00	7 . 001122334
7.00	7 . 5577789
17.00	8 . 00000011112223344
11.00	8 . 55666677788
10.00	9 . 0001112334
3.00	9 . 568

主干宽度： 10.00
每个叶： 1 个案

图 5.7 茎叶图例

（3）箱图。箱图也称为箱线图，和直方图一样都用于描述连续变量的分布情况，但两者的功能并不重叠。直方图偏重于对一个连续变量的分布情况进行详细考察，而箱图则更注重基于百分位数的指标勾勒出统计上的主要信息。由于箱图便于对多个连续变量同时考察，或者对一个变量分组进行考察，因此在使用上比直方图更为灵活，用途也更加广泛。

我们以"职业价值观量表数据"文件中 Q4.3 的问题为例，探讨不同学科的学生的自主程度。其操作步骤如下。

第一步：选择【图形】/【图表构建器】菜单项并确定。

第二步：在图库中选择【箱图】组，右侧出现的图标组的第一个即简单箱图，将该图标拖入画布。

第三步：在变量列表中找到 Q4.3，将其拖入画布的纵轴框中。

第四步：将"专业类别"变量拖入画布的横轴框中。

第五步：单击【确认】按钮。

通过上面的操作，Q4.3 的取值范围控制了连续轴的尺度范围，并最终生成图 5.8 所示的箱图。显然，整个样本按专业类别的不同被分成了

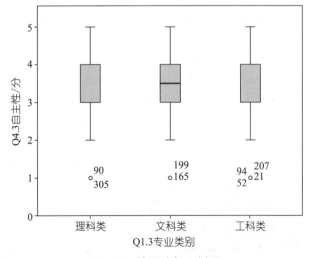

图 5.8 箱图分析示例图

3 组，从而在图 5.8 中一共绘制了 3 个箱体。仔细观察，可以发现每个箱体都由一条粗线、

一个方框、外延出来的两条细线和最外端可能有的单独散点组成。

箱体中间的粗线代表当前变量的中位数，方框的上端和下端分别表示上四分位数和下四分位数，它们之间的距离是四分位间距。显然，方框内部涵盖了样本中间 50% 的数值分布范围。方框外的上、下两个细线分别表示除去异常值的最大值与最小值。

在箱形图中，任何与四分位数 (即方框的上下边界) 距离超过 1.5 倍四分位间距的数值，都被定义为异常值。其中，距离方框上下边界超过 1.5 倍四分位间距的数值称为离群值，在图中以 "O" 标记；而超过 3 倍四分位间距的数值则被视为极值，用 "*" 表示。这些散点旁边通常会默认标注相应的案例号以供查阅。

在掌握了箱形图基本结构的基础上，我们再对图形进行总体观察，可以得出以下信息：从中位数来看，理科类大学生的平均自主性最低，文科类大学生的平均自主性较好，而工科类大学生的平均自主性程度最高。从箱体高度的比较来看，三种学科类型学生的自主性的离散程度相差不明显。从离群值和极值的分布情况来比较，虽然样本中存在一些离散程度较大的数值，但情况并不严重，只需在进一步分析时特别关注其影响即可。与直方图相比，箱形图能够更为简洁明了地突出数据分布的主要趋势，并且擅长在组间比较。因此，箱形图通常被作为数据预分析时的有力工具加以使用。

(4) 散点图。散点图是常用于展现两个或更多连续变量之间数量关系的统计图形，它通过点的密集程度和分布趋势来反映变量间的相关关系及变化趋势。在进行相关分析或回归分析之前，绘制合适的散点图来考察变量间的关系及变化趋势是必要的步骤。

在 SPSS 中有 4 种散点图，即用于描述两变量间关系的简单散点图、多个变量之间两两关系的散点图矩阵、多个自变量与一个因变量或多个因变量与一个自变量之间关系的重叠散点图，以及表示三个变量之间综合关系的三维散点图。

下面以 "腰围和体重" 的数据分析为例，用散点图分析的方法初步研究探讨体重与腰围的关系。由于本例探讨的是体重是如何随着腰围的变化而变化的，也就是在这两个变量中，"体重" 相当于被影响因素，是因变量，而 "腰围" 是影响因素，即自变量。在这种情况下，习惯上将因变量 "体重" 放在纵轴上，具体操作如下。

第一步：选择【图形】/【图表构建器】菜单项。

第二步：在图库中选择【散点】图组，将右侧出现的简单散点图图标拖入画布。

第三步：将 "腰围" 拖入横轴框中，将 "体重" 拖入纵轴框中。

第四步：单击【确定】按钮，生成图 5.9，从中可以观察到如下数据特征。

随着腰围的增加，体重的平均水平有增加的趋势，且两者之间的关联基本上呈现线性增长趋势。

体重的平均值在不同腰围水平下的离散程度存在一定的差异。

如果要进行进一步的两变量之间的回归或相关分析，上述信息将对分析工作起到重要的方向

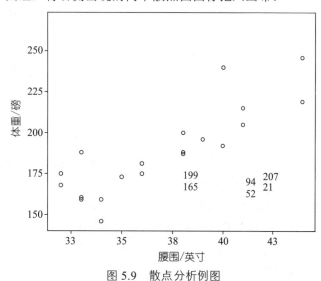

图 5.9 散点分析例图

指导作用。

(5) P-P 图。直方图和茎叶图都是评估数据分布的常用图形，但它们不能直观给出数据分布与理论值相差多少，P-P 图则可以给出上述信息，是非常有用的观察工具。由于涉及数据分布的描述，P-P 图目前被放置在【分析】/【描述统计】菜单项，它的主对话框如图 5.10 所示。

我们继续以"工艺美术课程学习数据"的分析为例，探讨该课程线上学习成绩的分布，

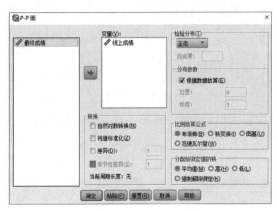

图 5.10　P-P 图分析设置界面

如图 5.11 所示。其中，【变量】列表框里放入的为拟分析的"线上成绩"变量 (可一次性选入多个变量，同时绘制多个 P-P 图，因本例只探讨线上成绩这一变量的分布，所以只选择一个变量) ;【检验分布】下拉列表框用于指定希望考察的理论分布，默认为正态分布，下方还可以进一步指定相应分布的自由度、位置参数、形状参数等;【转换】框组提供了"自然对数变换""将值标准化""差异"，以及"季节性差异"这 4 种数据变换的方法，

以考察变换后的数据分布情况;【比例估算公式】框组主要用于估计样本累计概率分布的具体算法，一般不需要更改;【分配给绑定值的秩】框组指定样本中出现重复数值时的处理方式，默认的均值就非常合适，一般无须更改。

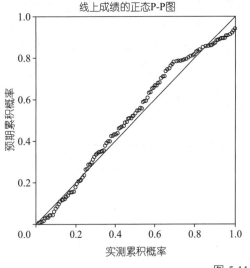

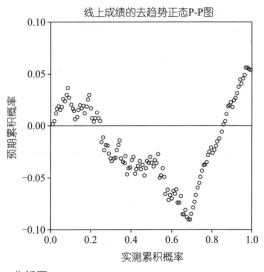

图 5.11　P-P 分析图

图 5.11 左图所示的两个坐标轴分别表示理论累积概率和实际累计概率，如果数据服从正态分布，则图中数据点应和理论直线 (对角线) 基本重合，可见线上学习成绩的实际分布和理论分布存在较大偏差。为了更仔细地观察，可以继续观察图 5.11 右图所显示的去趋势 P-P 图，该图反映的是按正态分布计算的理论值和实际值之差的分布情况，即分布的残差图。如果数据服从正态分布，则数据点应比较均匀地分布在 Y=0 这条直线上下。图中可见残差有较大的波动，且绝对差异有相当一部分大于 0.05，这在统计研究中是不可忽略的分布概率差异。由此可以看出，线上成绩的原始分布与正态分布的理论数据相差较大，可以认

为它不服从正态分布。

5.1.5　相关性分析

相关系数在研究文献中很常见。例如，吉林大学姜吉光在其博士研究论文《车内噪声品质分析与选择性消声控制方法研究》中，实施了一个关于在加速工况下客观参量和车内噪声品质指标（烦躁度等级）关系的研究，参与者为 29 人。在图 5.12 中，研究者采用了散点图来描述它们之间的关系，展现出一个清晰的负线性趋势。他指出："噪声的响度与尖锐度与偏好性评价结果排序值之间存在着显著的线性相关性。"当然，这是一个相关的结果，它并不意味着响度与尖锐度直接影响了偏好性评价结果的排序值。

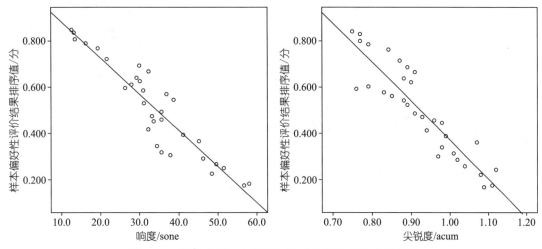

图 5.12　噪声响度及尖锐度与偏好性评价结果的相关性

文中还讲述了在噪声的响度与偏好性评价结果之间存在一个负相关 ($r=-0.931$)，噪声的尖锐度与偏好性评价结果之间也存在着一个负相关 ($r=-0.915$)。通常，相关的统计显著性水平也会被报告，在本例中为 $r=-0.931$，$p<0.05$；$r=-0.915$，$p<0.05$。这种相关性分析方法通过计算相关系数来量化变量之间的关联程度，并借助统计显著性水平来判断这种关联是否偶然发生。

本节将详细阐述相关性分析的内容，旨在帮助读者深入理解并掌握这一统计方法的应用。

1. 相关性的一些概念

1）线性相关和曲线相关

目前，我们对线性相关已经比较熟悉了，但事实上并不是所有变量间的关系都呈一条直线，有时是复杂的曲线模式。举个例子，一个人的友善水平和被其他人当作潜在恋人的期望程度之间的关系。有证据表明，在到达一个点之前，越高的友善水平越能增强一个人被当作潜在恋人的期望。然而，超过了这个点之后，更高的友善水平已经不能促进这个期望了。图 5.13 中展现了这种特殊的曲线模式。

2）零相关

两个变量之间可能没有联系。举个例子，在一个关于收入和鞋码关系的研究中，结果如

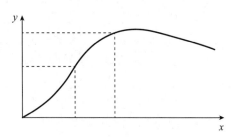

图 5.13　曲线相关图例

图 5.14 所示。点均匀地分布在画布中，并且它不是直线或者其他形态，表明没有任何一个趋势可以合理地代表它，这两个变量为零相关。

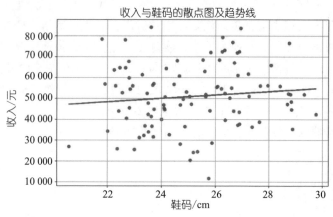

图 5.14　零相关的散点图

3) 正线性相关和负线性相关

在线性相关的数据中，如果高分数伴随着高分数，低分数伴随着低分数，中等分数伴随着中等分数，被称为正相关；而有时，高分数是伴随着低分数的，被称为负相关。举个例子，在对婚姻关系的调查中，研究人员询问了被试与另一半关系中的厌倦情况。毫无疑问，一个人越是感到厌倦，他对婚姻的满意度就越低，也就是说一个变量的低分数将伴随着另一个变量的高分数。类似的是，一个人越不感到厌倦，婚姻满意度就越高。在图 5.15 中，使用了一条直线来强调这种整体趋势，可以看到这条直线是从左到右持续下降的。

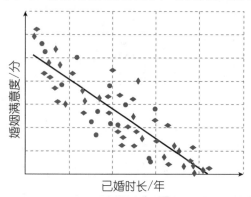

图 5.15　负相关的示意图例

另一个负相关的例子来自组织心理学。这个领域有一个普遍的发现，就是旷工和对工作的满意度是负相关，即工作满意度越高，旷工程度越低。换句话说，工作满意度越低，旷工程度越高。关于这一课题的研究所呈现出的模式在世界各地都适用，同样的模式在大学课堂也被发现了，即学生的满意度越高，就会越少旷课。

4) 相关的强度

相关的强度，意思是两个变量之间的特殊关系有多么清晰。举例来说，当高分数伴随着高分数，中分数伴随着中分数，低分数伴随着低分数时，我们就认为存在着一个正的线性相关。这种相关的强度（或程度）就是高分数伴随着的高分数有多少，以此类推，负的线性相关就是一个变量的高分数伴随着另一个变量的低分数有多少等。就散点图而言，如果落点接近于一条直线（这条直线倾斜上升或下降，取决于这一线性相关是正的还是负的），相关就"大"（或"强"）。一个完美的线性相关是它所有的落点都准确无误地落在一条直线上。如果这些落点不在一条直线上，那么这时的相关就"小"（或"弱"），如果落点的模式是在大和小的相关之间，它的相关就是"中等"（或"中度"）。

5) 相关分析的指标体系

尽管在提及相关分析时，人们通常关注的是两个连续变量之间的相关关系，但实际上对于任何类型的变量，都可以使用相应的指标来考察它们之间的相关关系。为了帮助大家建立一个完整的相关分析体系，下面我们将首先介绍针对不同类型变量时，可使用的相关分析指标种类。

(1) 连续变量的相关指标。连续变量指的是诸如身高、体重等连续性数值的变量，显然这种类型的变量很多。此时，一般使用积差相关系数，又称 Pearson 相关系数来表示其相关性的大小，其数值介于 $-1 \sim 1$，当两变量相关性达到最大，散点呈一条直线时，取值为 -1 或 1，正负号表明了相关的方向；如果两变量完全无关，则取值为 0。

积差相关系数应用非常广泛，但严格地讲只适用于两变量呈线性相关时。此外，作为参数方法，积差相关分析有一定的适用条件，当数据不能满足这些条件时，分析者可以考虑使用 Spearman 等级相关系数来解决这一问题。

(2) 定序型变量的相关指标。定序型变量是指那些具有内在大小或高低顺序的变量，但它不同于连续变量，一般可以用数值或字符表示，如职称变量可以有低级、中级和高级三个取值，分别用 1、2、3 表示；年龄段变量可以有老、中、青三个取值，分别用 A、B、C 表示等。无论是数值的 1、2、3，还是字符的 A、B、C，都有固定大小或高低顺序，但数值之间却是不等距的。对于此类型的变量，它的一致性高，是指行变量等级高的列变量等级也高，行变量等级低的列变量等级也低；如果行变量等级高而列变量等级低，则被称为不一致。

(3) 名义变量的相关指标。名义变量指的是没有内在固有大小或高低顺序，一般以数值或字符表示的分类变量，比如性别变量中的男、女取值，可以分别用 1、2 表示；姓氏变量中的各个姓氏，可以分别用"张""王"等字符表示。无论是数值的 1、2，还是字符的张、王等，都不存在内在固有大小或高低顺序，而只是一种分类名义上的指代。

提到相关分析，大家可能会认为研究的是两个变量间的关系。但实际上，广义的相关分析研究的可以是一个变量和多个变量的关系，也可以是研究两个变量群，甚至是多个变量群之间的关系。由于后两种情况涉及比较复杂的模型，因此不在本书介绍范围之内。另一方面，由于相关性研究的指标较多，就现状而言，分析人员能做的只能是根据具体的问题特征，从上面这些统计指标中挑选最为合适的一个加以使用。同时也要注意，不同的指标是不能简单地进行数值大小的对比的。

2. 相关性分析的方法

相关系数以数值的方式精确地反映了两个变量间线性相关的强弱程度。利用相关系数进行变量间线性关系的分析，通常需要完成如下两大步骤。

1) 计算样本相关系数

样本相关系数 (r)，反映的是两个变量间线性相关程度的强弱，利用样本数据可计算样本相关系数。对不同类型的变量采用不同的相关系数指标，但它们的取值范围和含义都是相同的，即相关系数 r 的取值为 $-1 \sim 1$。

$r>0$ 表示两变量存在正的线性相关关系；$r<0$ 表示两变量存在负的线性相关关系。

$r=1$ 表示两变量存在完全的正相关关系；$r=-1$ 表示两变量存在完全的负相关关系；$r=0$ 表示两变量不存在线性相关关系。

$|\gamma|>0$ 表示两变量之间存在着较强的线性相关关系；$|\gamma|<0.3$ 表示两变量之间存在较弱

的线性相关关系。

2) 判断总体的线性关系

由于存在抽样的随机性和样本量较少等原因，通常样本相关系数不能直接用来说明样本来自的两总体是否具有显著的线性相关关系，需要通过假设检验的方式进行统计推断。基本步骤为：

(1) 提出原假设 H_0，即两总体无显著线性关系，存在零相关；

(2) 选择检验统计量，对不同类型的变量应采用不同的相关系数，相应也应采用不同的检验统计量。

(3) 计算检验统计量的观测值和对应的概率 p- 值。

(4) 如果检验统计量的概率 p- 值小于给定的显著性水平 α，则应拒绝原假设，认为两总体存在显著的线性关系；反之，如果检验统计量的概率 p- 值大于给定的显著性水平 α，则不能拒绝原假设，可以认为两总体存在零相关。

3. SPSS 中的相关性分析

SPSS 的相关性分析功能虽然分散在多个过程中，但大致可以归为如下两类。

1)【统计】子对话框

【统计】子对话框按照连续变量、有序变量和名义变量的分类，在对话框中提供了非常整齐的相关分析指标体系，如图 5.16 所示。具体解释如下：

【相关性】复选框，适用于两个连续变量的分析，计算行、列变量的 Pearson 相关系数和 Spearman 等级相关系数。

【名义】复选框组，包含了一组用于反映分类变量相关性的指标，这些指标在变量属于有序或无序时均可适用，但两变量均为有序分类变量时，效率没有"有序"复选框组中的统计量高。

图 5.16 【统计】子对话框

【有序】复选框组，包含了一组用于反映分类变量一致性的指标，这些指标只能在两个变量均属于有序分类时使用，它们均是基于 Gamma 统计量衍生出来的。

【按区间标定】框组，包含了一个变量为数值变量，而另一个变量为分类变量时，度量两者关联度的指标，Eta 的二次方表示由组间差异所解释的因变量的方差的比例，即 SS 组间 /SS 总。系统一共会给出两个 Eta 值，分别对应了行变量为因变量 (数值变量) 和列变量为因变量的情况。

2) 相关子菜单

由于针对连续性变量的相关分析要更为常用，因此 SPSS 还专门提供了相关子菜单中的几个过程，用于满足相应的分析需求。

双变量过程：用于进行两个 / 多个变量间的参数 / 非参数相关分析，如果是多个变量，则给出两两相关的分析结果。这是相关分析中最为常用的一个过程，实际上对它的使用可能占到相关分析的 95% 以上。

偏相关过程：如果需要进行相关分析的两个变量，其取值均受到其他变量的影响，就可以利用偏相关分析对其他变量进行控制。输出控制其他变量影响后的相关系数，偏相关过程就是专门进行偏相关分析的。

距离过程：调用此过程可对同一变量内部各观察单位间的数值或各个不同变量间进行相似性或不相似性（距离）分析，前者可用于检测观测值的接近程度，后者则常用于考察各变量的内在联系和结构。该过程一般不单独使用，而是用于因子分析、聚类分析和多维尺度分析的预分析，以帮助了解复杂数据集的内在结构，为进一步分析作准备。

至于更复杂的相关分析问题，如两组变量之间的相关分析等，可运用 SPSS 中的线性回归模型、典型相关分析等更复杂的功能实现。

相关性分析案例：在利用 SPSS 计算两变量间的相关系数之前，应按一定格式组织好数据，定义两个 SPSS 变量，分别存放两变量相应的变量值。本例我们以教育部公布的招生等数据信息为基础，介绍相关性分析。数据文件名为"教育部统计数据汇总"。在 SPSS 中的操作详见二维码 5.8。

5.8 相关性分析

在实际应用中，对变量间相关性的研究应注意将绘制散点图与计算相关系数的方法结合。例如，两变量的数据对为 (1，1)，(2，2)，(3，3)，(4，4)，(5，5)，(6，6)，如果计算出它们的简单相关系数为 0.3，那么据此得出的结论是两变量存在弱的相关关系。在绘制散点图时，则发现如果剔除异常的数据点 (6，1)，则变量间呈现完全正线性相关关系，而非弱相关性。相关系数较少是由异常数据造成的，因此仅依据散点图或相关系数都无法准确反映变量之间的相关性，两者的结合运用是必要的。

4. 偏相关分析

相关分析中研究两事物之间的线性相关性是通过计算相关系数等方式实现的，通过相关系数的大小来判断事物之间的线性相关性的强弱。然而，就相关系数本身来讲，它未必是两事物间线性相关强弱的真实体现，往往有扩大或缩小的趋势。

例如，在研究铲煤工人的工作效率和铁锹的铲煤载荷、铲煤的动作之间的线性关系时，工作效率和铲煤载荷之间的相关关系实际上还包含了铲煤动作对铲煤载荷的影响。同时，铲煤动作对工作效率也会产生影响，并通过铲煤载荷变动传递到对工作效率的影响中。再如，研究作业环境中工人的情绪状态与噪声环境条件、日平均工作时间、工作强度之间的相关关系时，工人的情绪状态与噪声环境条件之间的线性关系实际上还包含了日平均工作时间对情绪状态的影响等。

在这种情况下，单纯利用相关系数来评价变量间的相关性显然是不准确的，需要在剔除其他相关因素影响的条件下计算变量间的相关性，偏相关分析的意义就在于此。

偏相关分析也称净相关分析，它在控制其他变量的线性影响的条件下分析两变量间的线性相关性，所采用的工具是偏相关系数（净相关系数）。控制变量个数为 1 时，偏相关系数称为一阶偏相关系数；控制变量为 2 时，偏相关系数为二阶偏相关系数，以此类推。控制变量个数为零时，偏相关系数称为零阶偏相关系数，也就是相关系数。

利用偏相关系数进行变量间净相关分析，通常需要完成如下两大步骤。

(1) 计算样本的偏相关系数。利用样本数据计算的样本偏相关系数，反映了两变量之间净相关的强弱程度。偏相关系数的取值范围及大小的含义与相关系数相同。

(2) 对样本来自的总体是否存在显著的净相关进行推断。净相关检验的基本步骤为：①提出原假设 H_0，即两总体的偏相关系数与零无显著差异；②选择检验统计量，偏相关分析的检验统计量为 t 统计量；③计算检验统计量的观测值和对应大概率 p- 值；④如果检验

统计量的概率 *p*- 值小于给定的显著性水平，则应拒绝原假设，认为两总体的偏相关系数与零有显著差异；反之，如果检验统计量的概率 *p*- 值大于给定的显著性水平，则不能拒绝原假设，可以认为两总体的偏相关系数与零无显著差异。

偏相关性分析案例：为了探讨手柄操纵力与剪切铁丝的粗细、手柄长度及工作角度的相互关系，实验研究对象为 0.8 和 1.6 mm 直径的铁丝，在手柄张角为 30、45、60 度时，手柄长度分别为 12、13、14、15 cm 的变量组合情况下，测量指浅屈肌腱的受力情况。数据汇总原始表格文件为"手柄操纵力原始数据表"，为探讨它们的相互关系，我们首先应对其进行整理，存为 SPSS 文件的格式。

在范例中，我们以手柄长度、浅屈肌腱的受力、铁丝直径三个变量为例来进行分析，探讨当铁丝直径作为控制变量时，浅屈肌腱的受力与手柄长度的偏相关关系。并将其与不把铁丝直径作为控制变量时，浅屈肌腱的受力与手柄长度的相关关系进行比较，加强我们对于偏相关关系的理解。整理好的数据文件名为"手柄操纵力数据整理（偏相关分析）"，操作步骤及数据解读见二维码 5.9。

5.9 偏相关分析

5.1.6 研究假设检验分析

通常而言，研究假设主要聚焦于探讨自变量对因变量的影响关系。本节将深入讲解影响关系研究的方法及其实际应用。其中，回归分析是验证研究假设的主要分析方法。

回归分析是一种应用极为广泛的数量分析方法，它用于分析事物之间的统计关系，侧重考察变量之间的数量变化规律，并通过回归方程的形式描述和反映这种关系，帮助人们准确把握变量受其他一个或多个变量影响的程度，进而为预测提供科学依据。

回归分析的核心目的是找到回归线，涉及如何得到回归线，如何描述回归线、回归线是否可用于预测等问题。例如，关于学生们对于出国留学可能性想法的调研。学生们被提问出国留学有多大的可能，参与者被分在了三组中，积极幻想组的参与者被要求花一些时间去考虑出国留学的积极方面，消极现实组的参与者被要求花一些时间去考虑出国留学的障碍，而对照组的参与者被要求花一些时间去考虑积极的可能性和消极的现实性。然后，参与者被要求回答如果他们不能出国，他们有多么失望。

图 5.17 显示了针对每一组的回归线，每一条回归线都显示了成功期望在多大程度上预测了预计失望。主要的结果以实线表示：对于对照组的学生而言（这些人同时考虑到了积极方面和现实的障碍），他们最初的成功期望越高，那么当他们无法出国留学时就会越失望。

研究人员看到了对照组中关于期望的模式：当他们期望成功时，他们最失望；不期望时，失望最小。但是积极幻想组和消极显示组都干扰了正常的过程，因此失望的水平与成功的期望的相关性会小很多。

在研究文献中，多元回归结果是很常见的，而且经常在图表中报告。通常，图表中展示的每个预测变量的回归系数，可能是常规非标准化的、标准化的，也可能是两者皆有，并在表注中显示。这种表格给出了两个变量的相关系数，可以比较每个变量的独特联系，也显示出不同统计报告的统计显著性。通常来讲，回归分析的统计表会包含多种超出我们常规讨论的统计数据，因此我们应该充分利用并解析表中的关键信息。

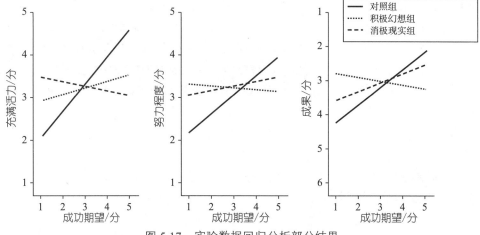

图 5.17　实验数据回归分析部分结果

1. 回归分析的一般步骤

(1) 确定回归分析中的解释变量和被解释变量。由于回归分析用于分析一个事物如何随其他事物的变化而变化，因此回归分析的第一步应该确定哪个事物是需要解释的，即哪个变量是被解释变量（记为 y），哪些事物是用于解释其他变量的，即哪些变量是解释变量（记为 x）。回归分析正是要建立 y 关于 x 的回归方程，并且在给定的 x 条件下，通过回归方程预测 y 的平均值。

(2) 确定回归模型。根据函数拟合方式，通过观察散点图确定应通过哪种数学模型来概括回归线。如果被解释变量和解释变量之间存在线性关系，则应进行线性回归分析，建立线性回归模型；反之，如果被解释变量和解释变量之间存在非线性关系，则应进行非线性回归分析，建立非线性回归模型。

(3) 建立回归方程。根据收集到的样本数据及上一步所确定的回归模型，在一定的统计拟合准则下估计出模型中的各个参数，得到一个确定的回归方程。

(4) 对回归方程进行检验。由于回归方程是在样本数据基础上得到的，它是否真实地反映事物总体间的统计关系，以及能否用于预测等都需要进行检验。

(5) 利用回归方程进行预测。根据回归方程，对新数据的未知被解释变量取值进行预测。

2. 线性回归的 SPSS 分析

观察被解释变量 y 与一个或多个解释变量 x_i 的散点图，当发现 y 与 x_i 之间呈现出显著的线性关系时，则应采用线性回归分析的方法，建立 y 关于 x_i 的线性回归模型。在线性回归分析中，根据模型中解释变量的个数，可以将线性回归模型分成一元线性回归模型和多元线性回归模型，相应的分析称为一元线性回归分析和多元线性回归分析。

在 SPSS 中，一元线性回归分析和多元线性回归分析的功能菜单是集成在一起的，因此利用 SPSS 进行线性回归分析之前，应先将数据组织好。被解释变量和解释变量各对应一个 SPSS 变量。为了方便阐述，我们以"消费支出与教育"文件为依托，以探讨消费支出与教育支出的关系为例进行演示。具体的操作步骤见二维码 5.10。

5.10　线性回归分析

3. Logistic 回归分析

在实际应用中，我们常常遇到需要分析一个或多个变量如何影响一个非数值型的分类变量的问题。例如，在研究大学生的不同特征如何影响他们的心理健康时，我们会将大学生的专业、年级等因素作为解释变量，而将自信心程度等作为被解释变量，它是一个典型的分类变量。在这种情况下，即当二分类或多分类变量作为回归分析中的被解释变量时，由于无法直接应用传统的回归模型进行研究，我们通常会采用 Logistic 回归分析。具体来说，如果被解释变量是二分类变量，我们会采用二项 Logistic 回归模型；如果被解释变量是多分类变量，则会采用多项 Logistic 回归模型。

在产品研发过程中，为研究和预测某产品的特点和趋势，收集到以往的消费数据，其变量有【是否购买】【年龄】【性别】和【收入水平】四个，年龄为数值型变量，其他为分类型变量。分析的目标，是建立目标客户购买该产品的预测模型，分析影响因素。其中，【是否购买】为被解释变量，其余变量为解释变量。具体数据文件名为"产品调研"。

在利用 SPSS 进行 Logistic 回归分析前，应将待分析的数据逐一组织成 SPSS 变量的形式，一列数据对应着一个 SPSS 变量。注意：这里被解释变量应是取值为 1 或 0 的二值变量。如果实际问题不满足该要求，应对数据进行重新编码。Logistic 回归分析的操作步骤见二维码 5.11。

5.11 Logistic 回归
分析

5.1.7　差异性分析

差异性分析的核心目的在于深入探索和提炼出更多具有实际意义和研究价值的重要结论。进行差异性分析时，我们通常会采用三种主要的分析方法，它们分别是 t 检验、方差分析，以及卡方分析。

1. t 检验

在科学研究的进程中，我们经常需要对比两个或多个组的分数，而往往缺乏关于总体的直接信息。例如，研究人员可能会获取一组被试在焦虑测验中接受心理治疗前后的个人分数，或是记忆实验中个体对熟悉与不熟悉单词的回忆量。此外，研究者也可能拥有两组被试各自的一个分数，如探究睡眠不足对问题解决能力影响的研究中的实验组与控制组分数，或是 10 岁女孩与 10 岁男孩在自尊测试中的分数。

在这些研究中，科学家们通常只能基于样本数据进行分析，而对于这些样本所代表的总体则了解甚少。特别是，研究者往往不知道总体的方差。在这种情况下，那些不需要总体方差信息的假设检验程序，便是 t 检验的典型应用。

在本部分内容中，我们首先探讨在不知道总体方差的情况下，如何通过一种特殊情况来解决问题，即如何对单一样本的均数与已知均数但方差未知的总体均数进行比较。在阐述完如何解决这一未知总体方差问题后，接着讨论对总体一无所知的情况，也就是当我们仅知道若干被试中每个人拥有两个分数时该如何处理。

1) 单样本 t 检验

让我们先来看一个实例：根据学校校报的报道，一项非正式的调查结果显示，学生平均每周共学习 17 个小时。然而，你怀疑你们宿舍楼的学生学习时间可能超过这一平均值。因此，你从宿舍楼中随机挑选了 16 名学生，询问了他们每天的学习时长。经过计算，发现宿舍楼的学生平均每周共学习 21 个小时。这时，你能否确信宿舍楼的学生平均每天的学习时间比全校学生的平均学习时间要长呢？还是说，你所得出的结果与全校学生的平均学习时间其实非常接近，而那 4 个小时的差异可能仅仅是由于偶然因素造成的，比如你恰好选择了宿舍楼里最勤奋的 16 名学生？

在这个例子中，你有这个样本中每个人的分数，你想把这个样本的均数和知道均数但不知道方差的总体进行比较。这种情况的假设检验叫作单个样本 t 检验，它的目的是利用来自某总体的样本数据，推断该总体的均值（调查的 16 个学生每周的平均学习时间为 21 小时）是否与指定的检验值（学校的学生每周的平均学习时间为 17 小时）存在显著差异，对总体均值进行假设检验。

单样本 t 检验的基本步骤如下。

(1) 提出假设。单样本 t 检验的原假设 H_0，为总体均值与检验值之间不存在显著差异，备择假设为它们之间存在差异，表述为

$$H_0 : \mu = \mu_0, \ H_1 : \mu \neq \mu_0$$

例如，在上面的例子中，假设调查的学生的平均学习时间与学校的学生的平均学习时间无显著差异，原假设与备择假设为

$$H_0 : \mu = \mu_0 = 17, \ H_1 : \mu \neq \mu_0$$

以上是一个双侧检验的表述。所谓双侧检验，就是在两个方向上都有可能拒绝原假设。例如，调查的学生的平均学习时间远远大于或远远小于学校的学生的平均学习时间，都能够拒绝等于 17 小时的原假设，从而接受不是 17 小时的备择假设。

(2) 选择检验统计量。对单个总体均值的推断是建立在单个样本均值的基础之上的，也就是希望利用样本均值去估计总体均值。由于抽样误差的存在，虽然样本均值呈现了差异性，但样本均值的抽样分布却是可以确定的。单样本 t 检验的检验统计量为 t 统计量，数学定义为

$$t = \frac{\bar{x} - \mu}{\sqrt{\dfrac{s^2}{n}}}$$

式中，t 统计量服从 $n-1$ 个自由度的 t 分布。单样本 t 检验的检验统计量即为 t 统计量。

(3) 计算检验统计量的观测值和概率 p- 值。该步骤的目的是计算检验统计量的观测值和相应的概率 p- 值。SPSS 自动将样本均值、μ0、样本方差、样本量代入上式，计算所得称为 t 统计量的观测值。同时，依据 t 统计量所服从的分布，计算其对应的双侧概率 p- 值。

(4) 给定显著性水平 α，并做出决策。给定显著性水平 α，与检验统计量的概率 p- 值作比较。双侧检验中，如果概率 p- 值小于显著性水平 α，则应拒绝原假设，认为总体均值与检验值之间存在显著差异；反之，如果概率 p- 值大于显著性水平 α，则不应拒绝原假设，认为总体均值与检验值之间无显著差异。单侧检验中，因 SPSS 给出的是双侧概率 p- 值，所以应将 p/2 与 α 进行比较。

我们继续在 SPSS 中进行案例分析。其数据文件为"学习时间"。其对应的操作及结果解读见二维码 5.12。

5.12 单样本 t 检验分析

2) 两独立样本 t 检验

在一个与浪漫爱情相关的脑机制研究中，有一个关键问题是浪漫爱情是否与尾状区有关（尾状区是一种在受到刺激时会被激活的脑结构）。研究者招募了近期陷入爱河的人作

为被试，这些被试在他们清醒的时间里，有 80% 的时间都在思念他们的伴侣。在实验中，被试需要携带一张他们爱人的照片及一张与爱人年龄相同、性别相同的陌生人的照片，进入 fMRI 机器中进行大脑扫描。当轮流呈现这两张照片时 (每次呈现 30 秒，顺序为 30 秒陌生人的照片，30 秒爱人的照片，再 30 秒陌生人的照片，如此反复)，研究者会记录相关数据。相关的数据文件被命名为 "尾状区活动度数据"。

这个例子非常适合使用独立样本 t 检验来进行分析。独立样本 t 检验的目的是利用来自两个总体的独立样本，推断这两个总体的均值是否存在显著差异。进行两独立样本 t 检验的前提是，样本来自的总体应服从或者近似服从正态分布；同时，两个样本必须是独立的，即从一个总体中抽取一个样本，对从另一个总体中抽取样本没有任何影响。此外，两个样本的样本量可以不相等。

两独立样本 t 检验的基本步骤如下。

(1) 提出原假设。两独立样本 t 检验，原假设 H_0 为两总体均值无显著差异，备择假设相反，表述为

$$H_0 : \mu_1 - \mu_2 = 0, \ H_1 : \mu_1 - \mu_2 \neq 0$$

式中，μ_1，μ_2 分别为第一个和第二个总体的均值。

例如，对应上面的案例，原假设为浪漫爱情与尾状区无关，也就是被试看到爱人的照片时和看到陌生人的照片时，尾状区的活动情况没有显著差异；备择假设是被试看到爱人的照片时和看到陌生人的照片时，尾状区的活动情况有显著差异，即

$$H_0 : \mu_1 - \mu_2 = 0, \ H_1 : \mu_1 - \mu_2 \neq 0$$

(2) 选择检验统计量。对两总体均值差的推断是建立在两个样本均值差的基础之上，也就是希望利用两组样本均值的差去估计两总体均值的差。其主要思路是：对来自两个总体的两个样本分别计算样本平均；计算各个观测值与本组样本均值差的绝对值，得到两组绝对差值数据；利用单因素方差分析判断这两组绝对差值的均值是否存在显著差异，即判断两组的平均绝对离差是否存在显著差异。

(3) 计算检验统计量的观测值和概率 p- 值。该步骤的目的是计算 F 统计量的观测值及相应的概率 p- 值。SPSS 将自动依据单因素方差分析的方法计算 F 统计量和概率 p- 值，并自动将两个样本的均值、样本量、抽样分布方差等代入模型，计算出统计量的观测值和对应的概率 p- 值。

(4) 给定显著性水平 α，并作出决策。给定显著性水平 α 后，SPSS 中的统计决策应通过以下两步完成：首先，利用 F 检验判断两总体的方差是否相等，并据此决定抽样分布方差和自由度的估计方法与计算结果；然后，利用 t 检验判断两总体均值是否存在显著差异。如果 t 检验统计量的概率 p- 值小于显著性水平 α，则应拒绝原假设，认为两总体均值存在显著差异；反之，如果概率 p- 值大于显著性水平 α，则不应拒绝原假设，认为两总体均值无显著差异。

在进行两独立样本 t 检验之前，正确组织数据是一项非常关键的任务。SPSS 要求将两个样本数据存放在一个 SPSS 变量中，即存放在一个 SPSS 变量列上。同时，为区分哪个样本来自哪个总体，还应定义一个存放总体标识的标识变量。

上述案例是为了研究被试看到爱人的照片时和看到陌生人的照片时，尾状区的活动情况有没有显著差异。可将看爱人的照片时的尾状区的活动程度值，以及看陌生人照片时的尾状区的活动程度值看作来自两个近似服从正态分布的总体的随机独立样本，案例数据文

件为"尾状区活动度数据"。可采用两独立样本 t 检验的方法来进行分析，操作步骤见二维码 5.13。

5.13 两独立样本 t 检验分析

3) 两成对样本 t 检验

在很多科学研究中，为了提高研究效率，常采用配对设计。常见的配对设计有以下四种情况：①同一受试对象在处理前后的数据对比；②同一受试对象的两个不同部位的数据对比；③同一样品分别使用两种不同方法（或仪器）进行检验的结果对比；④配对的两个受试对象分别接受两种不同处理后的数据对比。

在成对样本设计得到的样本数据中，每对数据之间都有一定的相关。如果忽略这种关系就会浪费大量的统计信息，因此在分析中应当采用和配对设计相对应的分析方法。当成对设计所测量到的数据为连续性变量时，成对 t 检验就是常见的分析方法。

成对 t 检验的基本原理是为每对数据求差值：如果两种处理实际上没有差异，则差值的总体均数应该为 0，从该总体中抽出的样本其均数也应当在 0 附近波动；反之，如果两种误差有差异，差值的总体均数就应当远离 0，其样本均数也应当远离 0。这样，通过检验该差值总体均数是否为 0，就可以得知两种处理有无差异。

两成对样本 t 检验与独立样本 t 检验的差别之一，就是要求样本是成对的。成对样本通常具有两个特征：第一，两个样本的样本量相同；第二，两个样本观测值的先后顺序是一一对应，不能随意更改的。

两成对样本 t 检验的基本步骤如下。

(1) 提出原假设。两成对样本 t 检验的原假设 H_0，为两总体均值无显著差异，备择假设相反，表述为

$$H_0 : \mu_1 - \mu_2 = 0, \quad H_1 : \mu_1 - \mu_2 \neq 0$$

式中，μ_1，μ_2 分别为第一个和第二个总体的均值。

例如，对应上面的案例，原假设为浪漫爱情与尾状区无关，也就是被试看到爱人的照片时和看到陌生人的照片时尾状区的活动情况没有显著差异，备择假设是被试看到爱人的照片时和看到陌生人的照片时尾状区的活动情况有显著差异，即

$$H_0 : \mu_1 - \mu_2 = 0, \quad H_1 : \mu_1 - \mu_2 \neq 0$$

(2) 选择检验统计量。两成对样本 t 检验所采用的检验统计量与单样本 t 检验类似，也是 t 统计量。其思路是：首先，对两个样本分别计算出每对观测值的差值，得到差值样本；然后，利用差值样本，通过对总体均值是否与 0 有显著差异的检验，推断两总体均值的差是否显著为 0。显而易见，如果差值样本的总体均值与 0 有显著差异，则可以认为两总体的均值有显著差异；反之，如果差值样本的总体均值与 0 无显著差异，则可认为两总体的均值不存在显著差异。

从两成对样本 t 检验的思路可以明确看出，这种检验方法是通过单样本 t 检验来实现的。具体而言，它最终归结为检验差值样本的总体均值是否与 0 存在显著差异。因此，进行两成对样本 t 检验时，必须确保样本是配对的，样本量相同，并且观测的次序不可随意更改。

(3) 计算检验统计量的观测值和概率 p- 值。该步骤的目的是计算 t 统计量的观测值，以及相应的概率 p- 值。SPSS 将自动计算出统计量的观测值和对应的概率 p- 值。

(4) 给定显著性水平 α，并作出决策。给定显著性水平 α 后，与检验统计量的概率 p- 值作比较，如果概率 p- 值小于显著性水平 α，则应拒绝原假设，认为两总体均值存在显著

差异；反之，如果概率 p- 值大于显著性水平 α，则不应拒绝原假设，认为两总体均值无显著差异。

成对样本 t 检验的数据准备工作比较简单直接，只需将两个配对样本数据分别存放在两个 SPSS 变量中即可。探究浪漫爱情是否与尾状区有关的案例，相关的数据文件见"尾状区活动度数据（配对）"，SPSS 两配对样本 t 检验操作及案例演示见二维码 5.14。

5.14 两配对样本 t 检验

我们可以将这个结果和上面的独立样本 t 检验分析的结果作比较，数据实际上是一样的，但因为数据组织的方式及数据分析方法的差异，产生了完全不同的分析结果。希望大家 仔细分析体会这两个案例，加深理解这两种数据分析方法之间的差异和特征。

2. 方差分析

方差分析是基于变异分解的思想进行的，在单因素方差分析中，整个样本的变异可以被看作由两部分构成，即

$$总变异 = 随机变异 + 处理因素导致的变异$$

式中，随机变异永远存在；处理因素导致的变异是否存在就是要研究的目标，即只要能证明它不等于 0，就等于证明了处理因素的确存在影响。

那么，这一等式中的各项能否量化？在方差分析中，代表变异大小，并用来进行变异分解的指标就是离均差平方，代表总的变异程度，记为 SST。可以发现，在实际样本数据中，该总变异可以分解为两项，第一项是各组内部的变异（组内变异），该变异只反映随机变异的大小，其大小可以用各组的离均差平方和之和，或组内平方和来表示，记为 SS_A；第二项为各组均数的差异（组间变异），它反映了随机变异的影响与可能存在的处理因素的影响之和，其大小可以用组间平方和来表示，记为 SS_E，即

$$总变异 = 组内变异 + 组间变异$$

这样，就可以考虑采用一定的方法来比较组内变异和组间变异的大小（具体是用均方 MS 来比较），如果后者远远大于前者，则说明处理因素的影响的确存在；如果两者相差无几，则说明该影响不存在，以上就是方差分析的基本思想。

方差分析的检验统计量，可以简单地理解为利用随机误差作为尺度来衡量各组间的变异，即

$$F= 组间变异测量指标 / 组内变异测量指标$$

可以想象，在 H_0 成立时，处理所造成的各组间均数的差异应为 0，即 $\mu_1=\mu_2=\mu_3=\cdots\mu_k$，于是，组间变异将主要由随机误差构成，即组间变异的值应当接近组内变异。因此，检验统计量 F 值应当不会太大，且接近于 1。否则，F 值将会偏离 1，并且各组间的不一致程度越强，F 值越大。

方差分析正是这样来实现其分析目标的。与此同时，方差分析对观测变量各总体的分布有两个基本假设前提：观测变量各总体分布应服从正态分布；观测变量各总体的方差应相同。基于这两个基本假设，方差分析对各总体分布是否有显著差异的推断，可转化成对总体均值是否存在显著差异的推断。

总之，方差分析从对观测变量的方差分解入手，通过推断控制变量各水平下各观测变

量总体的均值是否存在显著差异，分析控制变量是否给观测变量带来了显著影响，进而对控制变量各个水平对观测变量影响的程度进行剖析。

根据控制变量的个数和类型，可以将方差分析分成单因素方差分析、多因素方差分析等，观测变量为多个的方差分析称为多元方差分析。

1) 单因方差分析

(1) 单因素方差分析思路。单因素方差分析用来研究一个控制变量的不同水平是否对观测变量产生显著影响。这里，由于仅研究单个因素对观测变量的影响，因此被称为单因素方差分析。其基本思路如下。

第一步：明确观测变量 (即因变量) 和控制变量 (即自变量)。

第二步：剖析观测变量的方差。方差分析为

$$总变异 = 组内变异 + 组间变异$$

$$SST=SSA+SSE$$

式中，SST 为观测变量总离差平方和，SSA 为组间离差平方和，是由处理效应引起的变差。SSE 为组内离差平方和，是由抽样误差引起的变差。

第三步：比较观测变量总离差平方和各部分的比例。

(2) 单因素方差分析步骤。方差分析问题属于推断统计中的假设检验问题，其基本步骤和前面讲的 t 检验分析完全一致。

第一步：提出原假设。单因素方差分析的原假设 H_0，是控制变量的不同水平下观测变量各总体的均值无显著差异，控制变量不同水平下的效应同时为 0，意味着控制变量不同水平的变化没有对观测变量均值产生显著影响。备择假设 H_1 是各效应不同时为 0。

第二步：选择检验统计量。方差分析采用的检验统计量为 F 统计量。其数学定义为

$$F = \frac{SS^A / (k-1)}{S_{SE} / (n-k)} = \frac{MSA}{MSE}$$

式中，n 为总样本量，$k-1$ 和 $n-k$ 分别为 SSA 和 SSE 的自由度。MAS 称为组间方差，MSE 称为组内方差。

第三步：计算检验统计量的观测值和概率 p- 值。

第四步：给定显著性水平，做出决策。给定显著性水平 α，与检验统计量的概率 p- 值作比较。如果概率 p- 值小于显著性水平 α，则应拒绝原假设，认为控制变量不同水平下观测变量各总体的均值存在显著差异，控制变量的各个不同效应不同时为 0，控制变量的不同水平对观测变量均值产生了显著影响；反之，如果概率 p- 值大于显著性水平 α，则不应拒绝原假设，认为控制变量不同水平下观测变量各总体的均值无显著差异，控制变量的各个效应同时为 0，控制变量的不同水平对观测变量均值没有产生显著影响。

我们已经讨论了关于方差分析的逻辑，下面将通过一个例子来详细说明。假定一个社会学家准备研究前期经历是否会影响陪审团判断犯人罪行。研究者招募了 15 位曾经当过陪审团成员 (但是没有参与过一次审讯) 的志愿者。研究者给他们看了一个 4 小时的审讯，这是一个被控告开空头支票的妇女。在观看录像之前，研究人员为志愿者提供了被控告妇女的背景信息，包括年龄、社会地位、教育水平等。发给每个被试的信息基本是一样的，只有一处存在差异：在 5 名被试的纸条中，最后一条增加了该妇女在被控告有不良信用之

前还有很多次这样的记录，我们称这组为犯罪记录组；还有 5 名被试的纸条上显示这个妇女以前从未有过这样的记录，这组称为清白记录组；最后 5 名被试的纸上没有提起这个妇女以前的情况，称为无信息组。随机分配这些被试到各个组。在看完这个审讯的录像后，15 名被试都被要求做一个 10 点量表，这 10 点是从完全清白 (1) 到完全有罪 (10)。数据文件名为"诱导实验数据"。

在利用 SPSS 进行单因素方差分析时，应注意数据的组织形式。SPSS 要求定义两个变量分别存放观测变量值和控制变量的水平值。本例中，量表测量值为观测变量，控制变量为诱导信息提供。单因素方差分析的原假设 H_0，为诱导信息变量的不同水平下量表测量值相等。SPSS 单因素方差分析的操作及结果解读见二维码 5.15。

5.15 单因素
方差分析

2) 多因素方差分析

多因素方差分析旨在探究两个及两个以上控制变量是否对观测变量产生显著影响。由于它涉及多个因素对观测变量的共同研究，因此被称为多因素方差分析。这种分析方法不仅能够分析多个因素对观测变量的影响，更重要的是，它能够揭示多个控制因素的交互作用能否对观测变量的分布产生显著影响，进而找到有利于观测变量的最优组合。

(1) 多因素方差分析的基本思想。

第一步：确定变量。多因素方差分析的第一步是确定观测变量和若干个控制变量。

第二步：剖析观测变量的方差。在多因素方差分析中，观测变量值的变动会受到三个方面的影响：一是控制变量独立作用的影响，是指单个控制变量独立作用对观测变量的影响；二是控制变量交互作用的影响，是指多个控制变量不同水平相互搭配后对观测变量产生的影响；三是随机因素的影响。

第三步：比较观测变量总离差平方和与各部分所占的比例。多因素方差分析的第三步是分别比较观测变量总离差平方和与各部分所占的比例，推断控制变量及控制变量的交互作用是否会给观测变量带来显著影响。

(2) 多因素方差分析的基本步骤。

第一步：提出原假设。多因素方差分析的原假设 H_0，是各控制变量不同水平下观测变量各总体的均值无显著差异，控制变量各效应和交互作用效应同时为 0。

第二步：选择检验统计量。多因素方差分析采用的检验统计量仍然为 F 统计量。如果有 A、B 两个控制变量，通常对应三个 F 检验统计量。在任务难度和敏感度的例子中，任务难度的主效应有一个 F 值，敏感度的主效应有一个 F 值，且任务难度和敏感度的交互作用有一个 F 值。

第三步：计算检验统计量的观测值和概率 p- 值。该步骤的目的是计算检验统计量的观测值和相应的概率 p- 值。SPSS 将自动把相关数据代入式中，计算出各个 F 统计量的观测值和对应的概率 p- 值。

第四步：给定显著性水平 α，并做出决策。给定显著性水平 α，依此与各个检验统计量的概率 p- 值作比较。如果 F_A 的概率 p- 值小于显著性水平 α，则应拒绝原假设，认为控制变量 A 不同水平下观测变量各总体的均值存在显著差异，控制变量 A 的各个效应不同时为 0，控制变量 A 的不同水平对观测变量产生了显著影响；反之，如果 F_A 的概率 p- 值大于显著性水平 α，则不应拒绝原假设，认为控制变量 A 不同水平下观测变量各总体的均值不存在显著差异，控制变量 A 的各个效应同时为 0，控制变量 A 的不同水平对观测变量没有产生显著影响。对控制变量 B 及 A、B 交互作用的推断同理。

在利用 SPSS 进行多因素方差分析时，应先将各个控制变量及观测变量分别定义成多个 SPSS 变量，组织好数据后再进行分析。我们以"产品研发调查数据"的分析为例进行讲解。该调查数据调查了各城市的消费者对不同品牌的饮品的评价，控制变量为城市及产品品牌两个，观测变量为评价值。其中，原假设为不同城市的消费者对饮品的评价没有差异；消费者对不同品牌的饮品的评价没有差异；消费者对不同城市不同品牌的饮品的评价没有显著差异。其操作过程及结果解读详见二维码 5.16。

5.16 多因素方差
分析操作

3. 卡方检验

前面我们已经学习了方差分析、t 检验的方法，可以解决连续变量和有序分类变量的组间比较问题，但是在某些特定的研究情况下，这些方法是不能使用的。例如，一个人的国籍、头发的颜色等类别数据的分析就属于这种特殊情况。因此，我们需要研究卡方检验，它适用于名义变量的数据 (即变量的值是类别)。在卡方检验中，我们所说的分数实际上指的是频数，即每类别中存在多少人或多少观察值。

研究人员曾对伴侣的三种类型进行研究：一种是以自我为中心型，一种是以他人为中心型，还有一种则是互惠型。为了深入探究这些类型的特点，研究团队在报纸上发起了一项调查，广泛收集了作答者的关系类型及其对伴侣类型的认知信息。其中，一位研究者提出了一个假设，他认为那些自称以自我为中心的男人，更倾向于认为他们的伴侣是以他人为中心型的。研究结果有力地支持了这一假设：在参与调查的 101 个自称以自我为中心的男人中，有 50 人表示他们的伴侣是以他人为中心型的，这一比例高达 49.5%，明显超过了认为伴侣为自我中心型 (26 人，占比 25.5%) 或互惠型 (25 人，占比 24.5%) 的比例。因此，从原始数据来看，这些以自我为中心型的男人对伴侣类型的报告与研究者的预测在很大程度上保持了高度一致。

假定这 101 个以自我为中心的男人的伴侣在这三种类型中是一样的，那么在每种类型中应该都有 33.67 个这些男人的伴侣。这一信息显示在表的观察频数和期望频数列中，见表 5.4。

表 5.4　以自我为中心类型的男人的伴侣类型的观察频数和期望频数

伴侣类型	观察频数 a	期望频数	差	差的平方	用期望频数加权后的差的平方
	O	E	O-E	$(O-E)^2$	$(O-E)^2/E$
以他人为中心型	50	33.67	16.33	266.67	7.92
以自我为中心型	26	33.67	-7.67	58.83	1.75
互惠型	25	33.67	-8.67	75.17	2.23

"观察频数"列展示了在实际观察中，各种伴侣关系类型所出现的具体数目；而"期望频数"列则代表了一种理想状态，即假设不同类型的伴侣能够平均分配时，每个类别所期望出现的频数 (需要注意的是，实际情况往往并不总是符合这种平均分配的期望，每个类别的期望频数可能会因理论预设或另一项研究中的分布情况而有所不同)。

很明显，在实际观察频数与期望频数之间存在着显著的差异。在当前的样本容量下，这种差异是否仅仅是由于偶然因素所导致的？假设以自我为中心型的男人 (作为总体) 的伴侣在三种类型中原本是平均分布的。那么，即使在这个总体的任何一个特定样本中，我们也无法期望得到完全平均分布的伴侣类型分配。然而，如果样本的实际分布与平均分布之间的差异过大，那么我们就不得不质疑，这个总体中的伴侣类型是否真的呈现平均分布。

在名义变量中，信息就是每个类别中的人数或频数，因此与名义变量相联系的分数就是频数。我们之所以将其称为名义变量，是因为不同的类别或变量的不同水平都是名称而非数值。

1) 卡方检验基本思想

卡方检验是以 x^2 分布为基础的一种常用的假设检验方法，它的零假设 H_0，是观察频数与期望频数没有差别。

该检验的基本思想是，首先假设 H_0 成立，基于此前提下计算出 x^2 值，它表示观察值与理论值之间的偏离程度。根据 x^2 分布及自由度可以确定在假设 H_0 成立的情况下获得当前统计量及更极端情况的概率 p- 值。如果概率值 p- 很小，说明观察值与期望理论值偏离程度太大，应当拒绝零假设，样本所代表的实际情况和理论假设之间确实存在差异；否则就不能拒绝零假设，不能认为样本所代表的实际情况和理论假设有差别。

2) 卡方检验的用途

卡方检验最常见的用途，是考察某无序分类变量各水平在两组或多组间的分布是否一致。卡方检验还有更广泛的应用，具体包括以下几个方面。

(1) 检验某个连续变量的分布是否与某种理论分布相一致。如是否符合正态分布、均匀分布等。为了使用卡方检验，此时需要将连续变量分组段进行统计。

(2) 检验某个分类变量各类的出现概率是否等于指定概率。例如，掷硬币时，正反面出现的概率是否均为 0.5。

(3) 检验某两个分类变量是否相互独立。例如，吸烟 (二分类变量：是、否) 是否与呼吸道疾病 (二分类变量：是、否) 有关。

(4) 检验控制某种或某几种分类因素的作用以后，另两个分类变量是否相互独立。如上例中，控制性别、年龄因素的影响以后，吸烟是否与呼吸道疾病有关。

(5) 检验某两种方法的结果是否一致。例如，两种测量方法对同一批人进行测量，其测量结果是否一致。

卡方检验因其广泛的应用性，在 SPSS 软件中多处可见，尽管很多时候它以分布检验、方差齐性检验等其他名称出现，或者这些检验的统计量遵循卡方分布。在 SPSS 中，直接以卡方检验命名的应用主要有三个方面：首先是非参数分布检验中的卡方检验，它用于检验某个分类变量各类别的出现概率是否等于指定的概率，即单样本卡方检验；其次是交叉表过程，它主要用于分析两个或多个分类变量之间的关联程度，通过交叉表进行卡方检验，并可进一步计算关联程度指标等；最后是 Tables 模块，在制表模块中的 "检验统计" 选项卡下，可以完成行列变量的卡方检验，并且能够进一步进行列变量各类别间的两两比较。SPSS 中卡方检验的操作及分析结果见二维码 5.17。

5.17 卡方检验

5.2 非量表类问卷数据分析

5.2.1 分析思路

本部分内容主要介绍非量表类问卷研究思路涉及的分析方法。由于前面已经对此分析思路可能涉及的部分分析方法进行了说明，包括频数分析、探索性因子分析、信度分析、方差分析等。因此，本节更多的是针对本分析思路涉及的核心分析方法，即卡方分析和 Logistic 回归分析进行详细阐述。具体分析思路与分析方法对应的关系如图 5.18 所示。

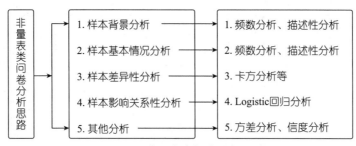

图 5.18 非量表类问卷分析思路

通常情况下，非量表类题项多用于了解某个主题的现状，样本的基本态度情况，包括单选题、多选题、填空题等类型。

(1) 单选题题项：在非量表类问卷设计中，很多都采用了单选题题项设计的方式，它们的分析可以通过卡方分析进行差异对比。

(2) 多选题题项：在通常情况下，多选题只能计算频数和百分比，通过频数和百分比可以直观地展示每个选项的选择情况，并且通过比较百分比的大小得出相关结论。除此之外，卡方分析可用于研究多选题与分类数据之间的关系。

(3) 填空题选项：填空题是一种开放式题项，样本的回答可以随心所欲，但统计分析只能针对封闭式答案，因此如果研究中有特殊要求需要设置填空题，那么在后续处理时需要手动将文字进行标准化，将表达同一个意思的文字答案进行统一，并且编码后再进行分析，这相当于将开放式的填空题处理成封闭式的单选题或多选题。

(4) 逻辑跳转题：非量表类问卷中经常会出现逻辑跳转题。逻辑跳转题是思路活跃的一种体现，逻辑跳转题过多会导致研究思路混乱，尤其是在使用 SPSS 软件分析时，需要进行多次数据筛选工作以匹配逻辑跳转，从而导致看似简单的问卷分析变动异常复杂。

总之，在对非量表类问卷问题进行分析的时候，主要探讨的是分类数据与分类数据之间的关系等的研究，相比于量表类问卷问题分析，有一些方法是通用的，但也有一些独有的研究方法。下面我们结合具体案例进行相关内容的讲解。

本节所采用的案例是关于某大学的大学生生活方式的调研，初步研究围绕学习、生活、消费、社交、休闲这 5 个因素展开。问卷的设计结构与内容，如表 5.5 所示。

表 5.5 调查问卷的设计结构与内容

基本信息	Q1	性别
	Q2	专业
	Q3	年级

续表

问卷结构	题项	内容
学习因素	Q2.1	学习时间
	Q2.2	学习动机
	Q2.3	学习态度
生活因素	Q3.1	饮食习惯
	Q3.2	运动方式
	Q3.3	是否熬夜
消费因素	Q4.1	消费水平
	Q4.2	消费项目
	Q4.3	消费偏好
社交因素	Q5.1	社交途径
	Q5.2	交友动机
	Q5.3	亲密度
休闲因素	Q6.1	休闲时长
	Q6.2	休闲方式

5.2.2 统计描述分析

1. 单个非量表问卷问题的统计描述

1) 频数分布

对于无序分类变量，在分析中首先应当了解的是各类别的样本数有多少，以及各类别占总样本量的百分比为多少。这些信息往往会被整理在同一张频数表中加以呈现。

对于有序分类变量，除了给出各类别的频数和百分比，研究者往往还对累计频数和累计百分比感兴趣，即低于 / 高于某类别取值的案例所占的次数和百分比。出于一些特殊的分析目的，累计频数和累计百分比也可能被用于无序分类变量。但需要注意的是，SPSS一般都只按类别编码从小到大进行频数和百分比的累计，如果编码不符合要求，则研究者只能手工统计，或者先对数据作重编码再进行分析。

2) 集中趋势

除了原始频数，如果研究者希望了解哪一个类别的频数最多，还可以使用众数来描述数据的集中趋势。需要注意的是，众数仅反映了频数最多的那个类别的情况，而忽略了其他类别的信息。因此，众数仅在数据的集中趋势显著时才具有较高的价值；而当变量的类别数量不多时，直接观察原始频数表并不复杂，此时众数的使用价值相对较低。

3) 相对数指标

研究者经常为分类数据计算一些原始频数的相对指标，用于统计描述，这些指标数被称为相对数。

比率：两个有关指标之比 A/B，用于反映这两个指标在数量 / 频数上的大小关系。事实上，比也可以扩展到连续变量的范畴内。

构成比：描述某个事物内部各构成部分所占的比重，其取值为 0% ～ 100%。事实上，前面提到的百分比就是一个标准的构成比，而累计百分比则是构成比概念的直接延伸。

2. 多个非量表问卷问题的联合描述

在研究中，往往需要对两个甚至多个分类变量的频数分布进行联合观察，此时就涉及多个分类变量的联合描述，通常以列联表的形式出现。除了给出原始频数，各单元格内还可能给出行百分比、列百分比和总百分比等，分别用于反映该单元格频数占所在行、列，以及总样本的构成比情况。

3. 多选题的统计描述

多选题是调查问卷中极为常见的题目类型。在运用 SPSS 软件进行问卷处理时，对于单选题 (即一个问题只能选择一个答案) 的处理是：将一个问题设为一个 SPSS 变量，变量值为该问题的答案。对于多选项问题，由于答案不止一个，如果仍然按照单选问题的方式设置 SPSS 变量，那么该变量虽然能够存储多个答案，却无法直接支持对问题的分析，也就是说对一个多选项问题仅设置一个 SPSS 变量在数据处理和分析中是非常不便的，因此通常需要对多选项问题进行分解，即将问卷中的多选项问题分解成若干个问题，对应设置若干个 SPSS 变量，分别存放描述这些问题的几个选择答案。这样，对一个多选项问题的分析就可以转化成对多个问题的分析，即对多个 SPSS 变量的分析。

多选项问题的分解通常有两种方法：第一，多选项二分法；第二，多选项分类法。

1) 多选项二分法

多选项二分法是将多选项问题中的每个备选答案设置为一个 SPSS 变量，每个变量只有 1 和 0 两个取值，分别表示选择该答案和不选择该答案。在案例中，对生活方式中的消费习惯调查有这样一个题项：

请问你目前花费最多的消费项目主要是 (　　)(多选题)

A. 伙食　　　　　 B. 购物　　　　　 C. 学习费用 (不含学费)

D. 娱乐休闲　　　 E. 恋爱　　　　　 F. 其他

那么，我们可以将这些多选项问题按二分法分解成 6 个问题，分别为是伙食吗？是购物吗？是学习费用吗？是娱乐休闲吗？是恋爱吗？是其他吗？同时，对应设置 6 个 SPSS变量，其取值为 1 或 0。其中，1 表示是，0 表示不是。具体如表 5.6 所示。

表 5.6　多选项二分法举例

SPSS 变量名	变量名标签	变量取值
Q12.1	是伙食吗？	0/1
Q12.2	是购物吗？	0/1
Q12.3	是学习费用吗？	0/1
Q12.4	是娱乐休闲吗？	0/1
Q12.5	是恋爱吗？	0/1
Q12.6	是其他吗？	0/1

这样，如果调查者 Q12.1、Q12.4 的值为 1，其余的值为 0，则表明该被调查者花费诸多的消费项目为伙食和娱乐休闲因素。

2) 多选项分类法

在多选项分类法中，首先估计多选项问题最多可能出现的答案个数，然后为每个答案设置一个 SPSS 变量，变量取值为多选项问题中的备选答案。

如在上例中，问卷要求被调查者最多选择 2 个答案，相应的可以设置成两个 SPSS 变量，分别表示第一项、第二项，变量值取 1 ～ 6，依次对应着所列出来的 6 个备选答案，具体如表 5.7 所示。

表 5.7　多选项分类法举例

SPSS 变量名	变量名标签	变量取值
Q12.1	请问你目前花费最多的消费项目第一项是	1/2/3/4/5/6
Q12.2	请问你目前花费最多的消费项目第二项是	1/2/3/4/5/6

这样，如果被调查者 Q12.1 取值为 4，Q12.2 取值为 5，则表明该被调查者目前花费最多的项目是第 4 项与第 5 项，即娱乐休闲与恋爱支出。

4. SPSS 中的相应功能

SPSS 中的许多分析过程均可完成分类变量的统计描述任务。常用的分析过程可通过位于【描述统计】子菜单中的【频率】和【交叉表】功能实现，以及另外两个用于多选题描述的制表过程 / 菜单项。

(1) 频率。我们已经了解频率的分析过程，显然针对单个分类变量输出频数表是其基本功能，从中可以得到"频数""百分比"和"累计百分比"统计量。除了原始频数表，该过程还可给出描述集中趋势的众数，以及分类变量的条图和饼图等。

(2) 交叉表。交叉表的强项在于对两个 / 多个分类变量的联合描述，可以产生二维至 n 维列联表，并计算相应的行 / 列合计百分比、行 / 列汇总指标等。

(3) 多重响应。多重响应子菜单项专门用于对多选题变量集进行设定和统计描述，包括多选项的频数表和交叉表均可制作，可以满足基本的多选题分析需求。

(4) 表格模块。表格模块提供了非常强大的制表功能，自然也可以使用多选题进行统计描述，还可以直接进行分类变量的参数估计，如给出相应类别频数，或者百分比任意置信度的可信区间上下限等。

在 SPSS 软件中，我们将通过具体步骤来演示如何对分类变量进行统计描述。我们仍以大学生生活方式调研数据为例，使用的数据文件名为"生活方式调研部分数据节选"。具体操作及结果解读见二维码 5.18。

5.18 非量表题型的
统计描述分析

5.2.3　差异性分析

从研究方法上看，差异性分析包括方差分析、t 检验，以及卡方检验。方差分析或 t 检验仅针对量表类或连续型的数值变量，相关内容在本章第一节已经详细说明，此处不再赘述。针对非量表类题项的关系研究，即分类数据与分类数据之间的关系研究，应该适用卡方检验。卡方检验又被称为交叉表检验，它通过分析不同类别数据的相对选择频数和占比情况，进行差异判断，单选题或者多选题均可以使用卡方检验进行对比差异分析。

结合问卷研究的实际情况，可以将卡方检验分为两类，即单选题卡方检验和多选题卡方检验两种。具体操作及案例演示见二维码 5.19。

通过一个具体的例子，我们详细演示了多选项问题与其他分类问题交叉分析及检验的方法，探讨了分类变量之间差异性及相关方法。大家可以在此基础上，扩展探讨性别与消费支出之间的差异、专业与消费支

5.19 非量表题型
的卡方检验

出之间的差异等其他问题。

5.2.4　影响关系分析

在非量表类问卷研究中，可能会涉及影响关系的研究，其分析方法常运用 Logistic 回归分析。结合实际情况，可以将 Logistic 回归分析分为 3 类，即二项 Logistic 回归分析、多项有序 Logistic 回归分析，以及多项无序 Logistic 回归分析。

Logistic 回归分析用于研究 X 对 Y 的影响，并且对于 X 的数据类型没有要求，但要求 Y 必须为分类数据，并且针对 Y 的数据类型，使用不同的数据分析方法。如果 Y 的选项为两个，比如愿意和不愿意、是和否，那么就应该使用二项 Logistic 回归分析。如果 Y 的选项为多个，那么应该使用多项有序 Logistic 回归分析或者多项无序 Logistic 回归分析。要具体区分是使用多项有序 Logistic 回归分析，还是使用多项无序 Logistic 回归分析，则取决于 Y。如果 Y 有多个选项，并且各个选项之间可以对比大小，比如 1 代表"不愿意"，2 代表"无所谓"，3 代表"愿意"，这 3 个选项具有对比意义，数值越高，代表样本的愿意程度越高，那么此时应该使用多项有序 Logistic 回归分析。如果 Y 有多个选项，并且多个选项之间不具有对比意义，比如 1 代表"淘宝"，2 代表"天猫"，3 代表"京东"，数值仅代表不同类别，数值大小不具有对比意义，那么此时应该使用无序 Logistic 回归分析。在实际问卷研究中，二项 Logistic 回归分析的使用频率最高，其次为多项有序 Logistic 回归分析。下面重点对这两类分析进行讲解。

1. 二项 Logistic 回归分析

在非量表类问卷研究中，多数情况下研究人员希望研究样本的基本现状、基本信息，并且最终要有一个落脚点，即最后样本是否愿意或者是否会进行某种"操作"。比如，不同样本人群对玩游戏有着不同的看法，并且他们对游戏的了解情况也不同，但研究人员最终的落脚点是具体哪些因素会影响样本人群玩游戏，此时应该使用二项 Logistic 回归分析。

二项 Logistic 回归分析通常会涉及 3 个步骤，分别是数据处理、卡方分析和影响关系研究。

第一步：数据处理。在研究相关因素对样本的影响情况时，如果影响因素中的选项分布严重失衡，那么此时应该对选项进行重新组合。除非条件允许，研究人员应该尽可能地让每个选项有较多的样本，否则会得出不科学的结论。对所有影响因素 X 进行数据处理后，接着可以使用卡方分析分别研究每个 X 与 Y 的关系，并进行试探性分析。如果通过卡方分析发现 Y 与 X 之间没有关系，那么后续进行的二项 Logistic 回归分析也不应该有影响关系。

第二步：卡方分析。通过此分析可以试探性了解每个影响因素 X 与 Y 之间的关系情况。如果通过卡方分析发现 X 与 Y 之间完全没有关系，但是后续通过二项 Logistic 回归分析发现有影响关系，那么此时应该查看数据情况，避免得出不科学的结论。针对非量表类问卷研究，当研究人员不能完全确定到底哪些因素是可能的影响因素或者可能的影响因素非常多时，也可以先进行卡方分析初步筛选，筛选出没有直接联系的题项，通过简化二项 Logistic 回归分析模型使得分析解读简洁易懂。

第三步：影响关系研究。此步骤直接对题项进行二项 Logistic 回归分析。二项 Logistic 回归分析的具体解读类似于多元线性回归分析，首先看某个题项是否呈现显著性，如果呈现显著性，那么说明某个题项对于 Y 有影响关系，具体是正向影响还是负性影响需要结

合对应的回归系数值进行说明。如果回归系数值大于 0，则说明是正
向影响，反之则为负向影响。

二项 Logistic 回归分析的操作及案例演示见二维码 5.20。

5.20 非量表题型的
Logistic 回归分析

2. 多项 Logistic 回归分析

当因变量为多分类变量时，应采用多项 Logistic 回归分析方法。
多项 Logistic 回归模型的基本思路类似于二项 Logistic 回归模型，其研究目的是分析因变量各类别与参照类别的对比情况。

为了预测顾客的品牌偏好，收集到相关的消费数据，研究的变量包括性别 (男、女)、受教育水平 (初等、中等、高等)，以及因变量购买品牌 (国产、国外、不介意)。分析目标是建立消费者品牌偏好预测模型，分析影响因素。文件名为"品牌选择倾向调查数据"。其操作及案例演示见二维码 5.21

5.21 多项 Logistic
回归分析

课后练习

思考题

1. 为什么百分位数在描述量表数据分布时很有用？给出一个实际的例子。

2. 什么是频数分布表？它如何帮助我们理解量表数据的分布情况？

3. 解释直方图和频数多边形，说明它们是如何呈现量表数据的形状的。

4. 如果你有一组量表数据，如何确定适当的组距和组数来创建一个有效的频数分布？

5. 在假设检验中，p 值的含义是什么？当 p 值小于 0.05 时，你会得出什么结论？

6. 解释相关系数的概念，包括正相关和负相关。如何计算 Pearson 相关系数？

7. 如何解释回归方程中的斜率和截距在量表数据分析中的含义？

8. 如何进行问卷的内容效度分析。提供一个具体的例子。

9. 什么是外部效度？列举一些测量外部效度的方法。

10. 如何使用卡方检验来判断两个分类变量之间是否存在显著的影响关系？

11. 简述 Logistic 回归分析在非量表类问卷数据分析中的应用，并解释其基本原理。

分析题

1. 使用教材中的数据，进行信度分析 (克隆巴赫系数)、效度分析 (因子分析)，以及差异关系分析。

2. 请选择一份教材中的数据，并用图表和图形来直观地展示量表数据的分布情况。

3. 使用一组问卷数据，进行描述性统计分析。计算平均值、中位数、众数以及标准差，并解释它们的含义。

讨论题

1. 讨论在进行量表数据分析时可能遇到的局限性，例如数据来源的偏差、样本大小的影响，以及分析方法的选择对结果的影响。请提出你认为可能的解决方案。

2. 假设你需要为一个研究项目撰写一份关于量表数据分析的报告。请就报告中应该包含的关键部分进行讨论，需对每个部分的目的和内容进行合理解释。

3. 你有一份调查问卷，其中包含多个测量同一概念的题目，请就你将如何进行内部一致性信度分析进行讨论，并解释你选择的方法。

4. 假设你已经得到了一份调查问卷数据，现在想要进行题项归类分析以简化分析过程，请讨论并归纳你会采取的步骤。

5. 讨论并设计一个研究假设，如"男性和女性在对环保问题的关注程度上存在差异"，使用适当的统计方法 (如独立样本 t 检验或卡方检验) 来检验这个假设。解释你的选择及如何根据检验结果得出有意义的结论。

第6章
人因工程研究方法：实验法

实验法是在人为控制的条件下，排除无关因素的影响，系统地改变一定变量因素，以引起研究对象相应变化来进行因果推导和变化预测的一种研究方法。在人因工程学的研究中这是一种很重要的方法，它的特点是可以系统控制变量，使所研究的现象重复发生、反复观察，不必像观察法那样等待事件自然发生，使研究结果容易验证，并且可对各种无关因素进行控制。

实验法分为两种，实验室实验和自然实验。本章以实验室实验为主要内容，它是借助专门的实验设备，在对实验条件严加控制的情况下进行的。由于对实验条件严格控制，该方法有助于发现事件的因果关系，并允许人们对实验结果进行反复验证。

在正式讲述实验室实验设计及流程之前，我们有必要先来系统地了解一些关于实验法的基本原理。

6.1 实验法的基本概念

在人因工程研究中，一系列基本概念与对比分析之间存在着极为紧密的联系，这些基本概念包括因素与水平、水平结合、主效应与交互作用、简单效应、处理效应、实验组与控制组、实验条件与控制条件、混淆因素和控制变量等。

6.1.1 因素与水平

在实验研究中，因素是研究者有意控制的独立变量，这些变量可以是实验者有意改变的，也可以是实验过程中可能存在的潜在变量。因素既可以是刺激(或任务)变量，如噪声强度、注意时间的长度，也可以是被试变量，如教育水平、年龄。此外，因素和自变量是等同的。

对于每一个因素而言，它可能呈现出不同的状态或取值，这些具体的状态或取值被统称为水平。举例来说，当因素为处理方法时，其水平可能涵盖"对照组""实验组 A"及"实验组 B"。水平是研究者为了比较不同状态或层次对因变量的影响，而特意选定并进行操纵或观察的具体取值。

假设有一项研究，其目的在于探讨不同教学方法对学生学习效果的具体影响。在这项实验中，存在两个关键因素：一是教学方法，这是实验者有意操控的变量，包含传统教学法、互动式教学法和翻转课堂这三个水平；二是学生背景，这是一个潜在的变量，可能会对实验结果产生影响，但实验者并未主动对其进行改变，学生背景具体分为来自城市的学生、来自郊区的学生，以及来自农村的学生这三个水平。

在这个实验中，教学方法和学生背景都是因素，而它们各自的状态（传统教学法、互动式教学法、翻转课堂，以及城市、郊区、农村）则是水平。通过这种设计，研究者可以分析不同教学方法和学生背景对学生学习效果的影响。

6.1.2　水平结合

在实验研究中，"水平结合"这一术语，通常指的是在多因素实验设计中，将不同因素的不同水平之间进行组合。这种组合方式被用来构建实验组，以便研究者能够观察这些特定的水平组合如何对因变量（通常是实验结果）产生影响。

在多因素实验设计中，每个因素都可以设定多个水平。通过将这些不同因素的水平进行两两或多种组合，可以创建出多样化的实验条件。这种设计策略使得研究者能够深入探索不同因素及其水平组合对实验结果的具体影响，同时能够分析这些因素之间是否存在交互作用。

在包含两个或更多因素的研究场景中，一个因素的某一个特定水平与其他因素的某一个特定水平进行组合，就被称作一个水平结合，或者称为一个处理结合。例如，在一项人因工程研究中，研究目标是评估不同屏幕亮度（设为因素 A）和字体大小（设为因素 B）对驾驶员在驾驶模拟器上阅读仪表盘信息时的准确性和反应时间（设为因变量）的影响。在这个实验中，屏幕亮度被设定为两个水平，即高亮度和低亮度；字体大小也被设定为两个水平，即大字体和小字体。这样，通过组合这两个因素的不同水平，就可以形成四种实验条件：

高亮度 * 大字体

高亮度 * 小字体

低亮度 * 大字体

低亮度 * 小字体

这四种由不同屏幕亮度和字体大小组合而成的水平结合，代表了四种独特的显示屏幕设置。在这些设置下，研究者可以精确测量驾驶员阅读仪表盘信息的准确性和所需的反应时间。随后，利用统计分析方法，研究者将能够确定这些不同的水平结合如何具体影响驾驶员的表现。通过这种精心设计的多因素实验，研究者能够更深入地、全面地理解在各种显示设置条件下，驾驶员的阅读性能及反应时间的变化情况。

6.1.3　主效应与交互作用

在实验研究中，"主效应"与"交互效应"是两种描述因素对因变量影响的统计概念。主效应指的是一个因素（如 A）在不考虑其他因素（如 B）的情况下，对因变量（如 Y）的影响。换句话说，它是因素 A 的每个水平对因变量 Y 的平均效应。如果一个因素的主效应显著，这意味着该因素的各个水平在因变量中产生了统计上显著的差异。例如，在研究教学方法对学生成绩的影响时，如果发现教学方法的主效应显著，就意味着不同的教学方法（如传统教学、在线教学等）在学生成绩上产生了统计上显著的不同影响。

在只包含一个因素的研究中，只有一个主效应，它反映不同条件或不同被试组之间的差异；在包含多个因素的研究中，则有多个主效应。一般来说，有多少个因素，就有多少个主效应。

交互效应描述的是两个或多个因素 (如 A 和 B) 之间的联合影响，这种影响无法单独通过各因素的主效应来解释。简而言之，一个因素的效果可能会随着另一个因素水平的不同而有所变化。当交互效应显著时，意味着因素 A 的效果在因素 B 的不同水平上会有所差异，反之亦然。例如，如果研究发现教学方法与学生背景之间存在交互效应，那么教学方法对学生成绩的影响会根据学生的不同背景 (如城市或农村) 而有所不同。在这种情况下，我们不能简单地断定某种教学方法总是优于另一种，因为其效果会受到学生背景这一因素的制约。

当一个因素的作用受到另一个因素的影响时，我们称这两个因素之间存在交互作用，这种交互作用被称为二重交互作用，通常表示为 A*B(A 和 B 为因素的名称)。类似地，当一个因素的作用同时受到另外两个因素的影响时，我们称这三个因素之间存在交互作用，这种交互作用被称为三重交互作用，通常表示为 A*B*C(A、B、C 为因素的名称)。需要注意的是，在讨论三个因素的交互作用时，不仅存在三重交互作用，还存在二重交互作用，即任意两个因素之间的联合效应。只有综合考虑所有的二重交互作用、三重交互作用，以及各因素的主效应，我们才能得到完整的效应分析。

显然，随着因素数量的增多，潜在的交互作用数量会迅速增长。而且，研究者往往难以对高层次的交互作用提出具体假设。即便这些交互作用显著，研究者也通常难以准确描述或合理解释。虽然使用 SPSS 等统计软件可以方便地分析高层次的交互作用，但如何解释这些结果却非常困难。因此，从这个角度来看，一项研究中所包含的因素数量不宜过多，最好控制在三个以内，以确保研究的可行性和结果的易解释性。

6.1.4 简单效应

在实验研究中，特别是在多因素实验设计中，简单效应是用于描述因素之间交互作用的统计概念，它指的是在多因素实验中，当一个因素 (如因素 A) 的某个水平固定时，另一个因素 (如因素 B) 的不同水平对因变量 (如 Y) 的影响。

简单效应分析是为了在交互作用显著的情况下，进一步探究两个因素在特定条件下的独立影响。例如，在研究教学方法 (因素 A) 和学生背景 (因素 B) 对学生成绩 (因变量 Y) 的影响时，如果发现存在交互作用，研究者可能会进一步探究在特定学生背景条件下 (如城市背景)，不同教学方法对学生成绩的影响，这就是一个简单效应。

在多因素实验设计中，简单效应的个数可以通过考虑实验中因素的水平数来计算。假设有一个两因素的实验设计，因素 A 有 m 个水平，因素 B 有 n 个水平。在这种情况下，简单效应的个数可以通过以下方式计算：

对于因素 A 的每个水平，因素 B 在不同水平下对因变量的影响产生 m 个简单效应；

对于因素 B 的每个水平，因素 A 在不同水平下对因变量的影响产生 n 个简单效应。

因此，总的简单效应的个数是因素 A 的水平数 × 因素 B 的水平数，即

$$简单效应的个数 = m * n$$

例如，如果因素 A 有 3 个水平，因素 B 有 2 个水平，那么总共会有 3 * 2 = 6 个简单效应。需要注意的是，这种计算假设每个因素的水平都是独立的，并且每个水平的组合都是有意义的。在实际研究中，可能并不是所有的水平组合都会出现，或者某些组合可能因为实验设计的原因而不被考虑。因此，在计算简单效应的个数时，还需要考虑实验设计的

具体细节。

6.1.5　处理效应

在实验研究中，"处理效应"指的是不同处理（或干预）对因变量（即研究结果）所产生的影响。前面所提及的主效应、交互作用和简单效应，均属于处理效应的范畴，它们与随机因素导致的误差形成鲜明的对比。

处理效应可以是正向的，也可以是负向的，这完全取决于实验的目的及观察到的具体结果。例如，在药物治疗研究中，处理效应可能体现为药物组与安慰剂组之间在症状改善上的显著差异；而在教育干预研究中，处理效应则可能表现为实验组与对照组在学业成绩上的明显不同。

为了计算处理效应，通常需要比较实验组与对照组（或其他基线状态）之间因变量的变化。这种比较可以借助多种统计分析方法来实现，如 t 检验、方差分析、回归分析等。这些分析的目的是确定处理效应是否显著，即实验组与对照组之间的差异是否超出了随机变异的范畴。

在实验设计中，处理效应是衡量实验干预有效性的核心指标。通过精确测量和深入分析处理效应，研究者能够得出关于实验处理是否对目标变量产生了预期影响的明确结论。

6.1.6　实验组与控制组

在实验研究中，"实验组"和"控制组"是两种基本的实验设计类型，它们被用来比较不同处理或干预措施对因变量的影响。

实验组是指那些接受了特定实验处理或干预的参与者群体。其主要目的是观察和测量实验变量（如新界面、新教学方法等）对因变量（如学习效果、健康状况等）所产生的影响。实验组的参与者会按照研究者设计的改变或干预方案来行动，以便研究者能够评估这些测试的效果。

控制组则是指那些没有接受实验处理或干预的参与者群体，它作为实验组的对照存在。控制组的目的是提供一个基准线，使得研究者能够对比实验组的变化，从而更准确地评估实验变量的效果。控制组可能完全不接受任何特殊处理，或者只接受一个标准的处理，以确保实验组所观察到的任何变化都可以明确地归因于实验变量，而不是其他未受控制的变量。

在实验研究中，研究者常常需要对两个类似的组进行比较，这两个组之间只能存在一个差别，即一组接受了特定的处理，而另一组没有接受该处理。在其他任何方面，两组都应该是匹配的。在这种研究设计中，接受处理的那一组被称为实验组，而未接受处理的那一组则被称为控制组。通过对比实验组和控制组的结果，研究者能够评估实验变量的具体效果，进而得出关于实验变量是否有效、安全或具有其他预期效果的结论。这种实验设计有助于减少实验偏差，提高研究结果的可靠性和有效性。

在医学外科学的发展史上，曾有这样一段记载：15—16 世纪，人们普遍认为所有枪炮创伤都会被火药感染，因此相信用烧红的烙铁熨烫或用煮沸的油冲浇伤口能够治疗创伤。当时，油成为军医必备的药品。在切除伤员的断肢后，军医们会采用煮沸的油来冲浇伤口以进行治疗。这种治疗方法也被平民医生沿用，用以处理病人的外伤。然而，一个偶然的实验最终使人们放弃了这种疗法。16 世纪时，在一次战役中，法国军医布鲁瓦兹·帕雷因处理的伤员众多而用光了油,这导致形成了两个伤员组:一组接受了沸油冲浇处理,另一组则没有接受这种处理,而是直接使用药膏和绷带进行包扎。在这个偶然实验中,接受沸油冲浇处理的那组伤员相当于实验组,而未接受这种处理的那组伤员则相当于控制组。帕雷随后发现,未使用沸油处理的那组伤员的康复过程更为顺利。他于 1545 年报告了这一偶然的发现,从而推动了创伤治疗方法的革新。

6.1.7　实验条件与控制条件

在人因研究中,"实验条件"和"控制条件"是描述实验设置的两个术语,它们有助于区分实验中不同的处理或干预方式。

实验条件指的是在实验中,参与者或对象接受特定处理、干预或实验变量的一组设置。实验条件是研究者为了测试特定假设或回答研究问题而有意引入的变化。例如,在药物研究中,实验条件可能是接受新药物的剂量;在心理学研究中,实验条件可能是接受某种心理治疗。

控制条件指的是在实验中,参与者或对象不接受实验变量处理的一组设置,用作比较基准。控制条件提供了一个参照点,以便研究者可以评估实验条件的效果。在药物研究中,控制条件可能是接受安慰剂或标准治疗的组;在心理学研究中,控制条件可能是不接受任何特殊干预的组。

实验条件和控制条件的设置对于确保实验结果的可靠性至关重要。通过比较实验条件和控制条件的结果,研究者可以确定实验变量的效果,排除其他非实验变量的影响,从而得出有意义的结论。这种设计有助于减少实验偏差,提高研究结果的内部和外部有效性。

6.1.8　混淆因素与控制变量

在人因研究中,"混淆因素"和"控制变量"是两个相关,但不同的概念。

混淆因素是指在实验研究中,可能影响因变量(研究结果)的变量,但其本身并非研究者有意操纵或测量的变量。混淆因素的存在可能导致研究者错误地将因变量的变化归因于实验变量,而实际上可能是由混淆因素引起的。例如,在研究吸烟与肺癌的关系时,年龄可能是一个混淆因素,因为年龄既与吸烟行为有关,也与肺癌风险有关。

控制变量是指在实验设计中,研究者为了确保实验结果的准确性,有意保持恒定或在统计分析中进行调整的变量。通过控制这些变量,研究者可以减少它们对因变量的潜在影响,从而更清晰地观察实验变量的效果。例如,在上述吸烟与肺癌的研究中,如果研究者在实验设计中确保参与者的年龄分布相似,或者在数据分析时调整年龄的影响,那么年龄就被视为一个控制变量。

简而言之,混淆因素是未被控制的变量,可能影响实验结果的解释;而控制变量是研究者有意控制或调整的变量,以确保实验结果的准确性和可靠性。在实验设计和数据分析中,识别并处理混淆因素,以及恰当地控制变量,对于得出有效和有意义的研究结论至关重要。

6.2　变量类型及控制

所谓变量是指研究者感兴趣的、可以潜在地发生变化的事件和现象。对什么样的变量感兴趣，很大程度上反映着科学家的创造性。

对于人因工程研究来讲，研究者对什么样的变量感兴趣，事实上也反映出研究者的创造性。而选择好的变量的前提，是正确理解人因工程研究中变量的分类，以及各种变量的含义和性质，这也有助于研究者避免在实验设计和推理结论等方面犯错误。本节首先讨论变量的分类及各种变量的含义，再重点讨论如何操控自变量和观察因变量，特别是如何控制额外变量。

6.2.1　变量的分类

根据变量不同的性质、来源，以及在人因工程研究中所扮演的角色，可以对其进行如下分类。

1. 定性的变量和定量的变量

根据变量的不同性质，人因工程研究中的变量可以分为如下两类。

(1) 定性的变量：性别、血型，用赞成、反对、弃权等简单的分类所反映的人的态度等。

(2) 定量的变量：在使用某个手握式工具时产生的操纵力、灯光的亮度、在视觉搜索任务中找到特定信息所需的时间、听觉刺激的强度、视觉刺激呈现的时长，以及绘制给定类型线段所需的时间等。这些都是可以通过具体数值来度量和描述的变量。

与定性变量相比，定量的变量能够更为精细地揭示事件或现象的变化。例如，相较于仅用赞成、反对、弃权等简单分类来反映人的态度，使用量表能够更细致地体现人的态度倾向，尽管在实际操作中，前者有时可能比后者更为直接或简便。值得注意的是，并非所有变量都适合作为定量变量来研究。

2. 任务变量、环境变量与被试变量

根据变量的不同来源，人因工程研究中的变量可以分为以下三类。

(1) 任务变量，也称刺激变量，这类变量来源于实验任务的某些方面的变化。例如，在视觉搜索任务中，视觉刺激呈现的时间；App 界面设计中，文本框栏的行列间距；光因素对人的生理节律影响研究中，蓝光、白光、暖黄光的变化及作用时间等。

(2) 环境变量，这类变量源于环境某些方面的变化，如温度、湿度、照度、噪声、空间大小等。尽管并非所有与专门空间环境相关的人因工程研究都会特别关注这类变量，但它们确实会对研究变量产生影响。因此，在实验设计过程中，必须注意对环境变量的有效控制。

(3) 被试变量，这类变量源于被试的特性，也称为分类变量、机体变量或个体差异变量。被试变量可以进一步细分为三种：一是被试固有的、或多或少带有永久性的特征，如性别、年龄、民族、年级、智力（注意避免重复提及性别）、职业情况等；二是暂时的被试变量，即被试的一些短暂的经历或体验，如是否遭遇过地震灾害等；三是被试的一些行为分类，比如有的被试喜欢乘坐公共交通工具出行，而有的则更倾向于乘坐私人交通工具等。

3. 自变量、因变量与控制变量

(1) 自变量，是指在实验中由研究者所操纵的、对被试的反应可能产生影响并且研究者希望观测其效应的变量。其作用是区分或定义不同的实验条件，或者不同类型的被试。以手握式工具研究为例，假设研究者希望研究传统蜡染工具蜡刀的人因设计方面的主题，那么可以以蜡刀使用过程中的流畅性为对象设计实验，如绘制给定长度、曲直不同的线形

所用的时间。那么，在这个实验里，自变量就是给定长度、曲直不同的线条。

(2) 因变量是实验中由操纵自变量而引起的被试的某种特定反应，是研究者所观察的变量，因此也称为反应测量或反应变量。如上例所说的绘制给定长度、曲直不同的线形所用的时间。通常来讲，因变量的变化应该主要是由自变量的变化而产生的。

(3) 控制变量。从在研究中所扮演的角色来看，控制变量是被研究者有意识加以控制，不让其发挥作用的变量。

6.2.2 自变量的操纵

为了精准地操控自变量并确保其变化范围的科学性与合理性，我们往往需要先期深入查阅并研究相关文献，从而获取充分且必要的专业知识与背景信息。

以疲劳驾驶研究为例，为了准确判断驾驶员是否处于疲劳状态，非接触式检测技术通过捕捉并分析驾驶员的多种生理和行为特征，如眨眼频率（疲劳时通常会降低）、眼睑闭合度（疲劳时眼睑 80% 闭合的时间通常会增长）、眼球跟踪（观察驾驶员视线是否偏离前方及是否主动查看后视镜和侧视镜）、瞳孔反应（疲劳时瞳孔对光线变化的响应会变慢）、点头动作（疲劳时头部下垂及点头次数可能增加），以及打哈欠等，来综合评估。在这些非接触式检测研究中，眨眼频率、眼睑闭合度、眼球跟踪情况、瞳孔反应速度、点头动作，以及打哈欠行为等均可视为自变量或观测变量。然而，确定这些变量具体以何种阈值作为判断疲劳驾驶的标准，则需要依赖已有的研究成果或预先进行的前测研究来设定自变量的取值范围。在此基础上，我们可进一步调整这些范围，以更精确地展开后续的相关研究。

在品牌标志可识别度的研究中，标志色彩的明度变化被视为影响识别度的关键因素之一。然而，鉴于明度的取值范围广泛，从 0 到 100，实验中具体应选取哪个范围内的明度系列元素作为研究对象，就需要我们深思熟虑。通常而言，明度越高，标志的辨识度也相应提升，但这一提升并非无限制，当明度超过某一特定阈值后，其辨识性的增长便不再显著。在设定量表型变量值时，我们需要在研究的精确性和操作的可行性之间找到平衡点，比如决定是采用更为细致的十一点量表，还是相对简洁的五点量表。

如图 6.1 所示，当我们探讨因变量与自变量之间的关系时，如果自变量的取值范围仅限于分割线 ab 左侧的狭窄区间，那么所得出的研究结论很可能与实际情况大相径庭。这种偏差的根源，就在于自变量取值范围的不合理设定。因此，为了确保研究的准确性和有效性，我们必须仔细考虑并合理设定自变量的取值范围。

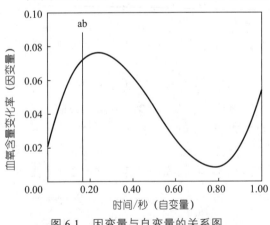

图 6.1　因变量与自变量的关系图

自变量的变化范围一经确定，接下来就是确定检查点和间距。检查点是指自变量的不同的取值（通常称为不同的水平）。检查点太少，自变量对因变量的真实影响可能会被掩盖，比如在图 6.1 中，若自变量（横轴）所选的值没有包括拐点所在的点的值，那么最终两者之间的曲线型关系会被掩盖，可能会变成线性关系。从实验可行性的角度来看，检查点也不宜过多，一般为 2 ～ 5 个比较恰当，具体数目应根据研究主题来确定。间距大小也需要慎重地确定，太小可能观察不到操纵自变量所引起的因变量的变化，太大则可能遗漏某些重要的变化。为了确定合适的检查点和间距，查阅相关文献和进行一些预备实验都是必要的。

6.2.3　因变量的观察

为了观察操纵自变量所引起的被试在行为或活动上的变化，我们需要选择恰当的行为或活动进行测量，这样的行为或活动称为因变量。一般认为，良好的因变量需要具备五个特征，下面以手握式工具设计的压感为例加以说明。

(1) 容易观察。压力值可以通过计算机或压力检测仪器自动测量和记录，因此容易观察。

(2) 容易数量化。压感器的测量单位精确到 0.01 N，可以对数据进行准确记录。

(3) 经济可行。随着技术的进步，压力测量的仪器越来越丰富，测量的精度也越来越高，测量起来也更加经济方便。

(4) 效度高。效度是指所使用的测量仪器能够达到测量目的的程度。在人因研究中，研究者希望利用不同条件下被试手部操纵压力的差异，揭示各条件下人机合理性的差异。作为一个常用的因变量，压力值具有相当高的效度，在座椅设计、床垫设计，以及手握式工具设计研究等领域都有大量的关于压力值这一变量的研究范例，这从另一个角度证明了该变量的效度。

(5) 信度高。信度是指测量结果的稳定性，或者是用同一个测验对同一组被试进行多次测量时结果的一致性。高信度的测量较少受到随机因素或事件的影响，能够稳定地反映客观情况。

6.2.4　额外变量的控制

在因果关系的研究中，若因变量倾向于随着自变量水平的变化而变化，研究者往往会得出自变量影响因变量的结论。然而，因变量的变化有时可能部分或完全归因于额外变量的变化。以噪声条件对注意力的影响为例，尽管注意力似乎随着环境噪声强度的增加而降低，但这并不必然意味着噪声强度的变化是注意力变化的唯一原因。实际上，注意力的变化可能部分或完全受到测验试题的类型及难易程度的影响，因为对于熟悉或容易的试题，人们也可能出现注意力不集中的情况。如果研究者未对试题的类型及难易程度进行控制，那么就无法确定注意力的变化是由噪声强度的变化引起的，还是由试题本身引起的，抑或是两者的共同作用。这种情况的本质在于自变量 (噪声强度) 与额外变量 (试题类型及难易程度) 之间存在混淆，这也是额外变量也被称为混淆变量的原因。因此，控制额外变量是研究者得出正确结论的前提。

额外变量可分为两类：一类是随机的额外变量，这类变量偶然地起作用，其影响通常无法绝对避免，但可以通过一些方法将其影响降到最低程度。由随机的额外变量所造成的误差称为随机误差，这是一种不能加以控制且很难明确解释的变化，属于实验误差的范畴。通常，增加被试数目和实验次数是减少随机误差的有效方法。另一类是系统的额外变量，这类变量经常地、稳定地起作用，如果不加以控制，就会造成系统误差。

系统中额外变量的控制方法，主要包含以下几种。

1. 排除法

排除法是一种将额外变量从实验中排除出去的控制方法。例如,在心理学实验中,研究者常使用双盲法来控制实验者效应(如罗森塔尔效应、皮革马利翁效应)和需求特征(如安慰剂效应、霍桑效应)。从控制变量的角度来看,排除法确实有效,能够确保实验结果的准确性。然而,使用排除法所得到的研究结果,由于其高度控制的实验环境,往往难以直接推广到更广泛的实际情境中。

(1) 罗森塔尔效应。罗伯特·罗森塔尔(Robert Rosenthal)在 1966 年提出了一个问题:研究变态心理学的人可能因自身存在的问题而"污染"研究结果。他设计了一系列实验来验证实验者的偏见会影响研究结果。其中一项实验是让大学生用两组实际上没有差别的大白鼠做实验,但告诉他们这两组大白鼠的品种不同,一组聪明,一组笨。结果,"聪明"的大白鼠比"笨"的大白鼠学得快。罗森塔尔认为,这可能是由于实验者对"聪明"的动物和蔼友好,对待"笨"的动物粗暴而造成的。在另一项研究中,他要求教师们对小学生进行智力测验,并告诉教师们班上有些学生属于大器晚成者。结果,这些学生的学习成绩显著改善。罗森塔尔认为,这可能是因为老师们对这些"大器晚成"的学生予以特别照顾和关怀。这种现象被称为罗森塔尔效应,即人们的头脑中事先存在的定势会影响实验结果。

(2) 霍桑效应。霍桑效应是指当人们知道自己成为观察对象时,会改变行为的倾向。这个概念起源于 1924—1933 年哈佛大学心理专家乔治·埃尔顿·梅奥教授为首的研究小组在霍桑工厂进行的一系列实验研究。实验最初是研究工作条件与生产效率之间的关系,但意外发现,无论外在因素如何改变,试验组的生产效率一直未上升。然而,当工厂请来心理学家等专家与工人谈话,让他们尽情地宣泄出来时,霍桑工厂的工作效率却大大提高。梅奥等学者认为,受试者对于新的实验测试会产生正向反应,即由于环境改变(研究者的出现)而改变行为。这种效果被称为霍桑效应,即人们的行为会受到被观察的影响。

从上述实验中可以看出,需求特征是指在研究中被试用于引导自身行为的线索和暗示信息,实验者效应则是指主试的期望对实验结果产生的影响。研究者永远不能消除需求特征和实验者效应问题,但可以使用特殊的研究设计来控制这些问题。例如,使用安慰剂控制组来控制需求特征。安慰剂是一种看起来像药,但实际上没有药性的物质。在一个测试药品效果的实验中,研究者可以使用安慰剂控制组来确保各组的需求特征是相似的,从而排除需求特征对实验结果的影响。此外,结合双盲程序可以进一步控制实验者效应。在双盲程序中,被试和观察者都对正在进行的处理茫然不知,从而确保主试的期望不会对实验结果产生影响。然而,使用安慰剂控制组会引发特殊的道德问题。研究者必须在实验开始前在知情同意书中指出实验的道德规范,并告知被试他们可能会获得药品或安慰剂。一旦实验药品被证明有效,研究者在伦理上就有必要为安慰剂条件下的被试提供真实药物治疗。

2. 恒定法

恒定法是使额外变量在实验过程中保持恒定不变的控制方法。这主要体现在保持实验条件恒定的方面,实验者和控制组被试的特性也应保持恒定。只有这样,两个组在作业上的差异才可以归于自变量的结果。

我们可以通过目击行为实验来说明,此实验是通过让被试观看一场含有暴力场面的电影,进而调查被试对于震撼性场面开始前几秒钟所呈现信息的记忆。该实验有 226 名学生自愿参与,他们被分成若干组,每组被试随机分配观看两部电影中的一部。大约有一半的学生(115 名)被分配观看暴力版的电影,在电影末尾,一个抢银行的劫匪跑向一辆汽车准备驾车逃走，同时转身朝两个追他的男孩开了一枪，男孩中一人面部中枪并倒在血泊中；另一半学生观看了非暴力版的电影，这个版本与那个暴力版在开枪以前的内容是一样的，但非暴力版本电影末尾播放的是银行经理告诉顾客和员工发生了什么，并且要求他们保持镇静。电影的暴力版和非暴力版代表了实验中自变量的两个水平。

看完电影后，两组被试都回答了 25 个与所看电影相关的问题。其中，最关键的问题是：在银行外的停车场里玩耍的男孩，他穿的足球运动衫上的号码是多少？穿足球运动衫的男孩在电影里的枪击（暴力场面）发生前出现了 2 秒，在银行场景（非暴力场面）发生前出现 2 秒，因变量是正确回忆运动衫上号码的发生比例。被试所看电影的版本确实影响了他们的回忆，在暴力条件下，仅有 4% 的被试正确回忆出号码；而在非暴力条件下，差不多有 28% 的正确回忆率。由该实验可以看出，震撼性事件会削弱被试对发生在事件前的一些细节的记忆。

在本实验中，几个可能会影响被试记忆的因素在两种条件下保持了一致。除了关键事件不同，学生们观看的电影完全一样；在实验开始时，给予他们一样的实验说明；实验中被试收到完全一致的问卷。研究者通过这种保持条件恒定的办法，来确保自变量是唯一系统变化的因素。

假如两组被试除了影片的差异，还在其他因素上有差异，那实验结果将变得难以解释。例如，如果被试在暴力版本和非暴力版本的电影中，看到的那个男孩穿着不同的运动衫，那么我们将难以确认究竟是电影的版本不同，还是运动衫的不同导致了回忆的差异。当拟研究的自变量和其他潜在的变量一起改变时，就会产生混淆。确保条件恒定是研究者用来避免混淆的一种控制技术，通过将两个版本的电影中玩耍的男孩和运动衫（以及其他事物）保持恒定，则可避免这些因素的混淆。总体上，一个保持恒定的因素不会随着指定的自变量发生变化，且也不会与因变量一起变化。如此，研究者可以排除该因素对观察结果的潜在影响。

3. 匹配法

匹配法是使实验组和控制组中的被试属性相等的一种方法。使用匹配法时，先要测量所有被试身上与实验任务成高相关的属性；然后根据测得结果将被试分成属性相等的实验组和控制组。

最好的匹配任务就是试验任务本身。例如，如果实验的因变量是血压，只需要在实验开始前对被试的血压进行匹配。先测量所有被试的血压，然后将具有相同或相似血压的被试进行二等分、三等分或者四等分（具体根据实验条件的数量），如此完成匹配过程。因此，在实验开始前，不同组的被试的血压平均数是相等的，这样在试验后研究者可以将组间的血压差异合理地归结为处理的作用（假定组间其他潜在变量已保持恒定或平衡）。

在某些实验中，因变量是不能用来匹配被试的。例如，在一个研究不同解谜方法的实验中，如果前测是测量被试解谜所需的事件的话，那么被试可能会在前测期间就已经学会了解谜的方法。这样一来，实验可能就不能观察不同被试组解谜速度的差异了。在这种情况下，最佳选择是使用一个与实验任务同类的任务作为匹配任务。在我们的问题解决实验中，可以根据一些一般能力测验，如空间能力测验结果来匹配被试。但是，在使用这些替代任务时，研究者必须确保匹配任务的成绩与实验中所使用任务的成绩是相关的。通常，当匹配任务和因变量之间的相关性降低时，匹配组设计相对于随机组设计的优点也就减少了。

有些实验即使有好的匹配任务，匹配也不足以形成比较组。例如，假定相比较两种不同的早产儿护理方法，这类实验一般采用匹配组设计比较有效。可以根据体重或者婴儿运动协调测验分数来把六对早产儿进行匹配。这个实验可以说明匹配组设计如何才能有效，即仅有少量被试，且有合适的匹配任务。当实验的被试太少，不能通过随机来形成比较组的时候，就需要使用匹配组。匹配组设计能使我们根据与匹配任务相关的维度 (如早产婴儿的体重) 来形成比较组。尽管如此，仍然存在其他潜在的被试特征没有得到匹配。例如，两组早产儿可能在一般健康程度、对父母的依恋程度上难以进行匹配。因此，在匹配组设计中通过随机分配来平衡匹配任务之外的其他潜在因素是很重要的。具体是在体重和运动协调性方面对婴儿进行匹配后，再将匹配的婴儿随机分配到两组中。当然，实际应用中，匹配法常常是配合其他技术共同使用的。

4. 随机化法

随机化法是指把被试随机分派到各处理组中的技术。随机分派形成的各处理组的各种条件和机会是均等的，即在额外变量上做到了匹配。随机化法不会导致系统性偏差，能够控制难以观察的中介变量。随机分配被试的优点，是可以平衡或者平均两组被试特征上的差异。

随机分配的一种常用程序就是随机区组。假设，一个实验有 5 种条件，一个区组就是 5 种条件的随机顺序中的一种。

一个区组的 5 种条件 → 5 种条件的随机顺序中的一种

A B C D E   C A E B D

随机区组是一种极为有用的随机分配被试的方法，因为它在控制与时间相关的变量的同时，能够生成大小相同的组。每组的观测次数对于每组描述统计的可靠性具有重要影响。我们期望不同组的观测结果具有可靠性，而随机区组方法恰好能够满足这一期望。

随机区组之所以具有实用性，还因为实验往往需要大量的时间才能完成。在实验实施过程中，被试通常会受到期间发生的一些事件的影响。随机区组有助于控制这些事件的影响，因为它能够在每次实验时，将不同的被试分配到区组的不同条件下。由于每个被试在一个区组内仅参与一种条件的测试，因此实验的所有条件下都会有相同数量的被试经历实验过程中发生的事件。

此外，随机区组还能平衡其他与时间相关的变量，比如实验者的变化甚至是被试群体的差异。举例来说，通过使用随机区组方法，我们可以有效地从秋季和春季学期中选取学生进行同一实验。随机区组的主要优点在于，它能够平衡或平均实验中所有条件下被试特征上的差异，包括时间相关因素的影响。随机法不仅适用于被试的分配，还适用于刺激呈现和实验顺序的安排，是一种控制额外变量的有效方法。

5. 抵消平衡法

在实验研究过程中，操作上的考虑可能会导致大量因素发生变化。例如，为了更快地完成一个实验，研究者可能会决定使用几个不同的主试来施测小群体被试。群体的大小和主试本身就成了可能混淆实验的潜在相关变量。如果实验组的被试都由一个主试施测，控制组的被试都由另一个主试施测，自变量的效应就与两个主试的效应混淆了。我们不能确定观察到的差异到底是由自变量导致的，还是由于不同主试对实验组和控制组分别进行施测导致的。

研究者不感兴趣但可能导致实验产生混淆的潜在变量，我们称之为额外变量。当这些混淆变量本身具有显著影响力时，实验被额外变量混淆的程度会非常高。例如，在一个研究额外变量的实验中，研究者发现，在学期初自愿参加实验的被试与在学期末自愿参加实验的被试相比，前者在学习上更为主动，且更具内控性 (即更强调自己对自身行为的责任，而非外部因素)。这意味着，如果将学期初的被试施测作为实验条件，而将学期末的被试施测作为控制条件，这种做法是不明智的，因为这可能会将自变量与被试的控制点、学习兴趣等特征相混淆。

随机区组提供了一种简洁而有效的控制方法，用于平衡组间额外变量。我们的做法是，在额外变量的每一个水平上测试所有区组的被试。以主试为例，如果有四个主试，那么每个主试都应施测所有区组的被试，因为每个区组都包含了实验的所有条件。这种策略确保了每个主试都能测验到每一种条件。通常，我们习惯于给每个主试分配相同数量的区组，但这不是必需的；关键的是，所有区组都应在额外变量的每一个水平上进行测试。

当存在多个额外变量时，使用平衡法可能会更加复杂，但通过仔细安排，我们可以避免这些变量产生的混淆。采用某些综合平衡的方法，使额外变量的效果相互抵消，是达到控制额外变量目的的一种有效实验技术。常见的抵消平衡法包括 ABBA 法和拉丁方设计法。

6. 统计控制法

统计控制法是一种在实验完成后，运用特定的统计技术来事后消除实验中额外变量干扰的控制手段，因此也被称为事后统计控制法。这种方法主要应用于那些在实验前难以完全控制额外变量影响的情境。在统计学中，有多种常用的方法来实现这一控制目的，其中包括协方差分析和偏相关分析等。这些方法允许研究者在实验数据的基础上，对额外变量的影响进行量化评估，并据此调整实验结果，从而更准确地揭示自变量与因变量之间的关系。

6.3　实验设计的类型及原则

6.3.1　单因素设计

单因素设计指的是仅包含一个因素，且该因素至少包含两个不同水平的设计形式。单因素设计具有多种变体，这些变体体现了实验设计的基本思想和逻辑框架。在深入探讨单因素设计的常见形式之前，我们先来介绍一组后测设计和一组前后测设计。需要注意的是，从严格意义上讲，这两者尚不能算作真正的实验设计，而应被视为实验设计的初步形态或雏形。了解这种雏形形态有助于我们更好地理解实验设计的基本功能和原理。

1. 单因素实验设计的雏形

(1) 一组后测设计。这种设计只包含一种处理，通常是在向一组被试施加某种处理之后，就某一变量 (被视作应变量) 对他们进行观察或测量。

其特征是 T → O。其中，T 代表处理；O 代表观察或测量。其逻辑是，如果同一般情况相比，或者同以前相比，施加处理后，所观测的变量有所变化，那么说明处理有效。

然而，由于没有设置控制组，所以这种设计并不具备考察处理效应的基础，因此也就不可能得出关于处理是否有效的任何令人信服的结论。

例如，为了研究一种产品改良后是否更便于使用，一个研究者决定让一组使用过该产品的人参加这项研究 (接受处理，相当于实验组)，之后对这组使用者使用该产品后的评价进行问卷测量。问题是，即使发现同以前的使用产品的评价相比，改良后的产品评价明显更为正向，研究者也并不知道如果产品没有改良设计，用户对于它的使用评价是否也更为正向。也就是说，由于缺乏可作为参照对比的控制组，这个评价是没有价值的，它并不能够反映产品改良的有效性。研究者应该增设一个控制组（控制组使用的产品是未进行改良之前的产品），将实验组和控制组进行比较，才能令人信服地回答设计改良的有效性。

(2) 一组前后测设计。这种设计与一组后测设计之间唯一的区别，是增加了前测，即在施加处理之前，就同样的变量对被试进行观察或测量。

其特征是：O1 → T → O2。其中，O1 代表第一次观测，即前测；O2 代表第二次观测，即后测。其逻辑是，如果同前测相比，后测中分数发生变化，那说明处理可能有效。然而，同前测相比，后测中分数的变化未必是施加处理的结果，而可能是一系列混淆因素造成的，包括情境改变、学习效应等。

2. 单因素实验设计的常见形式

1) 完全随机设计

完全随机设计在实验研究中应用广泛，其中实验单位（如参与者、动物、植物等）被随机分配到不同的处理组，确保每个实验单位有相同的概率被分配到任意一个处理组。完全随机设计的特点包括：每个实验单位被随机分配到各个处理组，以保证实验开始时各处理组的实验单位具有相似的特征；每个实验单位被分配到每个处理组的概率相等，这意味着各处理组的实验单位数量可以有所不同，只要分配是随机的；实验单位的分配相互独立，即一个单位的分配不会影响其他单位的分配；此外，完全随机设计相对简单，易于理解和实施。

完全随机设计适用于以下情况：实验单位之间没有明显的群体差异；实验单位数量足够大，以至于随机分配不会导致处理组之间出现过大差异；实验单位能够轻易地被随机分配到不同的处理组。

该设计的优点在于，研究者可以使用统计方法（如方差分析 ANOVA）来检验处理组之间的差异是否显著。然而，如果实验单位之间存在自然变异，完全随机设计可能并非最佳选择，因为它无法控制这些变异。这种设计研究的因素为操纵变量，包含两个或更多水平，被试被随机分配接受其中一个水平。由于几组被试之间彼此独立，因此这种设计也被称为独立组设计。最简单的情形仅包含实验组（接受处理）和控制组（不接受处理）两组被试。

2) 匹配组设计

在匹配组设计中，所研究的因素也为操纵的变量，但匹配组设计不是简单地随机分派被试接受自变量的不同水平，而是先在某一变量上匹配被试，然后把某一变量上匹配的几名被试随机分派到不同的条件中。它涉及将实验单位（如参与者、动物或对象）配对，以确保它们在某些关键特征上是相似的，从而减少这些特征对实验结果的干扰。在这种设计中，每个实验单位都有一个与之匹配的对照单位，这些匹配单位除了接受的处理不同，其他特征尽可能相似。最简单的情形只包含实验组和控制组两个匹配组。

例如，研究者想要评估一种新型认知训练程序（实验处理）对老年人记忆力的影响。为了控制年龄、教育水平和初始记忆力水平等个体差异，研究者决定采用匹配组设计。其操作步骤为：研究者从社区中招募一定数量的老年人作为潜在的参与者；根据年龄、教育水平和基线记忆力测试得分将参与者进行匹配；在每个匹配对中，一个参与者被随机分配到实验组（接受认知训练程序），另一个参与者被分配到对照组（不接受认知训练或接受常规活动）；在一段时间内（如 8 周）对参与者进行认知训练或常规活动；实验结束后，再次对所有参与者进行记忆力测试，以评估记忆力的变化；比较每个匹配对中实验组和对照组的记忆力变化，而不是将所有参与者的数据合并分析。这种分析方法可以减少年龄、教育水平和初始记忆力水平等变量对结果的影响，使得实验处理的效果更加清晰。

通过这种匹配组设计，研究者能够更准确地评估认知训练程序的效果，因为关键的个体差异已经被控制。这种设计有助于提高研究的内部有效性，因为它减少了实验结果受到非实验变量影响的可能性。

3) 不等组设计

在实验中，不同处理组（实验组和对照组）的样本大小不相同的实验设计，称为不等组设计。这种设计通常出现在实验资源有限或者实验单位难以获得的情况下，其中一些处理组的样本量可能比其他组大。

在不等组实验设计中，研究者可能会基于各种原因选择不同的样本。例如，资源限制，研究者可能由于预算、时间或其他资源的限制，无法为每个处理组提供相同数量的实验单位；实验单位的可用性，在某些情况下可能难以招募到足够数量的实验单位，特别是当涉及特定的人群、物种或实验条件时；实验目的，研究者可能有意为某些处理组分配更多的样本，以增加检测到小效应或罕见事件的概率。

不等组实验设计面临的一个核心挑战在于如何处理样本大小的不均衡问题。在数据分析阶段，研究者必须充分考虑样本大小的不均衡性，以防止其对实验结果产生误导性偏差。这可能需要运用特定的统计技术来调整样本大小的影响，或者在解读结果时持更加审慎的态度。举例来说，若实验组的样本数量明显多于对照组，即便实验效应微弱，也可能因庞大的样本量而轻易达到统计显著性水平。因此，研究者在呈现结果时，需明确说明样本大小的差异，并在条件允许的情况下，对结果进行敏感性分析，以量化样本大小差异对最终结论的具体影响。

4) 前后测完全随机设计

前后测完全随机设计，结合了前后测设计和完全随机分配设计的特点，用于评估干预措施（如新工作流程、新培训程序等）在时间上的效果，同时通过随机分配来控制潜在的混淆变量。它与典型的完全随机设计之间唯一的区别，是增加了前测。最简单的情形只包括实验组和控制组。其特征为

$$R \mid O1 \rightarrow T \rightarrow O2$$
$$R \mid O1 \qquad\qquad O2$$

其中，因变量为变化分数 (O2-O1)。其逻辑是，如果实验组与控制组之间变化分数差异显著，那么说明处理有效果。这样的逻辑实际上站不住脚，因为两组不仅在有无处理上有差异，而且在是否包含处理与前测的交互作用方面也有差异。因此，两组之间的差异并不唯一，这导致两组之间分数变化上的差异既可能是单纯处理的效果，也可能是处理与前测交互作用的结果。

假设研究者想要评估一个新的培训程序（实验处理）对工厂工人操作效率的影响，为了确保结果的准确性，研究者决定采用前后测完全随机设计。其步骤为：选择参与者，研究者从工厂中随机选择了一定数量的工人作为实验对象；将工人随机分配到实验组和对照组，实验组将接受新的培训程序，而对照组则不接受任何培训或继续接受现有的培训；在培训开始之前，对所有工人进行操作效率的基线测试（前测），以记录他们当前的操作水平；

实验组接受新的培训程序，而对照组继续他们的正常工作流程；培训结束后，对所有工人再次进行操作效率测试 (后测)，以评估他们的操作效率是否有所提高。

在该案例中，研究者通过随机分配，确保实验组和对照组在实验开始时是相似的，这有助于减少选择偏差和实验误差。前后测则允许研究者观察到培训前后的变化，从而评估培训程序的实际效果。通过这种设计，研究者可以更有信心地得出关于新培训程序有效性的结论。

5) 所罗门四组设计

所罗门四组设计比较复杂，它结合了前后测设计和后测设计的特点。该设计包括两个实验组和两个对照组，旨在更精确地评估实验处理的效果，并控制前测可能带来的影响。在所罗门四组设计中，实验组和对照组都被分为两个子组：一个是接受前测的子组，另一个是未进行前测的子组。这样，设计就包括了四种不同的组合：

- 实验组接受前测和后测 (O1-X-O2)；
- 实验组不接受前测，只接受后测 (X-O2)；
- 对照组接受前测和后测 (O3-O4)；
- 对照组不接受前测，只接受后测 (O5-O6)。

这种设计的优点在于：能够隔离前测效应，即前测本身可能对参与者产生的影响，从而更准确地评估实验处理的效果；可以通过比较实验组和对照组在前测和后测之间的差异，来检验实验处理的效果；可以检验前测本身对结果的影响，以及实验处理和前测之间的交互效应。

所罗门四组设计通过这种复杂的操作提高了实验的内部效度，因为它可以控制和评估多种潜在的混淆变量。然而，这种设计也较为复杂，需要更多的参与者和更复杂的数据分析，因此在实际应用中可能较为困难。

假设我们有一个关于人因工程的研究，目的是评估一种新的人体工程学办公椅 (实验处理) 对长时间办公人员疲劳水平的影响。我们采用所罗门四组设计来进行研究，实验设计如下。

实验组 1(接受前测和后测)：参与者首先完成一个疲劳水平的基线测试 (O1)，然后使用新的人体工程学办公椅工作一段时间 (X)，最后进行疲劳水平测试 (O2)。

实验组 2(不接受前测，只接受后测)：参与者直接使用新的办公椅工作一段时间 (X)，然后进行疲劳水平测试 (O2)。

对照组 1(接受前测和后测)：参与者首先完成疲劳水平的基线测试 (O3)，然后使用标准的办公椅工作一段时间，最后进行疲劳水平测试 (O4)。

对照组 2(不接受前测，只接受后测)：参与者直接使用标准的办公椅工作一段时间 (O5)，然后进行疲劳水平测试 (O6)。

通过这种设计，我们可以比较以下几组数据：实验组 1 与对照组 1，可以评估新办公椅对疲劳水平的影响，同时控制前测效应；实验组 2 与对照组 2，可以评估新办公椅的效果，而不受到前测效应的干扰；实验组 1 与实验组 2，可以评估前测对疲劳水平的潜在影响；对照组 1 与对照组 2，可以评估前测对疲劳水平的潜在影响。

所罗门四组设计允许我们更全面地理解新办公椅的效果，同时考虑到前测可能带来的影响。这种设计有助于提高研究的内部效度，因为它可以控制和评估多种潜在的混淆变量。然而，这种设计也较为复杂，需要更多的参与者和更复杂的数据分析。

6.3.2　多因素设计

多因素设计也称为多变量设计或多因素实验设计，是一种实验设计类型，它涉及两个或多个独立变量 (因素) 同时被操纵和测量。在这种设计中，研究者不仅要关注单一因素对因变量的影响，还要关注不同因素之间的相互作用，即交互效应。

1. 多因素设计的特点

(1) 多个因素。实验中包含两个或多个独立的自变量 (因素)，每个因素都有多个水平。

(2) 交互效应。研究者探索不同因素水平组合对因变量的影响，以及这些因素之间是否存在交互作用。

(3) 水平组合。每个因素的不同水平可以组合成多个实验条件，这些条件用于创建实验组。

(4) 复杂性。多因素设计通常比单因素设计更复杂，因为需要考虑更多的变量和潜在的交互作用。

(5) 数据分析。多因素设计需要使用更复杂的统计方法，如方差分析 (ANOVA) 或回归分析，来处理数据并解释结果。

2. 多因素设计类型

多因素设计根据所涉及的因素数量、水平，以及是否包含重复测量等因素，可以分为多种类型。以下是一些常见的多因素设计类型。

(1) 两因素设计。每个因素的所有水平都与另一个因素的所有水平组合，产生所有可能的组合及部分交叉设计，即某些因素水平的组合被排除，不产生所有可能的组合。

(2) 三因素设计。当研究涉及三个独立变量时，可以有完全交叉的三因素设计，也可以有部分交叉的设计。

(3) 重复测量设计。在多因素设计中，如果每个参与者都经历了所有条件，这种设计可以减少个体差异的影响，但可能引入顺序效应和练习效应。

(4) 混合设计。结合被试内和被试间的设计元素。例如，一个因素在被试内变化，而另一个因素在被试间变化。

3. 多因素设计的应用

多因素设计在人因工程学、心理学、教育研究等领域中广泛应用，因为它可以提供更全面的视角来理解多个变量如何共同影响结果。例如，在研究不同教学方法 (因素 A) 和学生背景 (因素 B) 对学生学习效果 (因变量) 的影响时，多因素设计可以帮助研究者了解教学方法和学生背景的独立效应，以及它们之间的交互效应。这种设计有助于揭示更深层次的因果关系，并为实践提供更有针对性的指导。与单因素设计中只包含一个因素不同，多因素设计中包含两个或更多因素，每个因素有两个或更多个水平，因而产生多种水平结合。每名被试可以只接受其中一种水平结合，也可以接受全部水平结合。

在人因工程领域，多因素设计用于研究工作环境、任务特性、个体差异等多个因素如何共同影响人的工作表现、认知负荷、疲劳程度等。下面介绍一个具体的多因素设计实验研究案例。

研究者想要探讨工作环境 (如温度和照明) 对办公室工作人员工作效率的影响。在这个研究中，工作环境可以被视为两个独立的因素，每个因素都有不同的水平。

环境温度：低 (如 22℃)、中 (如 24℃)、高 (如 26℃)。

照明强度：弱（如 200lx）、中等（如 400lx）、强（如 600lx）。

实验设计：在这个多因素设计中，所有可能的组合，即 3 个温度水平和 3 个照明强度水平的组合，总共有 9 种不同的工作环境条件。

实验过程：参与者（办公室工作人员）被随机分配到这 9 种不同的工作环境中，每种环境条件下工作一段时间；在每个环境条件下，研究者测量参与者的工作效率，如完成任务的速度和准确性。

数据分析：研究者使用统计方法来分析数据，以确定温度和照明强度对工作效率的主效应，以及它们之间是否存在交互效应。如果发现交互效应，就意味着温度和照明强度对工作效率的影响不是独立的，而是相互依赖的。例如，在弱照明条件下，高温对工作效率的影响可能比低温更大。

通过这种多因素设计，研究者可以更全面地理解工作环境的多个方面如何共同作用，以及这些因素如何影响人的工作表现。这种设计有助于人因工程师在设计办公室环境时做出更科学、更人性化的决策。

6.3.3　被试间设计

被试间设计，也称为独立样本设计，是一种实验设计类型，其中每个参与者仅接受一种实验条件的处理。在这种设计中，不同的参与者被分配到不同的实验组，每个组代表一个特定的处理或条件。

1. 被试间设计的特点

(1) 独立样本。每个参与者只经历一个实验条件，不同条件之间的比较是通过比较不同组的参与者来实现的。

(2) 减少顺序效应。由于参与者不会经历多种条件，因此不存在顺序效应，如适应效应或疲劳效应。

(3) 样本大小。由于每个参与者只贡献一次数据，因此需要更多的参与者来确保足够的统计功效。

(4) 个体差异。由于参与者在不同组之间分配，个体差异可能在一定程度上被保留，这可能会影响结果的解释。

(5) 数据分析。在数据分析时，通常使用独立样本 t 检验或方差分析来比较不同组之间的差异。

被试间设计存在一个潜在的缺点，它可能需要更多的参与者，因为每个条件都需要一组独立的参与者。此外，如果参与者在实验开始时不是随机分配的，那么可能存在选择偏差的风险。

2. 被试间设计的常见类型

(1) 单因素设计。只有一个自变量（因素）存在，该因素有不同的水平。例如，研究者可能只研究一种教学方法对学习效果的影响。

(2) 双因素设计。有两个自变量，每个自变量有不同的水平。这种设计可以进一步细分为完全交叉设计，即每个因素的所有水平都与另一个因素的所有水平组合；部分交叉设计，即某些因素水平的组合被排除，不产生所有可能的组合。

(3) 多因素设计。有三个或更多自变量，每个自变量有不同的水平。

(4) 混合设计。结合了被试间设计和被试内设计的特点，其中一个或多个因素在被试间变化，而其他因素在被试内变化。

3. 被试间设计的应用

每种设计都有其特定的应用场景和统计分析方法，被试间设计适用于研究者想要比较不同处理或条件对不同人群的影响，或者当顺序效应可能影响结果时。研究者在选择被试间设计时，需要考虑实验的目的、可用资源、实验条件的可行性，以及数据分析的复杂性。下面我们通过一个产品研究案例来讲解被试间设计的内涵。

研究者想要比较两种不同的手机界面设计（设计 A 和设计 B），对用户操作便捷性的影响。为了控制个体差异，研究者决定采用被试间设计，实验步骤如下。

- 参与者招募。研究者从目标用户群体中招募一定数量的参与者，确保他们在实验开始前对手机操作的熟练程度相似。
- 随机分配。参与者被随机分配到两个组，一组使用设计 A 的手机界面，另一组使用设计 B 的手机界面。
- 操作任务。研究者为两组参与者设计了一系列操作任务，如发送电子邮件、设置闹钟、导航到特定位置等，这些任务旨在测试手机界面的易用性。
- 数据收集。在参与者完成操作任务的过程中，研究者记录他们完成任务所需的时间、操作错误次数，以及用户满意度调查问卷的结果。
- 数据分析。研究者比较两组参与者在完成任务的效率（如完成任务的时间）和满意度（如问卷评分）上的差异，以评估哪种设计更受用户欢迎。

在这个案例中，被试间设计使得研究者能够直接比较两种手机界面设计对用户操作便捷性的影响，而不受用户个体差异的干扰。这种设计有助于产品设计师和开发者理解不同设计元素对用户体验的具体影响，从而优化产品界面，提高用户满意度和产品的市场竞争力。然而，这种设计可能需要更多的参与者来确保结果的统计显著性。

6.3.4　被试内设计

被试内设计是指每个或每组被试必须接受自变量的所有水平的处理的实验设计。也就是说，实验中的所有被试都会轮流在各种实验条件下接受实验处理，即所有被试都会被分配到不同的自变量或自变量的不同水平下进行实验。在被试内设计中，所有被试接受所有自变量水平的处理，这是被试内设计的核心特点，确保了实验结果的可靠性和有效性。由于每个被试都会接受所有实验条件的测试，因此可以省去挑选大量被试的麻烦，实验设计也更为简便。被试内设计通常比被试间设计更敏感，能够更容易地检测到实验条件之间的差异。

被试内设计可有效地控制被试变量对实验结果的影响，因为所有被试都接受了相同的实验处理；适用于研究阶段性的练习，因为被试会在不同的实验条件下进行多次测试。

被试内设计在不同的实验处理之间可能会相互影响，造成混淆，如位置效应、延续效应和差异延续效应等；相同的被试要重复接受不同的实验处理，可能会产生练习或疲劳效应，从而影响实验结果。为了消除或减少这些影响因素，可以采用重复测量设计、平衡设计等技术，旨在系统地改变实验处理的呈现顺序，以消除或减少位置和延续效应。

1. 重复测量设计的使用

研究者倾向于使用重复测量设计，主要基于以下考量：实验中被试数量有限、追求实验的高效执行、提升实验的灵敏度，以及探究被试随时间变化的特征。这一设计方式带来了多重优势。首先，重复测量设计在被试资源稀缺时尤为适用，如针对儿童或老年人的研究，往往难以获取大量被试。即使被试数量足够支持独立组设计，研究者也可能因重复测量设计的便捷性和高效性而选择它。其次，重复测量设计相较于独立组设计，通常具有更高的灵敏度。实验灵敏度指的是实验能够探测到自变量对因变量产生微小作用的能力。在重复测量设计中，同一被试在不同条件下的反应差异通常小于不同被试间的差异，因此误差变异较小。这种较小的误差变异使得自变量效果更易于检测，尤其适用于自变量对因变量影响较小的情形。

重复测量设计在人因领域具有特定应用，特别是当研究问题涉及被试随时间变化的因素时，如疲劳度实验。同时，当实验程序要求比较两个或更多因素的相互关联时，重复测量设计也是不可或缺的。例如，测量光强度最小增量或评估一系列照片吸引力等任务，都需要被试在同一实验中接受多次测量。

然而，重复测量设计也面临挑战，即练习效应。在重复测量过程中，被试可能因学习任务知识而改进，或因适应实验情境而放松，也可能因疲劳或积极性下降而表现不佳。这些暂时性变化统称为练习效应，它们可能影响实验结果的准确性。因此，使用重复测量设计时，平衡练习效应成为关键。研究者需采用各种技术来平衡不同条件下的练习效应，以确保实验自变量效果的解释性。

2. 平衡练习效应的方法

在完全设计中，为了平衡被试内的练习效应，每种条件下被试都会进行若干次实验。当任务简单且不耗时时，可以对每个被试进行多次相同处理。实际上，在某些完全设计中，仅有一到两个被试参与，且每个被试需要逐个完成上百个实验(或回答上百次)。然而，更常见的情况是研究者会测试多个被试，但每个被试接受的处理次数相对较少。

在决定完全设计的处理顺序时，研究者有两种主要选择：随机区组分配法和 ABBA 抵消平衡法。

1) 随机区组分配法

随机区组分配法是随机分配的一种常用程序。下面通过案例来介绍如何实施随机区组分配法，并探讨其效果。

假设一个实验包含 6 种条件，一个区组就是这 6 种条件的一个随机顺序。例如：

一个区组的 6 种条件 → 6 种条件的随机顺序中的一种

ABCDEF　　　　　BCDFEA

在使用随机区组时，每个被试被分配到区组中的一种条件下，而第二个被试则被分配到另一种条件下。也就是说，每次将不同的被试分配到一个区组的不同条件下。例如，如果我们希望每种条件都有 12 个被试，那么就需要 12 个区组，每个区组都按照 6 种条件进行随机分配。具体而言，我们可以首先选择参与实验的 6 名被试，然后将他们随机分配到 6 种条件中的一种。接着，再选择另外 6 名被试，并重复上述分配过程。这个过程会一直持续，直到每种条件都有 12 个被试为止。表 6.1 给出了一个示例，展示了前 13 个被试(总共需要 72 个被试)的分配程序。

表 6.1 随机区组分配表

区组	被试编号	条件	区组编号
1. ABCDEF	1	A	
2. BCFDEA	2	B	
3. ACFEDB	3	C	第一区组
4. EBCDFA	4	D	
5. AFBDCE	5	E	
6. DABCFE	6	F	
7. CDBAEF	7	B	
8. CAEBFD	8	C	
9. FBACDE	9	F	第二区组
10. DFBCAE	10	D	
11. FEBDAC	11	E	
12. EBCADF	12	A	第二区组
13. BDECAF	13	A	

随机区组是一种极为有效的随机分配被试的方法，它能够在控制与时间相关变量的同时，确保各组大小相同。每组的观测次数对于描述统计的可靠性至关重要，而随机区组设计能够保障不同组的观测结果具有可靠性。该方法之所以有效，是因为实验往往耗时较长，期间被试可能会受到各种外部事件的影响。随机区组设计通过每次将不同被试分配至不同条件下的区组中，使得每个被试仅在区组的一种条件下接受测试，从而确保了所有条件下均有相同数量的被试经历实验过程中的各类事件。此外，随机区组设计还能有效平衡其他时间相关的变量，如实验者的变化甚至是被试群体的变化。

在一个利用随机区组方法平衡练习效应的实验中，研究者旨在评估两种不同的人机界面 (HMI) 设计 (设计 A 和设计 B) 对驾驶员在模拟驾驶环境中反应时间的影响。

考虑到随着参与者对任务的熟悉程度增加，其表现可能会逐渐提升，即存在练习效应，研究者设计了以下步骤以平衡该效应：首先，研究者确定了一个区组变量，如驾驶员的年龄或驾驶经验，因为这些因素可能影响他们对 HMI 设计的适应性和反应时间；然后，在每个年龄或经验水平的区组内，驾驶员被随机分配到设计 A 或设计 B 的实验组中。例如，年轻驾驶员可能被随机分配到设计 A 组，而经验丰富的驾驶员可能被分配到设计 B 组；再次，每个区组内的驾驶员在模拟驾驶环境中，使用分配给他们的 HMI 设计，并进行多次反应时间测试；最后，研究者比较了不同 HMI 设计对反应时间的影响，同时控制了年龄或驾驶经验这一区组变量。通过随机区组分配，研究者能够更准确地评估 HMI 设计的效果，因为年龄或驾驶经验这一潜在的混淆变量已被有效控制。

在此案例中，随机区组分配法显著降低了年龄或驾驶经验对反应时间评估的干扰，使得研究结果更能真实反映 HMI 设计本身的有效性。这种设计有助于人因工程师深入理解不同 HMI 设计对不同年龄或经验水平驾驶员的具体影响，进而为实际的车辆界面设计提供有力指导。

值得注意的是，为了充分发挥随机区组在平衡练习效应方面的作用，通常需要对每个条件进行充分次数的实验。我们不能期望仅通过两三个区组的实验就能有效平衡练习效应，正如在随机区组设计中不能仅凭两三个区组的样本规模就形成有效的比较组一样。因此，为了确保随机区组的有效性，通常需要对每个条件进行足够多次的实验。

2) ABBA 抵消平衡法

ABBA 抵消平衡法是一种在完全设计中用于平衡练习效应的简单而有效的方法。其最基本的形式只需对每种条件进行两次操作。在仅有两种条件 (A 和 B) 的实验中，ABBA 抵消平衡法首先以一种序列 (先 A 后 B) 呈现条件，然后立即以相反的顺序 (先 B 后 A) 再次呈现。虽然 ABBA 这一名称特指两种条件的序列，但该方法同样适用于包含更多条件的实验。例如，在三种条件的实验中，可以采用 ABCCBA 的序列，其中前三个实验的条件顺序在实验 4 和实验 6 中被反转。

ABBA 抵消平衡法仅在线性练习效应下有效，即每个连续实验的练习效应大小相同。该方法可以应用于任何数量的条件，但每种条件重复的次数必须为偶数。循环的重复次数越多，ABBA 抵消平衡法在平衡练习效应方面的效果就越好。然而，通常只有在条件数量和对每种条件的重复次数较少时，才使用 ABBA 抵消平衡法。

尽管 ABBA 抵消平衡法提供了一种平衡练习效应的简单途径，但它也存在局限性。当练习效应是非线性时，该方法无效。在非线性练习效应中，练习效应最初可能急剧变化，随后变化逐渐减小。在这种情况下，研究者可能会忽略早期实验中的表现，直到练习效应达到稳定状态。为了达到稳定状态，可能需要对每种条件进行多次重复，因此研究者倾向于使用随机区组分配来平衡练习效应。

在人因工程领域，ABBA 平衡法被广泛应用于需要参与者多次执行相同任务的实验中，以评估不同条件 (如工作站布局、用户界面设计等) 对工作表现的影响。例如，在一项研究中，研究者评估了两种不同的工作站布局 (布局 A 和布局 B) 对装配线工人操作效率的影响。为了控制熟悉效应和顺序效应，研究者将参与者随机分配到 ABBA 序列或 BAAB 序列中。参与者按照指定的序列在两种布局下工作，每次使用一种布局后，研究者都会记录他们的操作效率。

与完全设计不同，在不完全设计中，每个被试通常只能被处理一次。否则，每个被试的自变量水平和这些水平被呈现的顺序会完全混淆，导致任何被试的结果都难以解释。在不完全设计中，为了区分条件顺序和自变量效应，可以对不同的被试执行不同的条件顺序。例如，在第一个被试先在实验条件 (E) 下测试，然后在控制条件 (C) 下测试的情况下，可以对第二个被试采用相反的顺序 (CE)，即先在控制条件下测试，然后在实验条件下测试。通过这种方法，可以使用两个被试来平衡两个条件的顺序效应。

6.3.5 混合设计

混合设计结合了被试间设计和被试内设计的特点。在这种设计中，至少有一个自变量 (因素) 在被试间变化 (即不同参与者接受不同的处理)，而另一个或多个自变量在被试内变化 (即同一组参与者接受不同处理)。

1. 混合设计的特点

(1) 被试间变化。至少有一个因素在不同的参与者群体之间变化，这有助于控制个体差异，因为每个参与者只贡献一次数据。

(2) 被试内变化。至少有一个因素在同一组参与者内部变化，这允许研究者观察参与者对不同处理的反应，以及可能的顺序效应。

(3) 交互效应。混合设计可以揭示被试间因素和被试内因素之间的交互效应，即一个因素的效果如何依赖于另一个因素的水平。

(4) 数据分析。混合设计通常需要使用更复杂的统计方法，如混合模型分析或多层次模型，来处理数据并解释结果。

2. 混合设计的适用情况

(1) 个体差异控制。当研究者希望控制个体差异对实验结果的影响时，混合设计通过在被试间变化的自变量来实现这一点。

(2) 顺序效应考虑。如果研究涉及时间序列或重复测量，混合设计可以捕捉到顺序效应，如适应性、疲劳或学习效应。

(3) 资源限制。在资源有限的情况下，混合设计可以减少所需的参与者数量，因为同一参与者可以用于多个条件。

(4) 多变量研究。当研究者想要同时探索多个自变量 (至少一个在被试间变化，一个或多个在被试内变化) 对因变量的影响时。

(5) 交互效应评估。混合设计允许研究者评估不同自变量之间的交互效应，即一个自变量的效果如何依赖于另一个自变量的水平。

(6) 因果关系探索。在需要建立因果关系的研究中，混合设计可以提供更丰富的数据，帮助研究者理解因果链。

(7) 复杂研究问题。当研究问题涉及多个层面或多个因素相互作用时，混合设计可以提供更全面的视角。

(8) 长期研究。在需要长期跟踪参与者的研究中，混合设计可以通过重复测量来评估随时间变化的效果。

3. 混合设计的应用

下面通过一个具体案例，介绍混合式实验设计的要点。

研究者想要评估两种不同的记忆训练方法 (方法 A 和方法 B) 对大学生长期记忆保持的影响，同时将参与者的情绪状态 (积极情绪和消极情绪) 作为一个可能影响记忆效果的因素。其操作要点如下。

(1) 确定自变量。通过文献阅读，确定自变量。在这个案例中，有两个自变量。一个是记忆训练方法 (方法 A 和方法 B)，这是一个被试间变化的因素，因为每个参与者只接受一种训练方法；另一个是情绪状态 (积极情绪和消极情绪)，这是一个被试内变化的因素，因为同一组参与者会在两种不同的情绪状态下接受训练。

(2) 随机分配。研究者将参与者随机分配到不同的情绪状态下进行记忆训练，以确保情绪状态在两种训练方法中均匀分布。

(3) 实验顺序。为了平衡顺序效应，研究者可以采用 ABBA 或 BAAB 等平衡设计，确保每个参与者在不同情绪状态下都会体验到两种不同的训练方法。

(4) 实验操作。在实验期间，参与者首先在积极情绪状态下接受记忆训练，然后休息一段时间以恢复，接着在消极情绪状态下接受训练。在两种情绪状态下，参与者都会体验到两种不同的记忆训练方法。

(5) 数据收集。研究者在每次训练会话结束时记录参与者的记忆保持测试成绩，包括记忆回忆的正确率和错误率。

(6) 数据分析。使用混合模型分析 (如混合效应模型) 来处理数据，这种模型可以同时考虑被试间和被试内因素，以及它们之间的交互效应。

(7) 结果解释。研究者可以分析记忆训练方法对记忆保持的主效应，情绪状态对记忆保持的主效应，以及记忆训练方法和情绪状态之间的交互效应。

在这个案例中，混合实验设计的操作要点包括了对自变量的明确定义、随机分配、实验顺序的平衡、数据收集的标准化，以及使用适当的统计方法进行数据分析。通过这种设计，研究者能够更准确地评估不同记忆训练方法对记忆保持的影响，同时控制了情绪状态这一可能的混淆变量。

6.4 人因工程实验研究流程

6.4.1 提出问题

1. 科学问题概述

在人因科学研究领域，科学问题的定义与提出是研究过程的核心。科学问题通常指的是那些可以通过系统观察、实验和理论分析来寻求解答的问题。这些问题通常具有明确性、可测试性和可验证性，它们是科学研究的起点。

科学问题与一般问题在性质、目的和解决方式上存在显著区别。一般问题通常是日常生活和工作中的疑问，它们可能涉及个人经验、情感判断或主观偏好，而不一定要求基于证据或逻辑推理来解答。例如，一个人可能会问："我应该去哪个电影院看电影？"这个问题可能基于个人喜好、朋友的建议或者当前的流行趋势来做出选择，而不一定需要深入的研究或数据支持。相比之下，科学问题则是在科学研究的背景下提出的，它们通常涉及对自然现象、社会行为或技术问题的系统性探究。

科学问题具有的特点：首先，一个科学问题应当是明确且具体的。这意味着问题应该清晰地界定其研究范围，避免模糊不清或过于宽泛。例如，在人因工程研究中，一个明确的问题可能是："在长时间使用电脑工作后，员工的视力疲劳程度与休息间隔时间的关系是什么？"这个问题明确指出了研究对象 (长时间使用电脑的员工)、研究现象 (视力疲劳)，以及可能的影响因素 (休息间隔时间)。其次，科学问题应该是可测试的。这意味着研究者能够设计出实验或收集数据来测试问题的假设。在上述例子中，研究者可以通过实验来测量不同休息间隔时间下员工的视力疲劳程度，或者通过问卷调查来收集相关数据。此外，科学问题应该是可验证的，这意味着问题的答案应该是可以通过观察、实验或理论分析来证实或证伪的。在人因工程研究中，验证可能涉及对实验结果的统计分析，或者对现有文献和理论的批判性评估。

提出科学问题的过程通常包括对现有文献的回顾，以确定研究领域中的空白或争议点。研究者需要识别出那些尚未得到充分解答或需要进一步探索的问题。这一过程可能涉及与同行的讨论、对现有研究方法的批判性思考，以及对研究目的和研究背景的深入理解。

在人因科学研究中，提出科学问题不仅需要对研究领域有深入的了解，还需要具备创造性思维和批判性分析能力。研究者需要能够从复杂的现实问题中抽象出有意义的科学问题，并设计出合适的研究方法来寻求解答。通过这样的过程，人因科学研究能够不断推进人类对人机交互、工作环境和人类行为的理解。

2. 科学问题的来源

要提出一个好的科学问题，以下四点非常重要。

1) 观察与好奇

在科学研究领域，观察力与好奇心是推动知识进步的双轮驱动。观察力作为科学研究的基石，要求研究者具备敏锐的洞察力和细致的注意力，它不仅是对现象的简单记录，更是对现象背后规律的探索。好奇心则是研究者内心的火种，它激发着对未知的渴望和对新知识的追寻。两者相辅相成，共同构成了科学问题的提出和解答的基础。

观察力要求研究者不仅要有发现问题的眼睛，更要有分析问题的思维。在人因工程领域，观察可能涉及对工作环境的细致考察，对用户行为的深入分析，或是对技术应用效果的持续追踪。例如，研究者可能会注意到，在长时间使用电脑工作后，员工的疲劳程度与工作效率之间存在某种关联。这种观察促使研究者进一步探究，试图找出导致疲劳的具体因素，以及如何通过改善工作环境来减轻疲劳，提高工作效率。

好奇心则是观察的催化剂，它激发研究者对现象背后的原因进行追问，对已有知识的边界进行拓展。好奇心驱使研究者不断地提出"为什么""如何""如果"等问题，这些问题往往成为科学研究的起点。

然而，观察与好奇心并非孤立存在，它们需要在科学研究的框架内发挥作用。这意味着研究者需要将观察到的现象与现有的理论和知识体系相结合，将好奇心引导至有意义的研究方向。

2) 现有知识的缺口

现有知识的缺口是提出新科学问题的重要源泉，这些缺口可能源于现有理论的不足，实验方法的局限，或是对特定现象理解的不充分。识别并填补这些缺口，不仅能够推动学科的发展，还能为解决实际问题提供新的视角和方法。

(1) 现有理论的不足是提出科学问题的一个关键领域。理论是科学研究的基石，它为我们提供了解释现象和指导实验的工具和框架。然而，任何理论都有其适用范围和局限性。随着新的数据和证据的出现，理论可能需要修正或扩展。例如，在心理学领域，行为主义理论曾主导了对学习机制的理解，但随后的认知革命揭示了内部心理过程的重要性，从而提出了新的问题，如记忆、思维和情感的内在机制。

(2) 实验方法的局限也是提出科学问题的重要来源。科学研究依赖于精确的实验和观察，但实验设计和数据分析方法的选择可能会限制我们对现象的理解。例如，在神经科学中，传统的脑成像技术，如功能性磁共振成像提供了大脑活动的宏观视角，但它们在分辨率和时间精度上的限制，促使研究者探索新的技术，如光遗传学和脑机接口，以更精确地研究神经活动。

(3) 对特定现象理解得不充分也是提出科学问题的重要原因。在某些情况下，我们可能对某个现象的某些方面知之甚少，或者对其背后的机制一无所知。例如，在人因工程领域，尽管我们对人类的认知能力和行为模式有一定的了解，但对于如何在极端环境下（如深海或太空）维持人类的认知效能和心理健康仍有许多未知。这些问题的提出，不仅需要跨学科的知识整合，还需要创新的思维和方法。

我们可以通过阅读最新的研究论文或参与真实的研究项目等方式，不断学习如何提出科学问题，以及培养我们的批判性思维和创新能力。

3) 跨学科融合

在当今科学研究的复杂环境中，跨学科融合已经成为推动知识创新的重要途径。这种融合不仅能够打破学科之间的界限，还能够促进不同领域知识的相互渗透和交叉，推动社会的发展。

跨学科融合的核心在于将不同学科的理论、方法和视角结合起来，以更全面和深入地理解现象。在人因工程研究领域，需要将心理学、工程学、设计学和计算机科学的知识相互融合。在跨学科融合的过程中，研究者需要具备开放的思维和宽广的视野，愿意接受和学习其他学科的知识和方法。他们需要能够识别不同学科之间的共同点和差异，以及如何将这些知识和方法应用到自己的研究中。

跨学科融合还要求研究者具备良好的沟通和协作能力，不同学科的研究者往往有不同的语言和思维方式，有效的沟通是确保跨学科合作成功的关键。研究者需要学会用其他学科的语言来表达自己的想法，也要能够理解和尊重其他学科的视角。

4) 技术进步

在科学研究领域，技术的不断发展不仅为解决现有问题提供了更强大的工具和方法，同时拓展了研究的边界，促进了科学问题的提出和深入研究。

(1) 技术进步使得数据收集变得更加高效和精确。我们以眼动追踪技术在人因研究中的应用为例来进行说明。眼动追踪技术是一种能够精确记录和分析人眼运动的技术，这项技术通过捕捉和分析眼睛在观察过程中的注视点、注视时间和注视路径等信息，为研究者提供了一种直观且非侵入性的方式来研究人类的视觉注意力和认知过程。在过去，研究者通常依赖于定性的方法，如观察和访谈，来了解用户在特定任务中的行为和注意力分布，这些方法虽然提供了宝贵的见解，但往往缺乏精确度和可量化的数据。随着眼动追踪技术的发展，研究者现在能够实时收集和分析用户的眼动数据，从而更准确地了解用户的视觉注意力模式。例如，在人机交互(HCI)研究中，眼动追踪可以帮助设计者评估用户界面的可用性。通过分析用户在浏览网页或使用软件时的眼动数据，研究者可以识别出用户可能遇到的困难区域，如导航不清晰、信息过载或操作复杂。这些信息对于优化界面设计、提高用户体验至关重要。此外，眼动追踪技术在驾驶模拟器研究中也发挥了重要作用，研究者可以利用这项技术来评估驾驶员在不同驾驶条件下的视觉搜索行为，如夜间驾驶、复杂交通环境等。这些数据对于理解驾驶员的认知负荷、预测潜在的风险行为，以及开发更安全的驾驶辅助系统具有重要意义。总之，眼动追踪技术的进步为人因研究领域带来了新的数据收集方法，使得研究者能够更深入地理解人类的视觉注意力和认知过程，从而有助于我们提出更新的科学问题。

(2) 数据分析技术的革新，特别是机器学习和人工智能的应用，极大地提高了我们从大量数据中提取有用信息的能力。这些技术使得研究者能够发现数据中的模式和关联，提出新的科学假设。例如，在交通安全研究中，理解驾驶员的行为对于预防事故和提高道路安全至关重要。传统的分析方法往往依赖于有限的数据集和人工观察，这在处理大规模数据时效率低下且容易受到主观偏见的影响。近年来，随着车载传感器技术的发展，研究者能够收集到大量的驾驶员行为数据，包括车速、刹车力度、转向角度等。然而，这些数据的规模和复杂性使得传统的统计分析方法难以应对。而机器学习，特别是深度学习技术，提供了一种强大的工具来处理这些高维度的数据。例如，研究者可以使用卷积神经网络来分析车载摄像头捕捉的视频数据，自动识别驾驶员的面部表情和视线方向，从而推断出驾驶员的疲劳程度或注意力分散情况。通过这些机器学习模型，研究者能够从大量的驾驶数据中提取出有用的模式和趋势，为科学研究提供了新的研究方向。

(3) 实验技术的改进为科学研究提供了新的可能性。例如，传统的人因工程训练通常依赖于实体模拟环境或纸质手册，这些方法在模拟复杂或危险操作时存在局限性。随着虚拟现实 (VR) 技术的发展，研究者和教育者能够创建沉浸式的训练环境，这些环境能够模拟真实世界的各种场景，从而为学习者提供更加安全、灵活的训练机会。例如，在航空领域，飞行员训练通常需要昂贵的飞行模拟器。而 VR 技术的应用使得训练可以在一个成本更低、更易于维护的虚拟环境中进行。通过使用 VR 头盔和运动跟踪设备，飞行员可以在一个模拟的驾驶舱内进行操作，体验各种飞行情况，包括紧急情况和异常处理。这种训练方式不仅提高了训练的效率和效果，还降低了训练成本和风险。通过创建逼真的虚拟环境，VR 技术不仅提高了训练的质量和安全性，还为研究者提供了一个强大的工具来探索人类在复杂环境下的行为和认知过程。在研究领域，VR 技术的不断进步使得研究者能够用新的技术展开研究，并由此形成关于 VR 技术的新的问题。

(4) 技术进步促进跨学科研究的发展。例如，脑机接口 (BCI) 技术是一种直接连接大脑和外部设备的系统，它允许用户通过思考来控制设备，无须肌肉运动。这项技术的发展涉及神经科学、计算机科学、工程学和人机交互等多个学科。在神经科学领域，BCI 技术的研究有助于我们理解大脑如何处理信息和产生意图。通过分析大脑活动，科学家可以揭示大脑如何编码运动意图，以及如何通过神经信号与外部世界进行交互。这些发现对于理解人类认知和行为具有重要意义。在人机交互领域，BCI 技术为残疾人士提供了一种新的沟通和控制方式。例如，对于患有肌萎缩侧索硬化等疾病的患者，他们可能无法通过传统的肌肉运动来操作计算机或轮椅，通过 BCI 技术，这些患者可以通过思考来控制外部设备，从而实现与外界的沟通和互动。此外，BCI 技术还在游戏和娱乐产业中展现出潜力。例如，虚拟现实 (VR) 游戏可以利用 BCI 来提供更自然的交互体验，玩家可以通过思考来控制游戏角色，而不是依赖传统的游戏手柄。BCI 技术的发展不仅需要神经科学家对大脑活动的理解，还需要计算机科学家和工程师开发高效的信号处理和机器学习算法，以及人机交互专家设计直观的用户界面。这种跨学科的合作推动了知识的整合和创新，为解决复杂问题提供了新的途径。

3. 提出科学问题的方式

1) 自上而下的方式

自上而下的方式通常从宏观的视角出发，基于现有的理论和框架来提出问题。这种方法强调对已有知识的理解和应用，以及对研究领域的整体把握。研究者通常会从广泛的研究领域中抽象出关键概念，然后通过这些概念来构建研究问题。例如，在心理学领域，研究者可能会基于认知理论来提出关于记忆和学习的问题。在这种方法中，理论是指导研究的灯塔，它为研究者提供了一个清晰的方向和研究的边界。

(1) 自上而下的方式强调对现有理论的验证、扩展或挑战。研究者可能会设计实验来测试理论的预测，或者寻找新的证据来支持或反驳现有的假设。这种方法鼓励研究者从全局的角度来思考问题，而不是仅仅关注现象的表面特征。

(2) 自上而下的方式也鼓励研究者从系统的角度出发，分析研究领域内各个组成部分之间的相互作用。这种方法有助于揭示系统的整体性能或行为，而不仅仅是单个部分。例如，在人机交互研究中，研究者可能会提出关于用户界面设计对用户认知负荷影响的问题，这些问题需要考虑用户的认知过程和界面设计的整体结构。

(3) 自上而下的方式还强调跨学科的视角。研究者可以从不同学科的理论和方法中汲取灵感，提出综合性的问题。这种方法有助于打破学科之间的界限，促进知识的交叉融合。例如，在生物信息学领域，研究者可能会结合生物学、计算机科学和统计学的知识，提出关于基因序列分析的新问题。

(4) 自上而下的方式也关注政策和战略层面的问题。在这种背景下，研究者可能会提出与社会、经济或环境目标相关的问题，这些问题通常需要考虑更广泛的社会影响和长期效应。例如，在能源政策研究中，研究者可能会提出关于可再生能源技术发展对经济和环境影响的问题。

总的来说，自上而下的方式为科学研究提供了一种从宏观到微观的思考路径，它强调理论的重要性，鼓励系统性的分析，促进跨学科的合作，并关注政策和战略层面的问题。通过这种方法，研究者能够提出具有深远意义的科学问题，推动知识的深化和创新。

2) 自下而上的方式

自下而上的方式是一种从具体观察或实践问题出发，逐步推导出整体性理论或概念的科学问题提出方式。这种方法常常以具体的现象或实际问题为起点，通过深入研究局部的现象，逐渐揭示其中的模式和规律，最终形成更为普适的理论或概念。例如，在一个对城市犯罪问题的研究中，科学家可能首先关注某一城市的具体社区，通过实地观察、访谈居民及分析犯罪数据，深入了解该社区犯罪的特征和影响因素。

通过对局部犯罪现象的深入研究，科学家可能会发现一些重复出现的模式。例如，社区中的社会资本水平、居民之间的互动方式等与犯罪率之间存在的关系。这些具体的发现可能为科学家提出更为普世的社会学理论奠定基础，如社会资本对犯罪的影响模型。

这种自下而上的方式有助于科学家深入理解具体现象背后的机制，并使其能够逐步推导出更一般、更普适的理论或原则。虽然起点是一个具体的问题，但通过系统的研究和总结，最终形成的理论或概念可能具有更广泛的适用性，推动学科的进一步发展。

4. 评价科学问题的标准

(1) 明确性。科学问题应明确具体，避免模糊或歧义，以便进行准确的观察和测量。

(2) 可重复性。科学问题所涉及的研究应能够在相同条件下重复进行，并得到一致的结果。

(3) 可证伪性。科学问题的假设应是可证伪的，即存在一种或多种可能的观测结果可以推翻该假设。

(4) 创新性。科学问题应具有创新性，能够推动科学的进步和发展。

(5) 重要性。科学问题应具有重要性，其研究结果能够对科学领域或现实生活产生重大影响。

(6) 伦理性。科学问题应符合伦理道德标准，避免对人类社会和环境造成负面影响。

6.4.2 建立假设

问题提出后，还需要以假设的形式进一步明确下来，这样问题才能变得具体，随后的研究也更具有针对性。研究假设，是在科学研究中研究者基于现有理论、观察或逻辑推理，对研究问题可能的答案或研究结果的预测。研究假设通常是一个可以被测试的陈述，它指导研究设计和数据分析，是研究过程中的关键组成部分。以下是一些在人因研究领域出现的研究假设案例。

(1) 认知负荷假设。在人机交互研究中，研究者可能会提出假设，认为增加任务的复杂性会导致用户的认知负荷增加，从而影响他们的表现和满意度。例如，假设"当用户界面的元素数量增加时，用户完成任务所需的时间会增加"。

(2) 疲劳效应假设。在工作心理学研究中，研究者可能会假设长时间工作会导致员工疲劳，从而影响他们的工作效率和决策质量。例如，假设"连续工作超过 8 小时的员工，比工作 8 小时以内的员工更可能出现错误"。

(3) 用户适应性假设。在设计研究中，研究者可能会假设用户在使用新系统时，会随着时间的推移逐渐适应，从而提高他们的表现。例如，假设"用户在使用新设计的软件界面后，随着使用次数的增加，完成任务的效率会提高"。

(4) 环境影响假设。在人因工程中，研究者可能会提出假设，认为工作环境的照明条件会影响工人的生产力。例如，假设"在自然光充足的工作环境下，工人的生产力比在人工照明环境下更高"。

1. 建立假设的途径

建立研究假设，通常会经历以下几个途径。

(1) 明确变量关系。明确研究中的自变量和因变量，以及它们之间的关系是建立研究假设的关键步骤。它有助于指导研究方向、建立可操作的研究设计，并控制混淆因素，从而确保研究的科学性和准确性。

(2) 参考现有理论和研究。在提出假设之前，需要广泛阅读相关领域的文献，理解前人的研究和理论，这为假设提供了基础。

(3) 预测变量关系。假设是对研究中两个或多个变量之间关系的预测。因此，在建立假设时，需要对变量之间的关系进行预测，即如果自变量变化，因变量会如何响应。

(4) 表述逻辑清晰。假设的表述应该逻辑清晰，明确传达研究者的意图和预期结果。一般采用"如果 a 如何，那么 b 如何"的表述逻辑，其中 a 代表自变量，b 代表因变量。

(5) 合理性验证。建立假设后，需要对其进行合理性验证。如果假设明显不合理或无法验证，则假设是不科学的。因此，在建立假设时，需要考虑其科学性和可行性。

(6) 假设的简洁性。尽量使假设简洁明了，避免包含过多的变量和复杂的关系。

例如，在开展一项关于驾驶员使用手机对驾驶表现的影响的研究时，首先要明确研究中的自变量与因变量。在这个研究中，自变量是驾驶员是否使用手机，它可以进一步细分为不同类型的手机使用方式，如手持通话、免提通话、查看短信等。因变量是驾驶表现，可以通过多个指标来衡量，如驾驶速度、车道偏离、刹车反应时间等。然后需要明确变量关系，研究假设可能是"驾驶员在使用手机时，其驾驶表现会受到影响"。这可以通过对比驾驶员在使用手机和未使用手机时的驾驶表现来验证。接着是建立假设，即在参考现有理论和研究及初步观察的基础上，可以预测当驾驶员使用手机时是否与其驾驶速度存在正向影响关系，进而建立"驾驶员在使用手机时，其驾驶速度会增加，车道偏离会更频繁，刹车反应时间会延长"的假设。

2. 研究假设的特点

研究假设在科学研究中扮演着至关重要的角色，下面是研究假设的一些主要特点。

(1) 预测性。研究假设是对研究结果的预期或预测，它基于已有的理论、研究成果或经验，对研究问题提出可能的答案或解释。通过假设，研究者能够预测自变量和因变量之间的关系，以及实验或观察的可能结果。

(2) 可验证性。一个好的研究假设应该是可验证的，这意味着假设中的自变量和因变量之间的关系可以通过实验或观察来检验。通过收集和分析数据，可以对假设进行验证，以确定其是否成立。

(3) 明确性。研究假设应该具有明确性，即清晰地说明自变量和因变量之间的关系，以及预期的结果。明确的假设有助于指导研究的设计和实施，使研究者能够准确地观察和测量相关的变量。

(4) 简洁性。一个好的研究假设应该尽量简洁，避免引入不必要的复杂因素。简洁的假设有助于研究者集中注意力在关键的变量和关系上，减少研究的复杂性和不确定性。

(5) 合理性。研究假设应该具有合理性，即假设中的自变量和因变量之间的关系应该符合逻辑和常识。逻辑性的假设有助于确保研究的合理性和可信度，以及结果的解释和推断。

(6) 创新性。研究假设应该具有一定的创新性，即提出新的观点、理论或预测。创新性的假设有助于推动科学的发展，为现有知识增添新的内容。

6.4.3 实验设计

1. 考察内容

通常一个实验指标含有多项内容，每项内容都是一个特定的变量。但研究中不可能对所有的变量都进行探讨，往往是选择其中的有重要意义的变量进行研究。因此，全面分析实验的内容，形成实验指标并选择关键指标进行研究是实验设计的核心环节。实验指标的选择直接关系到研究的有效性和结果的解释，在形成实验指标及选定实验指标的初期，我们应着重考虑以下要点。

(1) 实验指标是否与实验研究目的及所研究的科学问题一致。形成实验指标的第一步是明确研究目的和问题。研究者需要清晰地知道自己想要探讨的是什么，解决的是什么问题，这有助于确定实验的方向和焦点。例如，在心理学研究中，研究者可能对认知过程感兴趣，因此会形成与记忆、注意力、决策等相关的实验指标。

(2) 实验指标的选择尽量来源于现有的理论和文献。研究人员应该尽量广泛、深入地查阅相关领域的文献，了解已有的研究成果和理论框架。文献阅读有助于我们确定实验研究中哪些指标是已知的，哪些指标是未知的，以及哪些指标对于解答研究问题是最为关键的。通过查阅相关文献，我们可以了解在该领域已有的研究中使用过的指标，这为形成实验指标提供了启示和参考。基于研究目的和文献综述，我们可以初步列举可能与研究问题相关的指标。这一步骤可以是广泛的，覆盖多个方面，以确保不会遗漏潜在的重要因素。

(3) 在初步列举指标的基础上进行筛选和整合。评估每个指标的重要性、关联性和可操作性等，将相关性较弱或不太重要的指标剔除，以确保实验指标的简明性和有效性。

(4) 实验指标的选择还应考虑变量的敏感性。敏感性指的是指标对于实验操作的反应程度。一个理想的实验指标应该是对自变量的变化高度敏感的，这样实验结果才能清晰地反映出自变量对因变量的影响。

(5) 实验指标的选择还应考虑实验的可行性。我们需要评估实验所需的资源、时间和技能，确保所选的实验指标在现有的实验条件下是可行的。例如，如果研究资源有限，研究者可能需要选择那些可以通过简单实验操作测量的指标。

(6) 在实验设计中，还需要考虑实验指标是否符合科学研究伦理。我们应该确保所选的实验指标不会对参与者造成不必要的伤害或侵犯他们的权益。在进行人体实验时，研究者应获得伦理审查委员会的批准，并确保参与者的知情同意。

综上所述，形成实验指标并选择关键指标进行研究是一个复杂的过程，涉及多方面的考量。研究者需要在明确研究目的，考虑指标的可操作性、敏感性、可靠性、有效性、伦理性、可行性等的基础上，精心考察实验内容，设计并选定实验指标。通过这样的过程，研究者可以确保实验的有效性，从而得出有意义的科学结论。

2. 定义总体和样本

总体是研究对象的全体，是一定时空范围内研究对象的全部总和。样本是从总体中抽取的一部分元素的集合，通过样本的研究和分析，可以对总体进行推断和预测。下面是定义研究总体的几个步骤。

(1) 明确研究目的。明确研究的目的和问题，这有助于确定研究总体的相关性和重要性。

(2) 界定研究领域。界定研究领域，即研究将在哪个领域进行，这可能涉及特定的行业、地区、组织或社会群体。

(3) 确定研究对象。在研究领域内，确定具体的研究对象，可能是人、动物、植物、微生物、产品、服务或其他实体。

(4) 描述研究总体的特征。详细描述研究总体的特征，如年龄、性别、职业、教育水平、地理位置等，这些特征有助于确保研究结果的适用性和可解释性。

(5) 考虑研究的可行性。在定义研究总体时，需要考虑研究的可行性，包括资源限制（如时间、资金和人力）、数据收集的难度，以及研究伦理等因素。

(6) 确定研究总体的边界。明确研究总体的边界，即研究将包括哪些个体或对象，以及将排除哪些个体或对象，这有助于确保研究结果的准确性和一致性。

(7) 考虑样本的代表性。在实验研究中，从研究总体中抽取一个样本进行研究。研究者需要确保所选样本能够代表研究总体，以便将研究结果推广到总体。

以下是结合案例对定义研究总体的步骤进行详细解释。为了研究长时间使用电子设备对青少年视力的影响，我们进行了一系列定义研究总体的步骤。首先，明确了研究目的，即探究智能手机、平板电脑和电脑等电子设备长时间使用，对 12~18 岁青少年视力健康的潜在影响。接着，我们界定了研究领域，专注于青少年的视力健康，特别是与电子设备使用相关的视力问题。研究对象被确定为频繁使用电子设备的青少年，并详细描述了研究总体的特征，包括年龄范围、性别、使用电子设备的频率和类型，以及所处的教育阶段等。在考虑到资源限制后，我们选择了特定城市的几所学校作为研究地点，并确定了研究总体的边界，即包括这些学校中就读的、没有视力障碍或未接受过视力矫正手术的青少年。为了确保研究结果的代表性，我们计划从不同社会经济背景的学生中随机抽取样本。通过这一系列步骤，我们定义了一个清晰的研究总体，这将指导我们后续的样本选择、数据收集和分析过程，以确保研究的准确性和有效性。

3. 选择变量

在实验研究中，选择特定的内容作为研究变量是至关重要的，因为这直接影响到研究的有效性和结果的解释。以下是选择研究变量的方法、步骤及需要注意的细节。

在选择研究变量时，我们应遵循系统、科学的方法。首先，深入研究了现有的理论和文献，从中识别出与研究目的和问题最为紧密相关的变量。这些变量构成了我们研究的理论基础。同时，参考先前的研究和实验结果，选择那些在类似情境下已被证实为具有重要影响或显著效应的变量。此外，咨询领域内的专家和同行，他们的建议可帮助我们确定哪些变量应该被纳入研究中。

选择研究变量的具体步骤包括：首先，列出与研究问题相关的所有可能变量，包括自变量、因变量及可能作为控制变量的因素。然后，根据研究的核心问题和目标，对这些变量进行优先排序，确保最重要的变量得到优先考虑。接着，根据实际操作的可行性、研究的具体目标和资源限制，排除不必要或不切实际的变量。此外，关注不同变量之间可能存在的交互作用，以更全面地理解它们对研究结果的影响。最后，对于每个选定的变量，都明确其操作定义和测量方法，以确保能够准确地进行操纵或测量。

在选择研究变量时，有几个关键的细节需要特别注意。首先，变量的选择必须建立在坚实的理论基础之上，而不是随意或主观地选择。其次，所选变量应具有可操作性，即能够通过实验操作直接或间接地进行测量。此外，应该选择那些对实验操作反应敏感的变量，以便能够观察到显著的效果。同时，所选变量的测量工具应具有良好的信度和效度，以确保测量结果的可靠性和有效性。在实验设计中，还需要考虑伦理因素，确保所选变量的测量不会对参与者造成不必要的伤害或侵犯他们的权益。最后，样本大小也是影响变量选择的重要因素，需要确保所选变量在给定样本大小下能够产生有意义的结果。通过这些细致的考虑和准备，我们能够更准确地选择出最适合本研究的变量。

4. 建立操作定义

操作定义是指通过可感知和可度量的事物、事件、现象和方法，对变量或指标做出具体的界定和说明。简言之，使用具体的操作或程序来描述一个概念或变量。下面我们通过一个案例来详细讲述建立操作定义的要点及注意事项。

假设我们正在进行一项关于员工工作压力对员工绩效影响的研究。在研究中，需要对"工作压力"和"员工绩效"两个变量进行操作定义。对于"工作压力"，我们可以将其操作定义为员工在特定时间段内所承担的工作任务的数量和难度，以及他们感知到的工作压力程度。具体操作包括记录员工每周的工作任务数量和难度，以及通过问卷调查等方式收集员工对工作压力的感知数据。对于"员工绩效"，我们可以将其操作定义为员工在特定时间段内完成工作任务的数量和质量，以及他们获得的绩效评价等级。具体操作包括记录员工每周完成的工作任务数量和质量，收集员工的绩效评价数据等。

在这个案例中，实施操作定义时需要注意几个问题。首先，明确性至关重要，必须确保所使用的术语和指标具有清晰的含义和界限，例如，针对"工作任务的数量和难度"，需设定具体的计量方法和标准，防止理解上的差异。其次，可操作性要求计量方法和标准在实际操作中可行且可验证，比如"员工绩效"的评价标准需可靠且可重复，确保不同评价者间的一致性。此外，标准化也是关键，采用统一的标准、程序和指标（如问卷调查模板和任务计量标准），能确保数据在不同时间和情境下的一致性和可比性。同时，需考虑可靠性，即减少误差和变异，可通过多次测量取平均值 (如"工作压力"的问卷调查) 和引入多位评价者综合评价 (如"员工绩效"的数据) 来实现。最后，有效性必须得到保证，即操作定义需准确反映所要测量的概念或变量，可通过与相关研究比较、分析数据分布和趋势等方法来验证"工作压力"和"员工绩效"是否真实反映员工的工作状态和绩效表现。

同时，我们也应该知道，关于某一个变量或概念的操作定义不是唯一的。操作定义是根据研究目的、理论框架、实验条件等多种因素来确定的，因此可能会因不同的研究背景和需求而有所不同。例如，在心理学研究中，"焦虑"是一个常见的概念，不同的研究可能会根据不同的理论框架和研究目的，采用不同的操作定义来测量焦虑。有的研究可能将焦虑定义为个体在特定情境下体验到的紧张和不安感，通过自评量表或观察行为等方法进行测量；而另一些研究可能将焦虑定义为与生理反应相关的指标，如心率、皮肤电反应等，通过生理测量仪器进行观测。

因此，虽然不同的操作定义可能都是有效的，并且都能够反映出所研究的变量或概念的某些方面，但它们之间可能存在差异。在选择操作定义时，研究者需要根据自己的研究目的、理论框架和实验条件等因素进行综合考虑，选择最适合的操作定义。同时，为了确保研究的可重复性和可比性，研究者需要在研究报告中明确说明所采用的操作定义，并解释选择的理由和依据。

6.4.4　实验准备

1. 取样的办法

在实验实施之前，需要考虑被试的取样与分配。

(1) 简单随机抽样。从总体中以纯随机的方式抽取的样本，确保每个个体有相同的机会被选中。这种方法通常通过随机数生成或抽签的方式实现。简单随机样本具有代表性，因为每个个体被选中的概率相同，消除了个体之间的选择偏差，在许多实验研究中被广泛使用。比如，在研究某城市居民的购物习惯时，通过简单随机抽样，研究者可以从城市的居民名单中随机选择一定数量的个体，以代表整个城市的购物习惯。这样的样本能够较好地反映居民群体的整体特征，从而得到更具有普适性的研究结论。

(2) 分层抽样。将总体划分为若干层次 (或分层)，然后从每个层次中分别抽取样本，这样确保每个层次都在样本中有代表，有助于更准确地反映总体的多样性。分层抽样常用于总体具有多个明显不同子群体的情况。比如，在一项教育研究中，研究者希望了解某市区中小学生的学习成绩，这个总体可以被划分为不同年级和学科，而每个年级和学科就形成了一个层次。通过分层抽样，研究者可以从每个年级和学科中分别抽取样本，确保每个子群体在研究中都具有充分的代表性。

(3) 系统抽样。从总体中每隔一定间隔选择样本进行抽样，这个过程中，研究者首先随机选择一个起始点，然后以相同的间隔从起始点开始依次选取样本。其实施方法为先确定抽样框架，即在确定总体中的每个个体都有机会被抽到的前提下，形成抽样框架；然后依此计算抽样间隔，即计算确定每隔多少个个体抽一个样本，通常通过总体大小除以需要的样本量得到；接着随机选择抽样起始点，按照间隔抽样，从起始点开始，以预定的间隔选择样本，直到达到需要的样本量。比如，一家公司有 1000 名员工，研究者希望了解员工满意度。通过系统抽样，研究者可以先随机选择一个起始点，如第 5 名员工，然后每隔

10 名员工进行抽样，这样第 5、15、25……的员工就构成了一个系统抽样的样本，用于代表员工整体的满意度。

(4) 整群抽样。整群抽样是将总体分成若干群体 (或簇)，然后从中随机选择一些群体，再对选中的群体进行抽样。对于每个选中的群体，可以采用其他抽样方法，如简单随机抽样，以得到最终的样本。这种方法一般适用于总体可以被划分为相对独立的群体，群体内个体相对相似，群体之间有差异，数据收集成本较高，而群体内差异相对较小的情况。比如，在一个国家的教育研究中，研究者希望了解学生的学业表现，通过整群抽样，研究者可以将全国分成不同的区域，然后随机选择几个区域进行调查。在每个选中的区域，可以对该区域内的学生进行更深入的抽样，以了解学业表现。

(5) 方便抽样。方便抽样是根据研究者的方便性选择样本的抽样方法，而非采用随机或系统的方法。在实施过程中，研究者选择那些最容易获得或联系到的个体或观测值，而不考虑它们是否代表总体。这种方法适用于时间和资源有限无法进行更复杂的抽样，或研究者有充分的理由相信所选择的样本能够提供足够的信息，或研究者对总体的代表性要求较低的情况。比如，在一项大学校园内的食品偏好调查中，由于时间和资源有限，研究者可能选择那些在校园附近容易找到的学生作为样本。尽管这种方法可能导致样本不够有代表性，但在某些情境下，这种方便抽样也可能为研究提供有价值的信息。

(6) 自助抽样。自助抽样是通过有放回地从样本中抽取观测值，形成新的样本。这种方法常用于估计样本统计量的分布，特别是在样本较小的情况下。其实施要点在于首先从原始样本中随机抽取一个观测值，并将其放回，重复上述步骤直到形成与原始样本相同大小的新样本，最后利用这些新样本进行统计分析，如计算均值、方差等，形成估计分布。它适用于样本容量较小，不足以准确估计统计量的分布，或是没有对总体分布做出强烈假设和各种统计方法的置信区间估计。比如，在金融研究中，研究者可能对某一资产的未来收益率感兴趣。由于样本容量有限，使用自助抽样可以通过有放回地抽取已观测到的收益率，形成新的样本，以更好地理解收益率的不确定性和估计精度。这种方法有助于在缺乏大样本数据的情况下进行更可靠的统计推断。

2. 样本容量的确定

1) 个案

个案通常指的是一个独特的研究对象，可以是个体、组织、事件等。在研究中，个案研究着重于深入分析和理解少数几个个体或情境。比如，在一个设计改进工控系统界面以优化生产流程的案例中，采用了个案研究的方法，选取了一名经验丰富的操作员作为研究对象。案例背景为某制造公司的生产线上，操作员使用工控系统进行生产监控和控制。然而，最近发现操作员频繁犯错，导致一些生产故障和延误。公司决定进行人因工程研究，以改善工控系统的人机界面，提高操作员的工作效率和降低错误率。具体研究步骤如下。

(1) 初步观察。研究者先对操作员的工作环境进行初步观察，了解操作员在日常工作中面临的挑战和问题。

(2) 访谈。进行深入访谈，探讨操作员对工控系统界面的感觉、难以理解的地方，以及他们认为可能导致错误的原因。

(3) 任务分析。对操作员的任务进行详细分析，包括生产监控、设备调整、故障排查等方面的操作。

(4) 用户测试。邀请操作员参与对新设计界面的用户测试，观察他们在使用新界面时的反应，记录操作时间、错误率，以及主观体验。

(5) 界面改进。根据研究结果和反馈，设计并实施改进后的工控系统界面。

(6) 再次测试。进行第二轮用户测试，比较改进后的界面与原界面在效率和错误率方面的差异。

通过个案研究，研究者深入了解了操作员在工作中的需求、困难和挑战。在界面改进后的测试中，发现操作员的操作时间明显减少，错误率降低，而且操作员的主观满意度也提高了。改进后的界面更符合操作员的认知和操作习惯，提高了生产效率，减少了生产线上的错误和故障。

该研究充分发挥了个案研究的优势：通过深入研究一个具体的操作员，研究者更好地理解了他们的需求和挑战；可以根据个体的需求和操作习惯定制设计界面，提高用户体验；在实际工作环境中进行测试，能够更真实地反映改进效果。

但案例中也体现了个案研究固有的局限性：泛化能力受限，由于个案研究的特殊性，研究结果可能不易泛化到其他操作员或生产线上；时间成本较高，个案研究通常需要较多的时间和资源，不如大样本研究那样经济高效。

2) 小样本

小样本通常指的是样本量相对较小的数据集合。在统计学中，小样本的具体定义可能会因研究领域、分析方法，以及可用数据的多少而有所不同。但通常来说，小样本指的是样本量不足以应用大样本近似方法（如正态分布近似）的情况。

小样本的样本量确定并没有一个固定的标准，因为它取决于多个复杂因素。这些因素包括所研究的效应大小（效应越大，所需样本量通常越小）、数据的变异性（变异性越大，所需样本量通常越大）、显著性水平（显著性水平越低，所需样本量通常越大）、统计功效（即检测到实际效应的概率，研究者需确定一个可接受的统计功效水平，来计算所需样本量）、可接受的误差范围（包括 I 型错误，即假阳性的概率；II 型错误，即假阴性的概率，研究者通常会设定一个可接受的 I 型错误率和一个可接受的 II 型错误率），以及研究设计（不同的研究设计，如实验组与对照组的比较、多组比较、相关性分析等，对样本量的需求也有所不同）。

在人因工程领域，小样本研究经常用于初步探索或验证某些假设。例如，假设有一项研究旨在评估一种新的用户界面设计对用户任务完成时间的影响。在此案例中，可能只有少数用户可进行初步测试，这些用户可能构成一个小样本。通过收集这些用户在使用新界面时的任务完成时间数据，并与旧界面的数据进行比较，研究者可以初步评估新设计的潜在效益。如果初步结果显示新设计有潜力，那么研究者可能会进行更大规模的实验来进一步验证这些发现。

3) 大样本

在统计学和研究设计中，大样本指的是参与研究的个体数量相对较多的情况。大样本研究通常涉及的参与者数量在几百到几千，甚至更多，相对于小样本研究来说，样本量较大。

大样本的数据获取方式多样，包括但不限于如下几种。

(1) 在线调查。通过互联网平台，如社交媒体、专业调查网站等，可以迅速接触到大量潜在的参与者。

（2）数据库挖掘。利用现有的大型数据库，如政府统计数据、企业客户数据库、医疗记录等寻找参与者。

（3）大规模实验。在特定环境中进行的大规模实验，如临床试验、教育干预研究等，这些实验本身就能提供参与者的相关数据。

（4）人口普查或调查。政府或研究机构进行的全国或地区范围的普查或调查，会系统地收集和记录人口数据，可以从中了解并寻找适合的参与者。

在人因工程领域，大样本研究的案例可能是对工作场所中职业压力和员工健康之间关系的研究。例如，研究者可能会设计一项研究，通过在线调查问卷，收集来自不同行业、不同职位的数千名员工的数据。这些数据可能包括员工的工作满意度、工作压力水平、健康状况等。通过分析这些大样本数据，研究者可以更准确地评估职业压力对员工健康的影响，并提出相应的干预措施。这种研究方式取得的结果更具代表性，从而使得研究结果具有更广泛的适用性和更高的统计效力。

6.4.5 准备实验材料

1. 编写指导语

实验指导语是实验过程中提供给实验参与者的重要信息，旨在确保他们了解实验的目的、程序、要求等，并按照统一的标准进行操作。

1）实验指导语的内容

（1）实验目的：简要说明实验的目的，让参与者了解他们参与的实验是为了探究什么问题。

（2）实验程序：详细描述实验的步骤和流程，包括实验前的准备、实验过程中的操作，以及实验后的处理。

（3）操作规范：提供关于如何正确操作实验设备或工具的指导意见，确保参与者能够准确、一致地完成实验任务。

（4）数据记录与报告：说明需要记录的数据，以及如何记录，同时提供数据报告的格式和要求。

（5）安全注意事项：提醒参与者注意实验中可能存在的安全隐患和风险，并提供必要的预防措施。

（6）伦理要求：强调实验的伦理原则和要求，如保密原则、自愿参与原则等，确保参与者的权益得到保障。

2）实验指导语包含的要素

（1）标题：简明扼要地概括实验的主题或内容。

（2）实验者信息：包括实验者的姓名、联系方式等，以便参与者在有问题时能够及时联系。

（3）实验日期和时间：明确实验的日期和时间安排，以便参与者做好准备。

（4）实验地点：提供实验的地点或具体位置信息。

（5）实验材料：列出实验所需的材料或设备清单。

（6）实验步骤：详细列出实验的操作步骤和流程。

（7）注意事项：强调实验中需要注意的关键点和特殊要求。

（8）联系方式：提供实验者或相关负责人的联系方式，以便参与者在有问题时能够及时咨询。

3) 实验指导语的使用原则

为了让实验参与者更好地理解和操作实验，可遵循如下原则。

(1) 使用清晰、简洁的语言：在编写实验指导语时，使用简单明了、容易理解的语言，避免使用专业术语或复杂的词汇，确保参与者能够轻松理解实验的目的、步骤和要求。

(2) 提供详细的步骤说明：为实验的每个步骤提供详细的说明，包括具体的操作方法、使用的设备或工具、需要注意的事项等，确保参与者能够按照指导语准确完成每个步骤。

(3) 使用图示和示例：在实验指导语中加入图示和示例，以直观地展示实验步骤和操作过程，这有助于参与者更好地理解实验要求，并减少操作错误的可能性。

(4) 提供演示或培训：在实验开始前，为参与者提供演示或培训，展示实验的正确操作方法和步骤，这可以帮助参与者更好地理解实验过程，并增加他们的信心。

(5) 鼓励提问和讨论：在实验过程中，鼓励参与者提问和讨论，及时解答他们的疑问和困惑，这有助于增强参与者的理解，并确保他们能够准确完成实验任务。

(6) 提供反馈和调整：在实验过程中，及时给予参与者反馈，指出他们在操作中的不足或错误，并提供必要的调整建议，这有助于参与者不断改进和提高实验操作的准确性和效率。

(7) 确保设备或工具的可用性：确保实验所需的设备或工具齐备、完好，并提供必要的维护和保养，这可以确保参与者在实验过程中不会因设备问题而影响实验的顺利进行。

(8) 考虑参与者的背景和技能水平：在编写实验指导语和提供培训时，要考虑参与者的背景和技能水平。根据参与者的实际情况，调整指导语的难度和内容，以确保他们能够理解和操作实验。

2. 制作知情同意书

在科学研究中，尤其是涉及人类或动物受试者的研究中，知情同意书是一个至关重要的组成部分。它不仅是研究者和受试者之间的一种沟通工具，更是伦理道德的体现。科学伦理是研究活动中应遵循的道德规范和行为准则，其核心目的是保护研究参与者的权益，确保研究的公正性、可靠性和安全性。

对于涉及人类受试者的研究，国际社会和各国政府都制定了一系列法规和指南，如《世界医学协会赫尔辛基宣言》和《涉及人的生物医学研究国际伦理准则》等，以确保研究的伦理合法性。其中，知情同意是科学伦理的一个核心要素。它要求研究者在进行实验前，必须向潜在的研究参与者提供全面、准确的信息，包括研究的目的、方法、可能的风险和利益等。潜在参与者在充分理解这些信息的基础上，自主决定是否参与研究。这一过程通过签署知情同意书来完成，它既是研究者履行告知义务的证明，也是受试者自愿参与研究的确认。

知情同意书的格式根据不同的机构和研究项目有所差异，但通常包含如下基本要素。

(1) 标题：明确标注"知情同意书"，并注明研究项目名称或特定目的。

(2) 引言：简要介绍研究背景、目的和意义，说明为什么需要进行该项研究，以及受试者参与的重要性和意义。

(3) 研究者和研究机构的介绍：研究者的姓名、职称、所属机构等，以及研究机构的名称、地址、联系方式等，以证明研究者的资质和研究的合法性。

(4) 研究内容和过程描述：详细阐述研究的具体内容、方法、步骤和期限，包括需要进行的检查、操作、治疗方案等，以便受试者全面了解自己将要参与的研究过程。

(5) 风险与不适说明：诚实、客观地告知受试者可能面临的风险、不适或痛苦，包括研究过程中可能出现的不良反应、并发症等。

(6) 受益与补偿说明：说明受试者可能从研究中获得的益处，如治疗效果、经济补偿等。同时，明确说明受试者不会因参与研究而得到优先治疗或其他特殊待遇。

(7) 保密与隐私保护：承诺对受试者的个人信息和研究数据严格保密，仅用于研究目的，并采取必要的措施确保数据安全。

(8) 自愿参与和随时退出：强调受试者参与研究的自愿性，并明确说明受试者有权随时退出研究，且不会因此受到任何不利影响。

(9) 联系方式与咨询途径：提供研究者或研究机构的联系方式，以便受试者在研究过程中随时咨询或报告问题。

(10) 受试者声明与签名：包括受试者声明已仔细阅读并理解知情同意书的内容，自愿参与研究，并签署姓名和日期。如受试者为未成年人或无完全民事行为能力人，还需由其法定监护人签署。

6.4.6　实验实施

1. 预实验

预实验是科学研究中常用的一种小规模实验，目的是在正式实验之前测试和评估实验设计、方法和仪器的有效性。它通常包含了实验的关键元素，但规模相对较小，旨在提前识别潜在问题、调整实验设计，并为正式实验做好准备。

1) 预实验的作用

(1) 熟悉实验步骤。预实验练习使被试能够在正式实验开始前熟悉实验的各个步骤，这有助于提高实验的执行效率和准确性。同时，主试可以磨炼实验技能，熟悉实验仪器和操作步骤，提高对实验方法的熟练度，这有助于在正式实验中更加灵活自如地应对各种情况。

(2) 验证实验设计的有效性。预实验是验证实验设计有效性的关键步骤。它为研究者提供了一个机会，通过小规模试验来测试和调整实验设计，确保在正式实验中能够获得准确而可靠的结果。

(3) 减少实验误差。预实验有助于提前发现和纠正潜在的实验误差。通过在小规模试验中检测可能的问题，研究者可以在正式实验中采取相应的措施，提高实验结果的准确性。

(4) 优化实验流程。预实验提供了优化实验流程的机会。在实际实验之前，实验者可以根据预实验的结果调整实验步骤，提高实验效率，确保实验顺利进行。

(5) 确保实验安全。预实验阶段是评估实验安全性的关键时刻。通过预先识别可能的安全隐患，研究者可以制定相应的安全措施，确保实验过程中人员和环境的安全。

2) 预实验的设计

预实验的目的是测试和验证关键的实验步骤，而不是进行大规模的数据收集，因此它使用的实验材料通常规模相对较小，数量可能较少；预实验中使用的材料应与正式实验中使用的材料基本一致，以确保预实验的结果能够预测正式实验的表现。预实验的实验设计应该尽可能与正式实验保持相似，以确保预实验结果能够提供有关正式实验可行性的有效信息。同时，预实验中使用的方法和仪器应该与正式实验中使用的相似，以确保这些工具的有效性和适用性。

2. 正式实验

正式实验是在预实验的基础上，为了验证某种假设或探究某个问题而进行的较大规模的实验。在正式实验中，实验者需要严格遵循预先确定的实验方案和操作步骤，以确保实验的可重复性和可比性。正式实验的结果通常被视为更加可靠和具有普遍性的科学证据。

内部效度是衡量实验结果中自变量与因变量之间因果关系明确程度的一种指标。在实验研究中，内部效度的一致性对于实验能否成功至关重要。下面，我们将结合主试因素和被试因素，通过具体案例来探讨内部效度在正式实验中的应用。

1) 主试因素

(1) 指导和解释的一致性。主试在解释实验目的、任务或提供指导时，如果表达方式、用词或强调点存在差异，可能导致参与者对实验理解的不一致。在科学研究中，指导语的一致性对于确保实验的内部效度至关重要。

以下是一个假设的实验研究案例，说明了指导语不一致可能导致内部效度不一致的问题。

案例：记忆与注意力研究

研究目的：探讨不同类型的背景音乐对记忆和注意力的影响。

实验设计：研究者设计了一个实验，其中被试被随机分配到两个组别：一组在无背景音乐的环境下进行记忆任务；另一组在轻音乐背景下进行相同的记忆任务。

问题：在实验过程中，由于研究者（主试）在不同时间点对被试的指导语表述不一致，导致了内部效度的不一致。

具体表现：在实验的早期阶段，主试在指导语中强调了记忆任务的重要性，并要求被试尽量记住信息。然而，在实验的后期阶段，由于主试对实验流程的熟悉，他们在指导语中减少了对记忆任务重要性的强调，转而更多地关注被试的舒适度和实验体验。

结果：由于指导语的变化，早期参与实验的被试可能更加专注于记忆任务，而后期参与的被试可能对任务的投入程度有所降低。这种不一致可能导致两组被试在记忆任务上的表现差异，而这些差异并非完全由背景音乐的影响引起，而是由于部分指导语不一致造成的。

解决措施：为了确保内部效度的一致性，研究者应该在整个实验过程中使用标准化的指导语，确保所有被试都在同一条件下进行实验。此外，研究者还应该对主试进行培训，确保他们能够一致地执行实验流程。通过这些措施，可以减少主试因素对实验结果的干扰，提高实验的内部效度。

(2) 主试的期望效应。主试的期望可能会无意识地传递给被试，导致被试的表现受到主试期望的影响，这种现象称为"皮格马利翁效应"。这种效应可能会扭曲实验结果，降低内部效度的一致性。

以下是一个由于主试的期望效应而导致的实验内部效度不一致的案例。

案例：教师期望对学生学业成绩的影响

研究目的：探讨教师对学生的期望如何影响学生的学业成绩。

实验设计：研究者选择了两组学生，一组被告知为"高潜力组"，另一组为"普通潜力组"。实际上，这两组学生的学术能力是随机分配的，没有预先的区分。教师被告知"高潜力组"的学生有更高的学术潜力，而"普通潜力组"的学生则被认为潜力一般。

问题：由于主试（教师）对"高潜力组"学生的期望更高，他们可能在教学过程中给予这些学生更多的关注和鼓励，而对"普通潜力组"的学生则可能相对忽视。这种期望效应可能导致两组学生在学业成绩上出现差异，而这些差异并非完全由学生的真实潜力造成，而是部分由于教师的期望效应引起的。

结果：实验结束时，研究者发现"高潜力组"的学生在学业成绩上确实优于"普通潜力组"的学生。然而，这种成绩差异可能部分是由于教师的期望效应造成的，而非学生的真实潜力差异。

解决措施：为了确保内部效度的一致性，研究者应该采用双盲实验设计，即教师和学生都不知道分组情况，从而避免主试的期望效应对实验结果的影响。此外，研究者还应该对教师进行培训，确保他们对所有学生保持一致的期望和教学方法，以减少期望效应对实验结果的干扰。通过这些措施，可以提高实验的内部效度，确保研究结果的准确性。

(3) 主试的个人特征。主试的性别、年龄、外貌、声音等个人特征可能会影响被试的反应。例如，某些被试可能对年轻或年长的主试有不同的反应。

以下是一个假设的实验研究案例，说明了主试的个人特征可能导致内部效度不一致的问题。

案例：面部表情识别研究

研究目的：探讨不同性别主试在呈现情绪刺激过程中，被试识别情绪的准确性。

实验设计：研究者设计了一个面部表情识别实验，其中被试需要观看一系列由不同性别主试呈现的面部表情图片，并判断所表达的情绪。实验分为两组，一组由女性主试呈现表情，另一组由男性主试呈现。

问题：由于主试的性别特征，被试可能对不同性别主试呈现的表情有不同的解读。例如，被试可能认为女性主试的表情更丰富或更真实，而男性主试的表情可能被认为更僵硬或不自然。这种性别特征的差异可能导致被试在两组实验中的识别准确性不一致。

结果：实验结果显示，被试在识别女性主试呈现的表情时的准确性高于男性主试。然而，这种差异可能部分是由于被试对不同性别主试的固有偏见或期望造成的，而非表情呈现的真实差异。

解决措施：为了确保内部效度的一致性，研究者应该在实验设计中控制主试的个人特征，例如使用标准化的面部表情图片，而不是由真人主试呈现。此外，研究者还可以采用双盲实验设计，即被试和主试都不知道实验条件，以减少主试特征对实验结果的干扰。通过这些措施，可以提高实验的内部效度，确保研究结果的准确性。

(4) 主试的情绪和态度。主试的情绪状态（如焦虑、疲劳）可能会影响他们与被试的互动方式，从而影响实验结果。

以下是一个假设的实验研究案例，说明了主试的情绪和态度可能导致内部效度不一致的问题。

案例：压力对决策质量的影响

研究目的：研究压力条件下个体的决策质量。

实验设计：研究者设计了一个决策任务，要求被试在不同的压力条件下完成任务。实验分为两组，一组在正常条件下进行任务，另一组在模拟压力环境下进行任务。主试在实验过程中负责监控被试的表现和提供必要的指导。

问题：在实验过程中，主试由于个人原因（如工作压力、个人问题等）情绪低落，对被试的指导和反馈显得不耐烦。这种情绪状态可能通过非言语线索（如面部表情、语调、肢体语言等）传递给被试，导致被试在模拟压力组中感受到额外的压力，从而影响他们的决策质量。

结果：实验结果显示，模拟压力组的被试在决策任务上的表现明显低于正常条件下的被试。然而，这种差异可能部分是由于主试的情绪和态度对被试的影响，而非仅仅是模拟压力环境的效果。

解决措施：为了确保内部效度一致性，研究者应该对主试进行情绪管理的培训，确保他们在整个实验过程中保持稳定的情绪状态。此外，研究者还可以采用双盲实验设计，即被试和主试都不知道实验条件，以减少主试情绪对实验结果的干扰。通过这些措施，可以提高实验的内部效度，确保研究结果的准确性。

(5) 主试的专业知识和技能。主试对实验任务的熟悉程度和操作技能可能会影响实验的执行质量，进而影响内部效度一致性。

以下是一个假设的实验研究案例，说明了主试的专业知识和技能可能导致内部效度不一致的问题。

案例：认知任务的执行效率研究

研究目的：探讨不同认知负荷下个体任务执行效率的变化。

实验设计：研究者设计了一个认知任务，要求被试在不同难度水平下完成一系列记忆和反应时间测试。主试负责指导被试完成实验，并记录相关数据。

问题：在实验过程中，由于主试对认知负荷理论的理解程度不同，他们在指导被试时可能使用了不同的解释和提示。例如，对于高难度任务，一个主试可能会详细解释任务要求，而另一个主试可能只是简单地说明任务内容。这种专业知识和技能的差异可能导致被试对任务的理解和执行方式不同，从而影响他们在不同难度任务上的表现。

结果：实验数据显示，在不同主试的指导下，被试在高难度任务上的表现存在显著差异。然而，这种差异可能部分是由于主试在指导过程中的专业知识和技能差异，而非被试在不同认知负荷下的真实表现差异。

解决措施：为了确保内部效度的一致性，研究者应该对所有主试进行统一的培训，确保他们对实验任务有相同的理解，并采用标准化的指导语言。此外，研究者还可以通过录像监控主试的指导过程，以确保所有被试在相同的条件下进行实验。通过这些措施，可以提高实验的内部效度，确保研究结果的准确性和可靠性。

2) 被试因素

内部效度不一致也可能是被试因素引起的，包括被试的年龄、性别、教育水平、文化背景等客观因素，以及健康状况、心理状态、动机和期望、实验前的状态 (如被试在实验前的饮食、睡眠、药物使用等) 等个体因素。此外，被试在实验中的位置 (如第一个或最后一个)，被试的适应性及学习能力等，可能也会影响他们的表现。

为了提高内部效度的一致性，研究者通常会在实验设计中尽可能控制这些被试因素，如通过随机分配、匹配被试特征、使用标准化的实验程序等。此外，在数据分析阶段，研究者可能会采用统计方法来调整这些因素的影响。

以下是一个假设的实验研究案例，说明了被试因素可能导致内部效度不一致的问题。

案例：睡眠对认知功能的影响

研究目的：研究睡眠质量对认知功能的影响。

实验设计：研究者设计了一个实验，要求被试在连续几晚不同的睡眠条件下完成认知测试。实验分为两组，一组在充足睡眠后进行测试，另一组在睡眠不足后进行测试。

问题：在实验过程中，被试的个体存在差异，如年龄、性别、健康状况、日常活动量等，这些因素可能影响他们对睡眠不足的敏感性。例如，年轻被试可能比年长被试更能适应睡眠不足，而健康状况良好的被试可能比健康状况较差的被试在睡眠不足后的认知功能下降更少。

结果：实验数据显示，睡眠不足组的被试在认知测试中的表现普遍低于充足睡眠组，但这种差异在不同被试之间并不一致。这种不一致性可能部分是由于被试个体差异造成的，而非仅仅是睡眠不足的影响。

解决措施：为了确保内部效度一致性，研究者应该在实验设计中尽可能控制被试的个体差异，如通过随机分配和匹配被试的某些特征（如年龄、性别、健康状况等）。此外，研究者还可以在数据分析时考虑这些个体差异，采用协变量分析等统计方法来调整这些因素的影响。通过这些措施，可以提高实验的内部效度，确保研究结果的准确性和可靠性。

6.4.7　记录原始数据

在实验过程中，准确和完整地记录原始数据是确保研究质量的关键。以下是一些关于原始数据记录的技巧和需要注意的事项。

(1) 使用标准化的数据记录表。设计清晰、结构化的数据记录表，确保所有必要的信息都能被记录。这有助于保持数据的一致性和完整性。

(2) 实时记录。在实验过程中，尽可能实时记录数据，以避免事后回忆可能导致的偏差和遗漏。

(3) 详细记录。记录所有相关的观察和测量结果，包括异常情况、设备故障、实验条件的变化等。

(4) 使用多种记录方式。结合文字记录、图表、图像、音频和视频等多种方式记录数据，以增加数据的丰富性和可验证性。

(5) 数据备份。定期备份数据，以防数据丢失；确保数据的安全存储，避免未经授权的访问。

(6) 数据编码。为方便数据分析，可以为某些数据项分配特定的编码，但要确保编码系统的一致性和可解释性。

(7) 记录时间戳。在记录数据时，注明时间戳，以便于追踪数据的收集时间和顺序。

(8) 记录实验条件。详细记录实验环境条件，如温度、湿度、光照等，因为这些条件可能影响实验结果。

(9) 记录被试信息。记录被试的基本信息，如年龄、性别、健康状况等，以及他们在实验前的准备情况。

(10) 记录主试的观察和反思。主试在实验过程中的观察和反思也是宝贵的数据，应记录下来以供后续分析。

(11) 数据审核。定期审核数据记录，检查是否有遗漏、错误或不一致的地方，并及时进行纠正。

(12) 遵守伦理准则。在记录数据时，确保遵守研究伦理准则，尊重被试的隐私和权益。

通过遵循这些技巧和注意事项，研究者可以确保实验数据的准确性、完整性和可靠性，为后续的数据分析和研究结论提供坚实的基础。

6.4.8　数据分析

在实验结束之后，研究人员应及时将原始数据整理成为格式化、规范化的数据，以进行深入分析。实验数据分析的方法根据实验设计方案的不同而不同。总的来讲，主要包括以下几种。

(1) 描述性统计。描述性统计是数据分析的基础，包括计算均值、中位数、标准差、相关性等，用于概括和理解数据内容。

(2) 相关性分析。相关性分析用于评估两个或多个变量之间的线性关系强度。例如，皮尔逊相关系数、斯皮尔曼等级相关系数等。

(3) 回归分析。回归分析用于研究一个或多个自变量如何影响一个因变量。例如，线性回归、多元回归、逻辑回归等。

(4) 方差分析。方差分析用于比较三个或更多组的平均数是否存在显著差异。例如，单因素方差分析和多因素方差分析。

(5) 非参数统计。当数据不满足正态分布假设时，可以使用非参数统计方法。例如，曼 - 惠特尼 U 检验、克鲁斯卡尔 - 沃利斯 H 检验等。

(6) 聚类分析。聚类分析用于将数据点分组，使得同一组内的数据点相似度较高，不同组间的数据点相似度较低。

(7) 因子分析。因子分析用于识别数据中的潜在结构，通过少数几个因子来解释多个变量的变异。

(8) 机器学习。机器学习包括分类、回归、聚类和降维等方法，用于从大量数据中发现模式和规律。

在实际研究中，研究者可能需要结合多种分析方法来全面地解答研究的问题。此外，随着数据科学和统计软件的发展，研究者可以利用各种工具和软件 (如 R、Python、SPSS、Stata 等) 来执行这些分析。

6.4.9　总结研究结论

在根据实验数据分析结果提出研究结论时，我们应当遵循以下步骤。

第一步：总结数据分析结果

研究者应对实验数据进行全面且客观的分析与总结，这包括实施描述性统计、差异性分析，以及相关性分析等。通过深入了解数据的全貌，研究者能够精准地把握数据的关键特征，揭示潜在的趋势与模式，从而为后续研究结论的提出提供坚实而实质性的支持。

第二步：验证假设

结论的有效性与实验的假设验证直接相关。在数据分析结果的基础上，研究者需要验证实验的假设是否成立。如果数据支持假设，研究者可以得出结论；反之，则需要审视假设，并探讨不符之处及原因。这一步骤有助于提高实验的科学性和可信度。

第三步：解释数据

研究者应对数据分析结果进行准确且合理的解释，深入剖析数据背后隐藏的原因及其所蕴含的意义。在此过程中，需保持谨慎态度，避免对数据进行过度解读或给出误导性的解释，以确保研究结论的客观性和科学性。

第四步：提出结论

在充分分析和合理解释数据分析结果的基础上，研究者应明确提出研究结论。这一结论需简洁明了，直接且有力地回应研究问题或验证（或否定）研究假设，确保读者能够清晰理解研究的最终成果及其所解决的问题。

第五步：比较与对比

将实验结果与已有研究成果进行比较，是丰富结论的重要步骤。通过比较，研究者可以探讨实验结果的一致性和差异性，进一步加深对实验结果的理解。这也有助于将研究置于更广泛的研究背景中，提高结论的普适性。

第六步：局限性分析

讨论实验的局限性和可能的影响因素，如样本量、实验条件等，以便读者了解结论的适用范围和可靠性。

第七步：提出建议和展望

结论的提出不仅要总结实验结果，还应提供对未来研究的建议和展望。它可以包括改进实验设计、扩大样本规模、深入探讨某些方面的问题等。通过提出建议和展望，研究者展示了对该领域的深刻理解，为学术界和实际应用提供了发展方向。

6.4.10　撰写研究报告

研究报告的具体内容已经包含在整个实验研究流程中，本节主要讲解研究报告的格式规范。研究报告的格式可以因不同学科和期刊的要求而有所差异，但一般来说，研究报告包含以下几个基本部分。

1. 标题页

标题：研究报告的题目，通常应简洁明了，且富有吸引力。

作者：参与研究的作者姓名，有时包括各作者的贡献度。

机构：作者所属的研究机构或学校。

日期：完成研究报告的日期。

2. 摘要

摘要是对整篇研究报告的简短概括，通常控制在 150~250 字。它涵盖了研究的主要目的、采用的方法、得出的结果，以及最终结论，为读者提供研究的快速概览。

3. 目录

目录详细列出了研究报告中各个章节和子章节的层次结构，包括编号和标题，便于读者快速定位感兴趣的内容。

4. 引言

引言部分介绍了研究的背景信息、目的和重要性。它明确了研究的核心问题，并提出了相应的研究假设或目标，为读者设定了研究的整体框架。

5. 文献综述

文献综述部分回顾了与本研究相关的已有文献和研究成果，阐述了研究的理论基础，并指出了本研究在现有知识体系中的位置和贡献。

6. 方法

方法部分详细描述了研究的设计方案、参与者的招募过程、实验流程、所使用的测量工具、数据采集方法，以及数据分析技术。这些信息确保了其他研究者能够复制和验证本研究。

7. 结果

结果部分提供了实验或调查所获得的数据和发现。通过图表、表格或描述性文字，结果部分客观地呈现了研究数据，不进行任何解释或讨论。

8. 讨论

讨论部分对研究结果进行了深入的解释和分析，将结果与文献综述相联系，讨论了研究的局限性、可能的影响，以及未来的研究方向。它为读者提供了对研究结果的全面理解。

9. 结论

结论部分对整个研究进行了总结，强调了主要发现，并提出了对实践应用和进一步研究的建议。它为读者提供了研究的最终结论和启示。

10. 参考文献

参考文献部分列出了研究报告中引用的所有文献，按照特定的引用格式进行排列，为读者提供了查阅相关资料的途径。

11. 附录

附录部分包含了研究中的一些辅助性信息，如实验材料、补充数据和研究工具等，供读者参考和验证。

12. 致谢

致谢部分对在研究过程中提供帮助和支持的人、机构或资助者表示感谢，体现了研究的合作精神和感恩态度。

13. 附加材料

如有需要，附加材料部分可以包括一些额外的表格、图片或其他补充信息，以支持主要报告内容，为读者提供更丰富的阅读体验。

需要注意的是，每个部分的具体格式可能会根据学术机构、期刊或出版者的要求而有所不同。因此，在撰写研究报告时，最好参考特定学科领域或目标期刊的写作指南。

课后练习

思考题

1. 实验法的主要目的是什么？
2. 请解释什么是内部效度和外部效度，并说明它们在实验研究中的重要性。
3. 什么是实验法？
4. 连续变量和分类变量有何区别？请举例说明。
5. 什么是混淆变量？为什么在实验设计中需要避免混淆变量的影响？
6. 描述什么是单因素实验设计，并提供一个实际研究中的例子。

7. 什么是交叉设计实验？请简述其主要特点和适用场景。

8. 描述什么是因子设计实验，并解释它如何帮助研究者同时研究多个变量。

9. 实验研究的基本流程包括哪些主要步骤？请简要描述每个步骤的内容。

讨论题

1. 讨论实验法在科学研究中的优势和局限性。

2. 如何理解实验的内部效度和外部效度？为什么它们对实验结果的解释都很重要？

3. 结合具体实例，讨论如何在实验设计中提高实验的可靠性。

4. 分析一项已经发表的实验研究，识别其中的自变量、因变量和控制变量，并讨论它们是如何影响实验结果的。

5. 讨论在实验研究中，如何确保实验条件的控制和实验结果的可重复性。

实践题

1. 设计一个简单的实验，测试某种学习策略对记忆效果的影响。请描述实验的设计、预期的变量、实验过程和数据分析方法。

2. 假设你正在进行一项研究，目的是了解咖啡因对认知功能的影响。请设计一个实验，包括实验的步骤、如何控制变量，以及如何收集和分析数据。

3. 设计一个实验来研究音乐对工作效率的影响。描述实验设计，包括如何操作自变量，如何测量因变量，以及如何处理可能的混淆变量。

4. 选择一个日常生活中的现象，提出一个你感兴趣的实验问题，并简要说明如何使用实验法来研究这个问题。

5. 假设你要进行一项心理学实验，研究不同音乐类型对人们情绪的影响。请设计一个完整的实验研究流程，包括研究问题、假设、实验设计、数据收集、分析和报告撰写等方面。

第7章
实验数据分析案例

7.1 单因素随机实验数据分析

为了探究噪声对注意力的潜在影响，我们精心设计了一个单因素独立组试验方案。在这个方案中，自变量设定为噪声频率，它包含两个水平：一是我们采集到的白噪声，二是叠加了60~200 Hz范围内随机生成的频率波段的噪声。因变量则选定为完成特定测试所需的时间，这一指标能够间接反映注意力的集中程度，注意力越集中，完成相同测试所需的时间就越短。

在本次研究中，我们随机抽取了32名被试，并将他们均匀地分配到实验组和控制组，这样的设计确保了实验的独立性和有效性。实验组被试将暴露在叠加了60~200Hz随机频率波段的噪声环境中，而控制组则处于白噪声的包围之中。这样的设置旨在清晰地揭示不同噪声条件对注意力的影响。

实验数据文件名为"注意力影响单因素独立组设计数据"。实验数据的组织与整理、数据分析的过程，以及结果的解释等见二维码7.1。

7.1 单因素随机
实验数据分析

7.2 单因素匹配组实验数据分析

在独立组设计中，研究者通过随机分配32名被试到实验组和控制组的方式，旨在确保两组在各方面条件上尽可能相等。但除了随机分配，还有一种名为匹配法的策略可用于创设相等组。匹配法允许研究者根据某一或某些特定标准（如受教育程度）来选择并分配被试到不同的组别中，以确保组间的均衡性。例如，可以挑选在受教育程度上相匹配的被试，将其中的一组设定为控制组（接受未经叠加的噪声），另一组设定为实验组（接受叠加处理后的噪声）。这种采用匹配法来构建相等组的被试间设计，称为匹配组设计。在匹配组设计中，实验组与控制组的数据往往呈现出一定的相关性，尤其是正相关，因为两组被试在关键特征上是经过精心匹配的。

为了探究音乐与故事对人类耗氧量的影响是否存在显著差异，研究者精心挑选了6名被试参与了一项实验。在这项实验中，被试需要在两个各为10分钟的实验阶段内闭上眼睛，并随机接受音乐或故事的播放。耗氧量作为关键的测量指标，在整个实验过程中被持续记录。

实验数据经过整理后，被保存至名为"耗氧量单因素匹配组数据"的文件中。关于单因素匹配组数据的组织、分析及结果的详细解读，可通过扫描二维码 7.2 进行查阅。

7.2 单因素匹配组实验数据分析

7.3　单因素完全随机多组实验数据分析

　　单因素完全随机多组设计的特点，是研究中仅包含一个因素，该因素为被试间变量，且水平数至少为 3，意味着研究将包含三组或更多组的被试。这些不同的被试组是通过随机分派程序确定的，因此这种设计在性质上归类为独立组设计。

　　最简单的单因素完全随机多组设计是单因素完全随机三组设计。下面我们以不同频率条件下的噪声对人的注意力影响的研究为例，介绍单因素完全随机三组设计的数据组织与数据分析方法。在本研究中，研究者关心的不仅是不同的噪声对人的注意力是否有不同的影响，而且关注的是如果有影响，不同的噪声对注意力的影响程度有哪些差异。为此，研究者决定将 48 名被试随机分配到三组中，这三组分别为低、中、高频率的噪声条件。因变量仍旧是被试完成测试所需要的时间。

7.3 单因素完全随机多组实验数据分析

　　具体数据参见"单因素完全随机三组设计"。其对应数据的组织、分析及结果解读见二维码 7.3。

7.4　双因素随机实验数据分析

　　双因素随机实验设计的特点在于，它包含两个因素，且这两个自变量均为被试间变量。此外，不同的被试组是通过随机分派程序来确定的。由于该设计在实验中涉及两个自变量，因此它也属于一种复合设计，即实验设计中包含两个或更多自变量的设计类型。这样的设计能够更全面地考察不同自变量对实验结果的影响，以及它们之间可能存在的交互作用。

　　下面以范巴尔恩及其同事所设计的三个实验为例，来阐述复合设计的运用。该研究的目的是探究模仿行为对亲社会行为 (如帮助他人) 的积极影响。在每个实验中，被试均单独接受一位主试的面谈。当被试描述其对 10 则广告的反应时，主试会模仿被试的姿势、身体朝向 (如身体向前靠或向后仰)，以及手臂和腿的摆放位置。需要注意的是，主试在整个过程中并未向被试透露实验的真实目的，因为如果被试知道主试模仿其动作是想要调查他们的帮助行为，就可能会刻意调整自己的自然表现。

　　在第一个实验中，范巴尔恩等人采用了随机组设计，仅操纵了一个自变量，即模仿。他们旨在探究被模仿的被试是否在下一个阶段的研究中比那些没有被模仿的被试表现出更多的帮助行为。因此，自变量 (模仿) 具有两个水平：模仿与不模仿。一组被试被随机分配到模仿组，而另外的被试则分配到不模仿组。实验中的因变量为主试假装不小心把六支笔掉到了地上，并注意被试是否会帮忙把这些笔捡起来。结果表明，模仿组所有被试都弯腰把笔捡起来了，而不模仿组则只有 33% 的人这样做了 (模仿效应达到统计显著水平)。这一研究结果证实了模仿可以促进帮助行为的理论假设。

　　在第二个实验中，范巴尔恩及其团队想知道被模仿的被试是否会帮助其他人。采用相同的程序，还是以模仿作为自变量，他们进一步观察被试是否会捡起一位陌生女主试在进入实验室时掉下的笔。陌生女主试出现并不是一个操纵变量。在被试结束对广告的描述任务后，这位陌生女主试进入实验室面对所有的被试。研究结果显示，那些被模仿过的被试帮助陌生女主试捡起掉落的笔的可能性 (84%) 显著高于那些没有被模仿的被试 (48%)。基于这些数据得出结论，模仿可以增加人们的亲社会倾向。也就是说，那些被模仿过的人一般会变得更乐于帮助别人。

在第三个实验中，范巴尔恩等人采用了复合设计以提升研究效率，并同时探究了两个自变量对实验结果的影响。前两个实验已间接地探讨了被模仿后提供帮助的行为是否会在原主试与陌生主试之间存在差异，而第三个实验则直接在一个实验框架内检验了这两个变量的效应。第一个自变量与实验一、实验二保持一致，即模仿。被试被随机分配到模仿条件或不模仿条件下参与实验。第二个自变量则是范巴尔恩等人通过操纵寻求帮助的主试来引入的。具体而言，模仿条件与不模仿条件下，被试又被进一步随机分成两组，分别听取原主试和陌生主试请求叙述。在完成模仿阶段的实验后，向被试提供一个机会，被试可以把他们参加实验所获报酬捐给一个儿童基金会。模仿组和不模仿组各有一半被试由原主试要求捐出报酬，而另一半被试则由一个陌生主试要求捐出报酬。实验中的因变量是被捐赠的金额，这一指标反映了被试愿意提供帮助的程度。

这样的话，该实验共设置了四个条件组合：被模仿被试加原来的主试；被模仿被试加陌生主试；未模仿被试加原来的主试；未模仿被试加陌生主试。

在这个设计中，研究者对所有自变量均采用了随机分配的方法。这意味着被试被随机分派到模仿与主试这两个自变量结合形成的各条件中。这种涉及自变量不同因子组合的设计也被称为因子设计。其中，因子组合是指把一个自变量的每个水平与另一自变量的每个水平进行配对组合。

在范巴尔恩等人的第三个实验中，模仿组的被试在原主试或陌生主试的条件下，其帮助行为得到了检验；同样，未模仿组的被试也在这两种条件下接受了检验。该实验采用了复合设计，其中实验条件的总数等于实验中所有自变量水平数的乘积。具体到该实验，组别自变量有两个水平 (模仿与不模仿)，主试变量也有两个水平 (原主试和陌生主试)，因此原本实验共有 4 个实验条件 (2×2=4)。然而，如果主试变量 (原主试和陌生主试) 还需要通过引入第三个模仿条件 (如模仿面部表情) 来进一步测试，那么实验条件将会增加到 6 个 (2×3=6)，这里的 3 指的是模仿条件从原先的两个水平 (模仿与不模仿) 增加到三个水平 (模仿、不模仿及模仿面部表情)。这样的设计旨在更全面地探究不同自变量及其水平组合对被试行为的影响。

复合设计通过因子组合，使我们明确每个自变量的主效应及各自变量水平相结合的交互作用。主效应指的是每一自变量的总效应，它表示的是一个自变量在不同水平下，相对于另一自变量水平所表现出的差异。交互作用指的是一个自变量的效应在第二个自变量的某些或全部水平上存在差异。例如，范巴尔恩等人根据前两个实验的结果预测，那些被模仿的被试会比那些不被模仿的被试捐出更多的钱给儿童基金会。这代表的是模仿的主效应，即不考虑主试变量的两个水平 (原来和陌生)，被模仿的被试会比不被模仿的被试更愿意帮助别人。更为重要的是，研究者还可以直接检验这种帮助效应只适用于曾模仿过被试的主试，还是可以迁移到陌生主试。通过比较捐赠金额，他们发现当原主试请求捐赠时，由模仿所引起的帮助行为比陌生主试请求时更加显著。也就是说，模仿会令被试提供给模仿者更多的帮助，这种效应 (即交互作用) 只有在两个或更多自变量出现于同一实验中时才会出现。一般来说，当一个自变量的效应在另一个自变量的不同水平上存在差异时，就表现出了交互作用。

复合实验设计的数据分析是一个综合性的过程，主要包括运用推论统计方法来检验各个自变量的主效应及它们之间的交互作用；利用描述统计为这些推论统计结果提供初步的解释和背景；科学合理地解读这些结果，并据此作出结论。在双因素完全随机实验这一最简单、最基本的复合设计中，我们从复合设计的广义视角出发，掌握其共通的分析原则和方法，然后结合双因素完全随机实验特有的设计和数据特点，进行详细而具体的讨论，以确保我们能够全面而深入地理解这一设计的数据分析要点。

1. 存在交互作用的数据分析

如果双因素完全随机实验的结果揭示了一个显著的交互作用，那么我们可以进一步通过简单主效应分析和平均数两两比较来明确这一交互作用的具体意义。为了加深理解，下面通过一个案例来进行说明。

心理学家为了理解抑郁症的成因，常对比抑郁症患者与正常人的思维模式差异。其中，认知观点聚焦于归因，即个体对行为因果的解释。抑郁患者往往表现出悲观、泛化及自责的归因倾向，这种不乐观的思维模式可能诱发并维持抑郁症状。

罗德曼和伯格研究了防御性归因效应，即个体在面对事故时，为避免将责任归咎于不可控因素（如偶然性），而倾向于将责任归于肇事者。在以往实验中，不抑郁的参与者阅读关于轻伤或重伤事故的描述后，更倾向于在重伤事故中将责任归咎于肇事者。这种防御性归因减少了人们认为自己未来可能遭遇严重事故的心理负担。罗德曼和伯格推测，抑郁症患者因消极思维模式而缺乏自我保护意识，可能较少表现出这种防御性归因效应。他们假设，随着抑郁水平的增加，防御性归因效应会减少。为验证此假设，他们采用 2×3 实验设计，测试了 56 名大学生。自变量包括事故严重性（严重/不严重，随机分配）和抑郁水平（不抑郁/轻微抑郁/轻度抑郁，基于抑郁量表得分自然分组）。因变量是参与者对事故责任源（三个涉事司机及不可控环境因素）的百分比分配。防御性归因效应表现为在不严重事故中，参与者更倾向于将责任归因于不可控环境因素，而在严重事故中则相反。

实验结果符合预期，两自变量间存在交互作用：随着抑郁程度增加，严重与不严重事故的责任归因模式发生变化。不抑郁的参与者表现出防御性归因效应，而轻度抑郁者则未表现出此效应。零假设检验证实了交互作用的显著性。

为深入分析交互作用来源，研究者采用简单主效应和平均数两两比较的统计方法。简单主效应指一个自变量在另一自变量的某水平上的影响。在本实验中，分析了事故类型在不同抑郁水平上的简单主效应，发现事故类型在不抑郁水平上的简单主效应具有统计显著性，而在轻微和轻度抑郁水平上则不显著，如表 7.1 所示。当需比较三个或更多平均数间的差异时，平均数两两比较有助于进一步分析简单主效应的来源。

表 7.1 把责任归因为不可控的环境因素

事故类型	抑郁水平		
	不抑郁	轻微抑郁	轻度抑郁
严重	7.00%(9.2)	14.00%(16.1)	16.90%(16.0)
不严重	30.50%(22.2)	16.50%(12.7)	3.75%(3.5)

注：括号内数据为标准差。

当交互作用得到充分分析后，研究者会进一步考察每一自变量的主效应。然而，若交互作用显著，主效应的重要性通常会降低。以上述实验为例，显著的交互作用表明事故类型的主效应受抑郁水平影响，此时单独分析事故类型的主效应可能无法提供全面信息。尽管如此，在某些研究中，同时关注交互作用和主效应仍是必要的。

2. 不存在交互作用的数据分析

当复合设计的结果分析显示交互作用不显著时，接下来的步骤是判断主效应是否显著。我们可以通过一个实例来深入理解如何分析不存在交互作用的数据。

迪特马等人采用 3×3 实验设计，旨在探究听障人员在完成视警觉任务时是否相比听力正常者具有优势。视警觉任务要求被试在长时间内检测雷达屏幕上的视觉信号。基于听觉障碍可能帮助排除外界干扰的假设，研究者预期听障人员会表现出一定优势。为验证奖励的激励作用，实验中设置了听障组、有奖励的听力正常组和无奖励的听力正常组，作为第一个自变量的三个水平。所有被试均参与三段各 15 分钟、共 45 分钟的测试，这三段时间构成第二个自变量的三个水平。

实验数据如图 7.1 和折线图 7.2 所示。其中，时间段 1、2、3 分别代表三个 15 分钟的测试时段，组别 1、2、3 则对应听障组、有奖励组和无奖励组，正确率衡量视警觉信号识别的准确性。从图 7.1 中可以发现三条线段虽非完全平行，但下降趋势相似，初步提示交互作用可能不显著。进一步的推论统计分析结果也证实了这一点，即实验中不存在显著的交互作用。值得注意的是，仅凭描述统计及图

时间段	组别	正确率
1.00	1.00	95.00
1.00	2.00	93.00
1.00	3.00	93.00
2.00	1.00	85.00
2.00	2.00	82.00
2.00	3.00	74.00
3.00	1.00	78.00
3.00	2.00	70.00
3.00	3.00	68.00

图 7.1　视警觉实验数据图

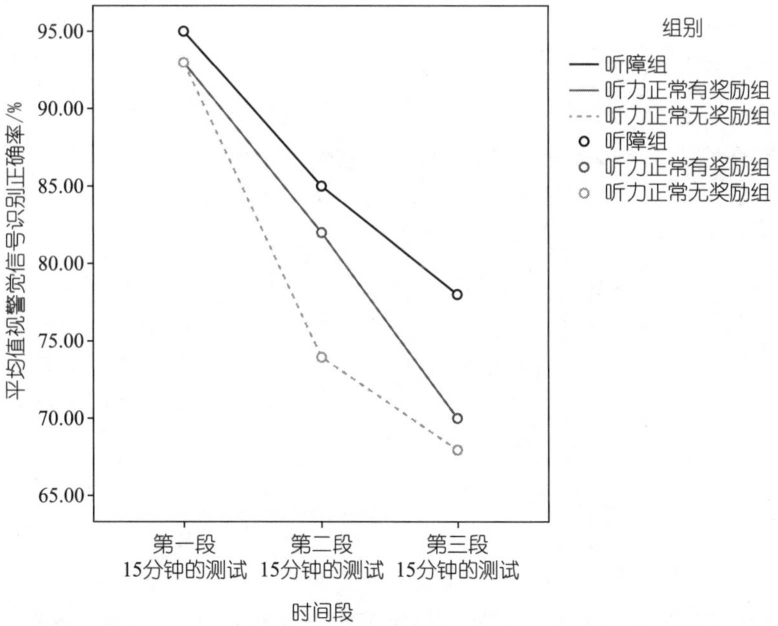

表数据不足以判断交互作用是否显著，必须依赖推论统计工具进行确认。

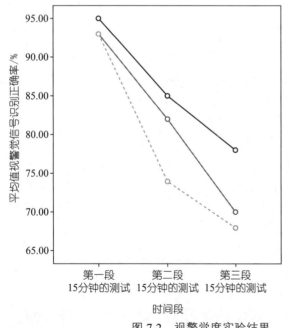

图 7.2　视警觉度实验结果

当实验中不存在显著的交互作用时，下一步是检验每个自变量的主效应。为了获取每一组的平均检测率（即组变量的主效应），我们可以将三个时间段的数据合并起来计算平均数。具体而言，听障组的平均检测率为 86%，听力正常且有奖励组的平均检测率为81.7%，听力正常且无奖励组的平均检测率为 78.3%。通过运用单变量推论统计方法进行

分析，如表 7.2 所示的结果表明，各组的主效应具有统计显著性意义。

表 7.2　单变量方差分析统计结果

主体间效应检验

因变量：视警觉信号识别正确率

源	III 类平方和	自由度	均方	F	显著性
修正模型	840.000a	8	105.000	.	.
截距	60 516.000	1	60 516.000	.	.
时间段	716.667	2	358.333	.	.
组别	88.667	2	44.333	.	.
误差	.000	0	.		
总计	61 356.000	9			
修正后总计	840.000	8			

a. R 方 = 1.000(调整后 R 方 = .)

正如我们在前面的问卷分析中所提到的那样，统计显著的主效应可以通过平均数的两两比较而进一步确定差异来源。这些比较可使我们得出两个结论：一是听障人员与听力正常的人相比，在视觉警示任务中表现更好；二是给予奖励的方式并不会影响听力正常被试的视警觉任务成绩。

我们也可以利用上面的数据检验时间变量的主效应。把三组被试的数据合并起来，我们就能得到时间变量的主效应，即 93.7(第一段)、80.3(第二段)、72(第三段)。时间变量的主效应具有统计显著性意义。

3. 解释交互作用

某些理论预期结果会受到两个或更多自变量的交互影响，因此常需采用复合设计来验证这些理论。在理论检验过程中，交互作用对于解决矛盾情况至关重要。

理论在科学方法中占据核心地位，而复合设计能同时检验主效应和交互作用，显著增强了研究者验证理论的能力。例如，巴兹尼和谢弗基于人际关系理论提出了关于潜在约会对象吸引力的假说。在此之前，相关研究多倾向于支持关系维持假说。通过复合设计，巴兹尼和谢弗得以同时验证关系维持假说和关系追求假说。他们预期恋爱中的被试在面对对其表示好感的、有吸引力的异性时会更负面，以维持和保护当前恋爱关系。然而，实验结果与预期相反，恋爱中的被试在陌生异性对自己和对朋友表示好感时给出了相近的评分，不支持关系维持假说。相反，非恋爱中的被试在异性对其表示好感时给出了更高的评分，支持关系追求假说。

巴兹尼和谢弗的实验展示了复合设计中交互作用如何更深入地检验科学理论。同时，该实验也表明复合设计中的交互作用有助于解决矛盾。尽管先前的研究支持关系维持假说，但这两位研究者在实验中收集到的恋爱中被试的数据却并不支持该假说。他们通过引入情节类型 (陌生异性对被试或其朋友表示好感) 这一自变量，揭示了关于关系维持假说的矛盾发现。总的来说，复合设计在检验存在矛盾的理论发现时尤为重要，尽管过程可能较为复杂，但其价值不可忽视。

4. 交互作用与外部效度

当一个实验结果能在不同个体、场景和条件下应用时，即具有外部效度。在复合设计中，若不存在交互作用，每个自变量的效应可适用于其他自变量的所有水平，这实际上提升了外部效度。通过明确自变量产生效应的条件，我们可以为外部效度设定一个范围。交互作用的存在与否在确定复合设计的外部效度上起着关键作用。

当复合设计中无交互作用时，一个自变量的效应能普遍适用于另一自变量的各个水平。例如，迪特马的研究发现，检测成绩随时间逐步下降，且听觉障碍人员和听力正常人员的下降速度相似，表明听力与时间变量间无交互作用。因此，视警觉任务中检测成绩随时间下降的结论适用于听力正常人员和听觉障碍人员。

然而，实验结果不能盲目推广到实验条件之外。在迪特马的研究中，尽管听力与时间无交互作用，但这并不意味着该结论适用于儿童或训练有素的观察者，也不确定在存在短暂休息时成绩下降现象是否仍会出现。此外，未发现显著交互作用并不一定意味着交互作用不存在，可能是实验灵敏度不足。

不出现交互作用会提升自变量效应的外部效度，而交互作用的出现则能界定研究发现的适用范围。例如，巴兹尼和谢弗发现，情节类型对恋爱中的被试评分无影响，但对非恋爱中的被试有影响，这一交互作用明确了情节类型效应的适用范围。

自变量间存在交互作用时，判断某变量对结果的影响需谨慎。首先，一个自变量在实验中的主效应不显著，并不能排除在另一变量不同水平下该主效应存在的可能性。其次，在单变量实验中主效应不显著的自变量，在复合设计中可能与另一自变量产生交互作用。最后，效应未达到统计显著性水平，并不意味着效应不存在，还需考虑实验灵敏度和统计分析效力等问题。

5. 交互作用与天花板/地板效应

当被试的因变量分数在实验条件中触及最大值（天花板）或最小值（地板）时，即便结果呈现交互作用，也难以进行有效解释。以一项关于练习量对测验成绩影响的实验为例。

该实验涉及六组被试，被试首先进行 10 分钟、30 分钟或 60 分钟的练习，练习任务分为容易和困难两种。随后，他们接受与练习任务相同难度或不同难度的测试，测试时间为 15 分钟，因变量为被试在测试时间内能够完成的百分比。实验结果，如图 7.3 所示。

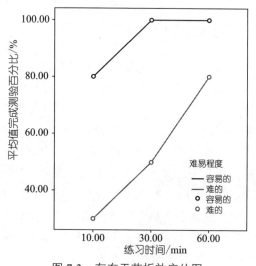

图 7.3　存在天花板效应的图

图 7.3 中的数据模式似乎展示了典型的交互作用：在困难和容易两种测试中，练习效

应存在显著差异。增加练习时间能显著提升困难测验的成绩，但在练习达到 30 分钟后，容易测验的成绩便不再提升。若对这些数据进行标准统计分析，可能会发现显著的交互作用，但该交互作用却难以解释。对于接受容易测验的组别，30 分钟练习后成绩已达顶峰，因此 60 分钟练习组的成绩并未显示出进一步改善。这反映了实验中的一个常见问题，即天花板效应。当实验的任一条件导致得分达到最大值时，就需警惕天花板效应。相应地，当得分达到最小值时，则需注意地板效应。为避免这两种效应，研究者在选择因变量时，应确保其有足够的变化空间。如在上述实验中，若将完成测验的次数作为因变量，可能更为合适，因为平均完成次数可用于评估两个自变量的效应，且无须担心天花板效应的出现。值得注意的是，非复合设计的实验同样可能遭遇天花板效应。

在掌握了复合设计与交互作用的相关知识后，我们再次探讨双因素完全随机实验设计的数据分析。本案例旨在研究不同噪声条件下完成不同类型测试所需的时间是否存在差异，并探究这两个因素之间是否存在交互效应。实验中的因变量是完成测试的时间，自变量包括两个：一是噪声，分为低噪声和高噪声两个水平；二是测试题型，分为测试一和测试二两种不同类型的测试题。实验共有 32 名被试，他们被随机分配到四种不同的组合水平下。

实验相应的原始数据参见"双因素随机实验数据"。对应的数据组织、分析及结果解读见二维码 7.4。

7.4 双因素随机
实验数据分析

7.5　单因素重复测量实验数据分析

单因素重复测量实验设计的特点，是仅包含一个作为被试变量的因素，且该因素仅设两个水平。有一个研究案例便是如此：研究人员探究突然的噪声响度对婴儿的影响。在这些实验中，婴儿被试会随机遭遇一个突然的响亮噪声或一个突然的温和噪声，随后研究人员会观察他们的惊吓反应。

实验相应的数据参见文件"噪声响度反应数据"。其数据分析操作见二维码 7.5。

7.5 单因素重复测
量实验数据分析

7.6　双因素重复测量实验数据分析

研究者旨在探究短期 (2 周) 高强度锻炼是否能降低 C 反应蛋白的浓度。为此，他们招募了 12 名研究对象，并安排其参与两组试验：对照试验与干预试验。在对照试验中，研究对象维持日常活动不变；而在干预试验中，研究对象需每天进行 45 分钟的高强度锻炼。每组试验持续 2 周，且两组试验之间设有足够的间隔时间。

C 反应蛋白的浓度在每个试验周期内被测量了三次：试验开始时、试验进行一周时 (中期)，以及试验结束时。这三个时间点构成了被试内因素"时间"的三个水平，而因变量则是 C 反应蛋白的浓度，单位以 mg/L 计。具体地，B1、B2、B3 分别代表对照试验开始时、对照试验中期及对照试验结束时研究对象的 C 反应蛋白浓度；相应地，C1、C2、C3 则分别代表干预试验开始时、干预试验中期及干预试验结束时研究对象的 C 反应蛋白浓度。

数据参见"双因素重复测量实验数据"。实验数据的分析思路、操作及结果解读见二维码 7.6。

7.6 双因素重复测
量实验数据分析

7.7　双因素混合实验数据分析

　　尽管食品外包装上均印有营养成分表，但研究表明，大多数人在购买食物时很少查看这些信息。因此，优化营养成分表和食物外包装设计可能有助于提升公众对饮食结构的认识。

　　针对这一问题，格雷厄姆和杰弗里进行了一项研究。他们设计了一个双因素混合实验，自变量包括人口统计学变量性别 (男、女) 和食物类型 (正餐、零食、甜点)，因变量则为平均访问时间、访问次数及决策结果 (购买、不购买)。实验要求 10 名被试浏览包含食物图片、描述、营养成分表、配料表和价格的图片，并做出购买决策。实验利用眼动仪收集被试决策过程中的眼动行为数据，以分析影响食物购买决策的各种因素。研究提出两个假设：一是女性比男性会更频繁地浏览营养成分表，体现在更高的平均访问时间和访问次数上；二是不同性别的人在看不同食物类型时的浏览方式存在差异。该实验采用了眼动追踪技术。

7.7 双因素混合
实验数据分析

　　实验的原始数据见 "购物决策研究"。双因素混合实验数据的组织与整理、数据分析的思路、实操步骤及结果解读见二维码 7.7。

7.8　相关性研究数据分析

　　在相关性研究数据分析中，我们常常面临一个主要挑战：难以准确判断两个变量之间是否存在真正的因果关系。以睡眠时间与心情的相关性研究为例，尽管两者之间存在显著的正相关，但这种相关性并不能直接证明睡眠时间是导致心情变化的直接原因。在这种情况下，个体本身可能是一个重要的干扰因素，比如乐观的人可能更倾向于拥有积极的情绪，这种个体差异可能是造成心情差异的真正原因。

　　在相关性研究中，我们把这种可能影响两个变量关系的额外因素称为第三变量。第三变量的存在使得两个变量之间的关系变得复杂，特别是当它与这两个变量都有较高的相关性时，仅仅计算这两个变量之间的相关性并不能揭示它们之间的真实关系。

　　为了解决这个问题，我们在进行相关性研究数据分析时，需要采用一些方法来控制第三变量的影响。偏相关分析就是一种常用的方法，它可以在控制第三变量的前提下，估计研究者所感兴趣的两个变量之间的真实关系。

　　接下来，我们以 SPSS 24.0 为例，结合一组关于手柄长度与操纵力的假设数据 "手柄操纵力数据整理 2(偏相关分析)"，来说明如何在相关性研究数据分析中进行偏相关分析。这组数据包含了铁丝直径、操纵力、手柄长度，以及身高、体重等变量信息。通过偏相关分析，我们可以更准确地了解手柄长度与操纵力之间的相关性，同时排除其他变量的干扰。

7.8 相关性研究
数据分析

　　实验的分析操作、结果解读见二维码 7.8。

　　在深入探讨人因工程领域的复杂现象与机制时，精准的数据分析与科学的报告撰写是不可或缺的环节。二维码 7.9 展示了基于人因工程实验背景的标准数据分析报告范例，旨在介绍如何通过严谨的统计学方法揭示指标的动态变化，体现了在医疗与健康研究领域，人因工程理念如何指导人们深入理解人体反应模式及其背后的生理机制。

7.9 标准数据
分析报告

课后练习

思考题

1. 指出随机区组设计中的平衡设计平衡了什么？在重复测量设计中又平衡了什么？

2. 简述研究者选择重复测量设计的四个原因。

3. 在一个完全重复测量实验中，哪两种情况下不适宜使用 ABBA 抵消平衡法来平衡练习效应？

4. 举例说明单因素被试内两水平和多水平设计的特点、数据格式和数据分析方法。

5. 下表给出了一个不完全设计的重复测量实验中被试参与实验的顺序。在这个实验中，自变量是当被试专注于一项任务时，觉察到的一个声音的响度。三种声音分别为极度轻(ES)、非常轻(VS) 和轻 (S)。圆括号里的值代表了被试在每个条件中觉察到的声音的次数。

被试	条件顺序		
1	ES(2)	VS(9)	S(9)
2	VS(3)	S(5)	ES(7)
3	S(4)	ES(3)	VS(5)
4	ES(6)	S(10)	VS(8)
5	VS(7)	ES(8)	S(6)
6	S(8)	VS(4)	ES(4)

请结合表中内容，回答下面的问题。

(1) 在这个实验中，使用了什么方法来平衡练习效应？

(2) 用数值描述响度变量的总体作用。在描述统计的基础上对自变量的作用给予适当的文字描述。

(3) 如果对响度变量作用进行 F 检验，其概率显著性水平为 p=0.04，那么关于响度变量能得出什么结论？

实践题

1. 一项实验研究了不同音量水平对参与者的注意力的影响。以下是不同音量条件下参与者的注意力得分。

低音量组：78, 82, 85, 79, 80, 77, 83, 81, 76, 79, 84, 80, 82, 77, 79, 81, 78, 80, 82, 75

高音量组：72, 75, 80, 77, 78, 73, 79, 76, 74, 77, 75, 78, 80, 76, 79, 75, 77, 74, 76, 78

请计算两组的平均值和标准差，并进行假设检验。判断不同音量条件下注意力是否存在显著差异。

2. 一项实验研究了不同灯光条件 (强光、弱光) 和不同音量条件 (高音量、低音量) 对参与者的工作效率的影响，实验采用了双因素实验设计的方法。实验结果如下。

强光 / 高音量组：75, 80, 78, 82, 77, 79, 76, 81, 80, 83, 79, 82, 78, 80, 81, 77, 79, 75, 82, 76

强光 / 低音量组：72, 75, 78, 76, 73, 74, 77, 75, 76, 79, 74, 78, 72, 76, 75, 73, 77, 74, 76, 70

弱光 / 高音量组：68, 70, 72, 67, 71, 69, 73, 70, 72, 68, 71, 67, 69, 70, 68, 71, 67, 70, 69, 72

弱光 / 低音量组：65, 68, 70, 66, 69, 67, 71, 68, 69, 65, 70, 66, 68, 67, 65, 69, 66, 68, 67, 71

请整理以上数据，并在 SPSS 中进行双因素方差分析，判断灯光和音量两个因素是否对工作效率产生显著交互作用。

3. 一项实验研究了不同手机使用时间对参与者睡眠质量的影响。实验采用的是单因素重复测量的实验设计方法。实验前后参与者的睡眠质量得分如下。

实验前：80, 85, 78, 82, 79, 84, 77, 81, 80, 83, 79, 82, 78, 80, 81, 77, 79, 75, 82, 76

实验后：75, 80, 72, 78, 74, 79, 70, 76, 75, 78, 72, 76, 74, 77, 75, 73, 77, 74, 76, 70

请分析并解释实验的主要结果，判断手机使用时间是否对睡眠质量产生显著影响。

4. 一项研究调查了不同年龄组的参与者对一款 App 的用户体验满意度。不同年龄组的满意度得分如下。

18 ～ 25 岁组：85, 88, 82, 87, 90, 84, 89, 86, 83, 88, 85, 89, 87, 82, 88, 86, 84, 90, 85, 88

26 ～ 35 岁组：78, 82, 79, 84, 80, 83, 81, 77, 85, 80, 82, 79, 83, 78, 81, 80, 84, 82, 79, 76

36 ～ 45 岁组：72, 75, 74, 70, 76, 73, 78, 72, 75, 77, 74, 70, 76, 73, 79, 75, 71, 77, 74, 70

请分析并判断不同年龄组之间的满意度是否存在显著差异。

5. 设计一个人因研究实验，明确实验的自变量和因变量。参与者被随机分为两组，分别接受不同条件的实验处理。制定假设，并说明如何分析实验数据以验证假设。

第3篇

人因工程科学创新应用

第8章
人体尺度研究

8.1 前沿研究

8.1.1 航空航天领域

载人航空航天设备的研发代表着一个国家科研实力的最前沿，其布局设计是一个复杂的人—机—环系统。这一设计不仅决定了航空航天器的主尺寸、重量、航速和功能等核心参数，还直接影响了设备的维护性、舒适性、作业效率等。

航空航天器的舱内布局设计需要考虑人机工效学，其质量直接关系到航空航天器的运维效率。人体尺度研究是确保飞行器设计满足人类操作和居住需求的关键，该研究涵盖了从人体测量学数据的收集到舱内空间布局设计，再到生命支持系统和宇航服设计的各个方面。随着航天探索的不断深入，对这些领域的研究显得尤为重要。

在航空航天领域的人体尺度研究中，这样恰当的研究方法对于确保数据的准确性和可靠性至关重要。目前，航空航天领域的人体尺度研究主要采用了如下方法。

1. 人体测量法

研究者普遍开展广泛的人体测量学调查，系统地收集不同年龄、性别、种族和体型的人体尺寸数据。这些数据包括身高、体重、臂展、腿长、肩宽等关键指标。在数据收集过程中，为确保数据的一致性和可比性，通常需要遵循国际标准化的测量方法，如 ISO 标准。

2. 模拟和原型测试法

利用计算机辅助设计 (CAD) 软件，研究者创建了飞行器内部空间的三维模型，并运用增强现实 (AR)、虚拟现实 (VR) 和人工智能 (AI) 等工具或技术手段，在虚拟环境中进行模拟测试。同时，采用人体模型 (如人体工程学假人) 模拟真实人体在不同设计条件下的交互和反应。此外，原型测试还涉及建舱内空间的实体或部分模型，以便在真实环境中测试和评估设计的有效性。

3. 实验研究法

在地面实验室中，研究者通过模拟高空或太空的特殊环境，如使用离心机模拟高重力条件，或在低压舱内模拟微重力状态，观察并记录人体在这些极端环境下的生理和心理反应，以及执行任务的表现。这些实验数据为理解人体在特殊条件下的适应性和局限性提供了宝贵依据，进而指导设计优化。

4. 用户反馈收集法

研究者通过问卷调查、深度访谈和细致观察等手段，广泛收集飞行员、宇航员和乘客对现有设计的亲身体验与改进建议，旨在挖掘设计在舒适性、易用性和安全性方面潜在的不足和改进空间。

在航天领域，对人体尺度研究成果的应用设计显著优化了航空舱内的空间布局。生命支持系统，如氧气面罩、安全带及座椅的设计，充分考虑了人体尺寸的多样性，确保紧急情况下能为乘客提供充分的保护。此外，面对微重力环境下人体可能出现的肌肉萎缩、骨骼密度降低等生理变化，这些变化对舱内空间布局和生命支持系统的设计提出了全新挑战，促使设计更加适应这些特殊条件。宇航服的设计同样取得了显著进步，不仅更加贴合宇航员的体型，还提供了必要的生命支持和防护功能，确保了宇航活动的安全与舒适。同时，乘客关于座椅舒适度、噪音控制及空气质量的反馈也被积极采纳，用于指导舱内环境的持续优化。

尽管当前的研究在样本规模、人群多样性及特定环境对人体尺度变化的理解上仍存在局限，但未来研究有望深入探索微重力环境下人体尺度的具体变化，以及这些变化对飞行器设计的深远影响。此外，随着人工智能与机器学习技术的不断进步，这些前沿科技有望为人体尺度研究提供更为强大的工具与手段，推动该领域向更高水平发展。

8.1.2 神经人因学领域

神经人因学是一门跨学科的领域，融合了神经科学、认知心理学、人因工程学，以及系统设计等多个学科的知识。借助先进的脑科学技术，如 EEG(脑电图)、ERP(事件相关电位)、fMRI(功能性磁共振成像) 和 fNIRS(功能性近红外光谱成像) 等测量方法，并结合信号特征提取及模式分类算法等数据分析手段，神经人因学能够深入探索人在操作环境中进行人机交互时，其认知神经层面的信息加工机制。该领域的核心目标是深入理解大脑的工作原理，指导人们设计出更好的工作环境和工具，从而提高人类在这些环境中的效率、安全性和舒适性。

神经人因学的出现为人因学的研究开辟了新的途径，并提供了更加客观和更敏感的测试指标。已有研究成果显示，EEG 和 ERP 等测试指标对心理负荷的变化具有高度敏感性。同时，基于脑电成像等测量手段得出的指标，相较于传统人因学基于绩效和主观评价的指标，往往能展现出更强的敏感性。

利用人脑功能技术可以实现新的自然式人机交互方式，例如，脑机接口 (BCI) 提供了一种可根据不同情景下的人脑活动 (例如诱发或自发 EEG) 来操控计算机或设备的人机交互的新方式。BCI 也为进一步人机融合的探索研究提供了实验和技术基础。

利用人脑功能技术，我们能够开创出新型的自然式人机交互方式。例如，脑机接口 (BCI) 便是一种创新手段，它根据人在不同情境下的脑活动 (如诱发或自发的 EEG 信号) 来操控计算机或其他设备，从而实现了人机交互的新模式。同时，BCI 也为进一步探索人机融合提供了坚实的实验和技术支撑。

此外，神经人因学在强化人因学基础理论研究方面发挥着重要作用，它有助于我们更深入地探索复杂作业环境下人脑的功能和认知加工的神经机制。具体而言，我们可以利用

fMRI 技术来探究空间导航与定位过程中,神经激活与导航能力之间的神经生理联系。这些深入的研究成果不仅可应用于特殊技能人才(如航天员)的选拔和培训,还有望揭示认知和情感个体差异的遗传基因关联,从而为个性化人机交互设计提供有力支持。

人体尺度研究与神经人因学研究相辅相成,共同推动人机交互的优化。人体尺寸研究为设计控制面板、仪表和座椅等提供了关键指导,旨在减少认知负荷,确保操作者能够高效执行任务。而神经人因学则聚焦于这些设计如何影响操作者的认知表现和注意力分配,通过分析任务需求来揭示大脑处理任务的方式。

人体尺度研究提供的数据,对设计符合人体工程学原理的工作空间至关重要,这样的设计能够提升工作效率并减少疲劳。在紧急情况下,人体尺寸对于规划逃生路径、确定安全设备的位置和尺寸更是不可或缺。而神经人因学则致力于研究在压力或紧急情境下人的认知和行为反应,为设计更有效的安全措施提供科学依据。

神经人因学通过模拟和训练来提升操作者的认知能力和技能,而人体尺度研究则确保训练设备和模拟环境能够适应不同体型的操作者,为学习者提供最佳体验。在这一过程中,人体尺度研究需要神经人因学研究成果的理论支撑,而神经人因学的理论成果则可通过人体尺度研究进行实际设计应用的转化。

8.2 人体的测量与研究

在众多领域,人体测量数据被广泛应用,以确保设备能够更好地适应人类的需求,然而不同学科对人体特征的需求各有侧重。比如,在建筑与室内设计领域,踏步、窗台、栏杆的高度,以及门洞、走廊、楼梯的宽度和高度,甚至各类房间的高度和面积,都直接或间接地关联到人体尺度及其活动所需的空间;在服装设计领域,设计师们必须考虑人体的尺寸和体表面积;在交通工具设计中,人体的重量成为重要的考量因素;而在机具操纵设计中,则更要关注人的出力大小、肢体活动范围、反应速度及操作的准确度。这些设计领域都依赖于对人体特征的精确测量和深入分析。

8.2.1 人体测量的相关概念

1. 测量内容

人体测量是一门综合性较强的学科,涵盖了诸多内容,并与生物力学、实验心理学、人体生理学及工程技术等多个学科密切相关,融合了多学科的研究成果。其主要内容可以归纳为以下几个方面。

(1) 形态测量:长度尺寸、体型、体积、体表面积等。

(2) 运动测量:测定关节的活动范围和肢体的活动空间,如动作范围、动作过程、形体变化、皮肤变化等。

(3) 生理测量:测定生理现象,如疲劳测定、触觉测定等。人体测量数据是人机系统设计中重要的基础资料,根据设计目的和使用对象的不同,需要选用相对应的人体测量数据。

2. 测量类型

人体测量根据测量对象的不同,可以划分为以下四大类。

(1) 人体静态尺寸参数测量。人体静态尺寸参数是指为得到各种参数,对静止状态下的人体形态进行的测量,其主要内容有人体尺寸测量、人体体型测量、人体体积测量等。

静态人体测量可采取不同的姿势，主要有卧姿、坐姿、跪姿和立姿。静态测量数据是动态测量的基础，是人体工学设计不可缺少的参数。

(2) 人体活动范围参数测量。人体活动范围参数是指人类在运动状态下，肢体的动作范围。肢体活动范围主要有两种形式：一种是肢体活动的角度范围；另一种是肢体所能达到的距离范围。在正常人体测量图表资料中，所列出的数据都是肢体活动的最大范围。在产品设计和正常工作的实际考量中，应当关注的是人体在最有利位置时的肢体活动范围，即最优活动范围，其数值远小于肢体活动的极限数值。

(3) 生理学参数测量。人的生理学参数是指人体的主要生理指标，其主要内容有人体表面积的测量、人体各部分体积的测量、耗氧量的测量、心率的测量、血压的测量、人体疲劳程度的测量、人体触觉反应的测量等。

(4) 生物力学参数的测量。生物力学参数是指人体的主要力学指标，其主要内容有人体各部分质量与质心位置的测量、人体各部分惯量的测量、人体各部分出力的测量等。

8.2.2　人体测量的方法

1. 基本姿势

(1) 立姿。被测者身体挺直，头部以法兰克福平面定位，眼睛平视前方，肩部放松，上肢自然下垂，手伸直，掌心向内，手指轻贴大腿侧面，左、右足后跟并拢，前端分开大致呈 45° 夹角，体重均匀分布于两足的姿势。

(2) 坐姿。被测者躯干挺直，头部以法兰克福平面定位，眼睛平视前方，膝弯曲大致成直角，足平放在地面上的姿势。

(3) 直立跪姿。被测者挺胸跪在水平地面上，头部以眼耳平面定位，眼睛平视前方，肩部放松，上肢自然下垂，手伸直，手掌朝向体侧，手指轻贴大腿侧面，伸直躯干、大腿，并使两大腿前表面平齐，小腿保持水平，下肢并拢的姿势。

(4) 俯卧姿。被测者俯卧在水平面上，躯干下肢自然伸展，下肢并拢，两上肢间距与肩同宽并向前水平伸展，两手掌心向内，手指伸直并拢，尽可能抬头，两眼注视正前方的姿势。

(5) 爬姿。被测者躯干伸直，下肢并拢，大腿与水平面保持垂直，小腿保持水平，足背绷直。两手、臂与肩同宽并垂直支撑在水平面上。尽可能抬头，两眼注视正前方。

2. 测量基准面

人体测量基准面的定位，由 3 个互相垂直的轴决定，分别是垂直轴、纵轴和横轴，如图 8.1 所示。

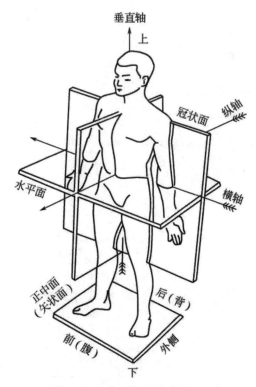

图 8.1　人体测量的基准面

(1) 矢状面：通过垂直轴和纵轴的平面及与其平行的所有平面都称为矢状面。其中，正中矢状面通过人体正中线，把人体分为左右对称的两个部分的矢状面。在正中矢状面上，可以测量身体的各种尺寸，如身高、臂长、腿长等。

(2) 冠状面：通过垂直轴和横轴的平面及与其平行的所有平面都称为冠状面。冠状面将人体分成前、后两部分。冠状面的测量通常用于研究头部和躯干内部的结构和器官位置，比如脑部、胸腔和骨骼等。

(3) 水平面：与矢状面及冠状面同时垂直的所有平面都称为水平面。水平面将人体分为上、下两部分。水平的测量对于研究人体内部结构和器官位置非常重要，如胸部横断面可以用于测量心脏、肺部等器官的大小和位置。

(4) 眼耳平面：通过左、右耳平点及右眼眶下点的横断面，称为眼耳平面或法兰克福平面，通常用于研究面部的形态和尺寸，如眼睛、鼻子、嘴巴等。

3. 测量方向

(1) 在人体上、下方向上，将上方称为头侧端，将下方称为足侧端。

(2) 在人体左、右方向上，将靠近正中矢状面的方向称为内侧，将远离正中矢状面的方向称为外侧。即人体测量基准面和基准轴面的方向。

(3) 在四肢上，将靠近四肢附着部位的称为近位，远离四肢附着部位的称为远位。

(4) 在上肢上，将条骨侧称为条侧，尺骨侧称尺侧。

4. 测量静态尺寸

静态尺寸又称结构尺寸，是人体处于相对静止状态下所测得的尺寸，如头、躯干及手足四肢的标准位置等。静态尺寸的测量可在立姿、坐姿、跪姿、卧姿和爬姿五种形态上进行。这些姿势均包含人体结构上的基本尺度，共 52 项，具体测量见图 8.2 ～图 8.6。

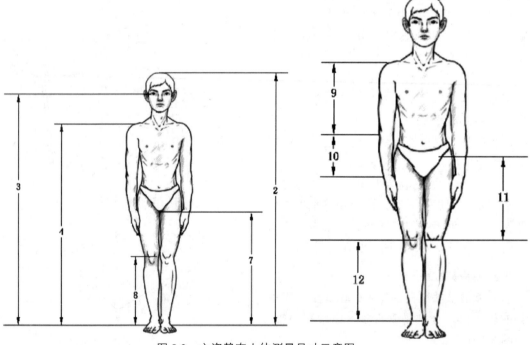

图 8.2　立姿静态人体测量尺寸示意图

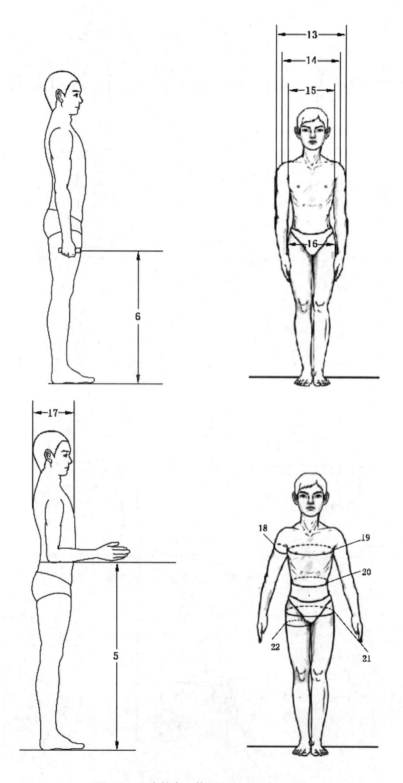

图 8.2 立姿静态人体测量尺寸示意图 (续)

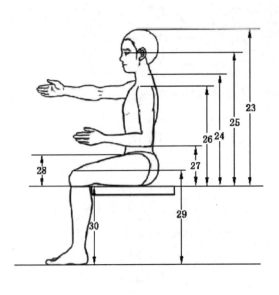
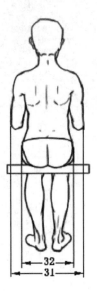
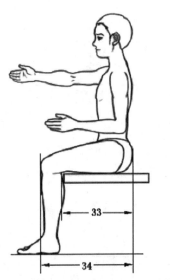
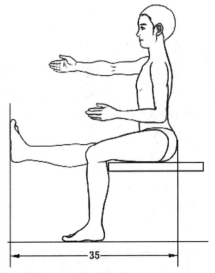

图 8.3　坐姿静态人体测量尺寸示意图

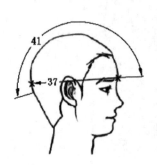
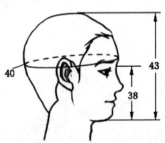
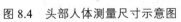
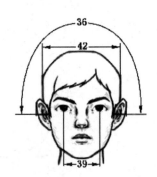

图 8.4　头部人体测量尺寸示意图

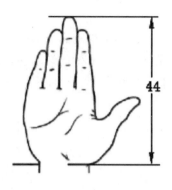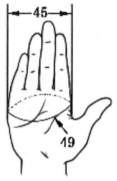

图 8.5　手部人体测量尺寸示意图

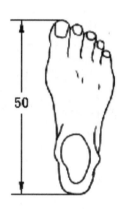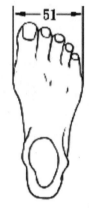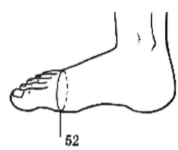

图 8.6　足部人体测量尺寸示意图

图 8.2～图 8.6 中的编码与人体静态尺寸测量项目汇总，如表 8.1 所示。

表 8.1　人体静态尺寸编码及测量项目汇总

编号	测量项目	编号	测量项目	编号	测量项目	编号	测量项目
2	身高	16	臀宽	30	坐姿脑高	44	手长
3	眼高	17	胸厚	31	坐姿两肘间宽	45	手宽
4	肩高	18	上臂围	32	坐姿臀宽	46	食指长
5	肘高	19	胸围	33	坐姿臀—胆距	47	食指近位宽
6	手功能高	20	腰围	34	坐姿臀—膝距	48	食指远位宽
7	会阴高	21	臀围	35	坐姿下肢长	49	掌围
8	腔骨点高	22	大腿围	36	头宽	50	足长
9	上臂长	23	坐高	37	头长	51	足宽
10	前臂长	24	坐姿颈椎点高	38	形态面长	52	足围
11	大腿长	25	坐姿眼高	39	瞳孔间距		
12	小腿长	26	坐姿肩高	40	头围		
13	肩最大宽	27	坐姿肘高	41	头矢状弧		
14	肩宽	28	坐姿大腿厚	42	耳屏间弧（头冠状弧）		
15	胸宽	29	坐姿膝高	43	头高		

5.测量动态尺寸

动态尺寸又称为机能尺寸，是指在受测者执行各种动作或进行体能活动时，身体各部位的尺寸值，以及这些动作幅度所占用的空间尺寸。在现实生活中，人体的运动往往需要通过水平或垂直方向上一两种或多种动作的组合来实现目标，从而构成了动态的"立体作业范围"，具体可参见图8.7。

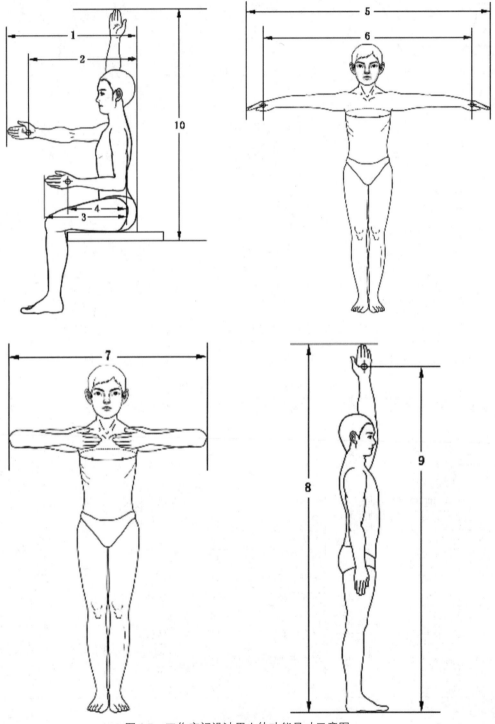

图 8.7　工作空间设计用人体功能尺寸示意图

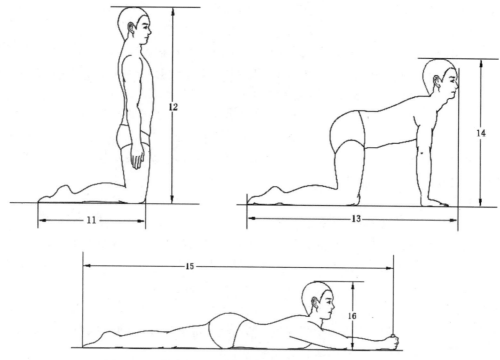

图 8.7 工作空间设计用人体功能尺寸示意图（续）

图 8.7 展示的人体尺寸编码及其对应的项目，如表 8.2 所示。

表 8.2 工作空间设计用人体功能尺寸编码及项目

编号	测量项目	编号	测量项目	编号	测量项目
1	上肢前伸长	7	两肘展开宽	13	俯卧姿体长
2	上肢功能前伸长	8	中指指尖点上举高	14	俯卧姿体高
3	前臂加手前伸长	9	双臂功能上举高	15	爬姿体长
4	前臂加手功能前伸长	10	坐姿中指指尖点上举高	16	爬姿体高
5	两臂展开宽	11	直立跪姿体长		
6	两臂功能展开宽	12	直立跪姿体高		

6. 尺寸修正量

人体尺寸修正量，主要包括功能修正量和心理修正量两大类。

1) 功能修正量

为了确保产品功能得以实现，而对作为产品设计基础的人体尺寸进行的必要调整。功能修正量可进一步分为静态功能修正量和动态功能修正量。

(1) 静态功能修正量涵盖了穿着修正量、姿势修正量，以及操作修正量。

- 穿着修正量考虑到人们穿鞋和着装时的尺寸变化。例如，穿鞋时，立姿身高、眼高、肩高、肘高、手功能高、会阴高等尺寸，男子需增加 25 mm，女子增加 20 mm；着装时，坐姿坐高、眼高、肩高、肘高等增加 6 mm，肩宽、臀宽等增加 13 mm，胸厚增加 18 mm，臀膝距增加 20 mm。

- 姿势修正量则反映了人们在正常工作、生活中，采取自然放松的姿势所引起的人体尺寸变化。例如，立姿身高、眼高、肩高、肘高等尺寸会减少 10 mm；坐姿时，坐高、眼高、肩高、肘高等会减少 44 mm。

- 操作修正量则是根据实现产品功能所需的操作动作进行调整。例如，上肢前展操作时，前展长指的是后背到中指尖的距离，在按按钮时会减少 12 mm，推滑板推钮、扳拨开关时会减少 25 mm，取卡片、票证时会减少 20 mm，手握轴操纵手柄时会减少 100 mm。

(2) 动态功能修正量则与作业活动不直接相关，它主要考虑到人在作业中需要必要的活动间隙和活动空间。为了避免长时间保持同一姿势导致的疲劳，人们需要经常调整姿势、伸展四肢。因此，在产品设计时，需要预留出足够的动态功能修正量，以确保人们在使用产品时能够舒适、自如地进行活动。

2) 心理修正量

心理修正量是为了消除空间压抑感、约束感、恐惧感，或为了满足美观等心理需求而进行的尺寸调整。在工程及产品设计中，人的心理因素对工作效率及工作质量有着重要影响，因此必须给予充分考虑。当应用人体测量数据进行设计时，应根据实际情况考虑到人的心理感受，并留出合理的间隙余量。例如，在工程机械驾驶室的设计中，如果其空间大小仅仅能容纳人们完成必要的操作活动，那么这是不够的，因为这样的空间会使人们感到局促和压抑。为此，应该适当增加余裕空间，这个余裕空间就是心理修正量，它旨在提升人们在其中的舒适度和心理满意度。

这样的设计思路不仅体现了对人体工程学的尊重，也体现了对用户体验的重视。通过合理应用心理修正量，可以创造出更加人性化、舒适的产品空间，从而提升产品的整体品质和市场竞争力。

7. 步态分析

步态分析是探究人体运动变化过程的常用手段，为当今热门的穿戴式设备、康复辅具等产品的设计提供了基础理论支持。该领域的研究工作主要涵盖步态参数的测量、步态异常的识别，以及步态分析技术的探索与应用等方面。步态研究在人机工程学等领域中具有举足轻重的意义。

步态分析主要由支撑相和摆动相两部分构成。支撑相指的是下肢接触地面并承受重力的时间段，而摆动相则是足离开地面向前迈步直至再次落地的过程。在临床实践中，步态参数进一步细分为时间、距离、角度及动力四大类。时间参数涉及与步行相关的时间事件，例如起步时间、跨步时间、支撑期及摆动相；同时，步速（单位时间内行走的距离）和步频（单位时间内的步数）因与时间紧密相关，也被归入时间参数范畴。距离参数则涵盖步长、步幅、步宽及抬脚高度等。角度参数包括足夹角、俯仰角和翻转角等。动力参数则涉及地返力、重力加速度等。

目前，临床上主要采用基于影像和传感器的技术来测量步态参数。此外，立体视觉技术通过视觉图像处理获取信息，其中红外相机作为一种新型且小巧的立体成像设备，能够获取目标的 3D 数据，用于步态分析。此外，还有红外热成像法、压力垫及可穿戴步态采集系统等多种技术手段。特别地，足部压力测量技术因其能够揭示鞋与足之间不可或缺的作用力分布特征，进而探究足病的成因和机制，为人们健康穿鞋提供指导，并为制鞋工业的健康设计提供技术支持，因此受到了设计领域越来越多的关注。

步态研究常采用多种方法和技术，涵盖运动学分析（通过测量关节角度和运动轨迹来了解行走过程中的运动学特征)、动力学分析 (通过测量地面反作用力和肌肉活动来了解行走过程中的力学特征)，以及肌电图分析 (通过测量肌肉电活动来揭示神经肌肉控制)。随着技术的持续进步，可穿戴传感器技术和深度学习算法的发展，步态分析的方法和技术等也在不断更新和完善之中。

8.2.3　人体尺度与产品设计尺寸的关系

1. 百分位数与产品设计尺寸的类型

百分位数是一种表示具有某一人体尺寸和小于该尺寸的人，占统计对象总人数的百分比的方式。它描述了在某一群体中，有多少人的人体尺寸小于或等于某个特定的尺寸值。例如，第 5 百分位数表示有 5% 的人的人体尺寸等于或小于该尺寸值。下面我们通过一道具体题目的计算来理解这个概念。

假设有一组数据，共 76 个，具体如下 (单位：厘米)。

150，152，154，156，158，160，162，164，166，168，170，172，174，176，178，180，182，184，186，188，190，192，194，196，198，200，202，204，206，208，210，212，214，216，218，220，222，224，226，228，230，232，234，236，238，240，242，244，246，248，250，252，254，256，258，260，262，264，266，268，270，272，274，276，278，280，282，284，286，288，290，292，294，296，298，300

要求：计算出这组数据的第 90 百分位数 (P90)。

具体操作步骤如下：

(1) 对数据进行排序：将给定的数据按照从小到大的顺序排列。

(2) 确定位置：P90 对应的位置可以通过公式 "Position = (90/100)× (总样本数)" 计算。在这个例子中，总样本数为 76，所以 P90 对应的位置为 68。

(3) 找到对应值：在排好序的数据中找到第 68 个位置的数值。在这个例子中，第 68 个位置对应的身高值即为 P90。取第 68 个位置对应的身高值，即 284 厘米。因此，这组数据的第 90 百分位数 (P90) 为 284 厘米。

这个概念的应用非常广泛。在车身布置设计、家具设计、工作场所规划等领域中，人体尺寸的 "百分位分布值" 常被用作设计的尺寸依据，这是人体工程学的基本设计原则之一。通过这种方式，设计可以适应更大范围的人群，确保设计的通用性和舒适性。

在实际应用中，最常用的是 5th、50th 和 95th 三个百分位人体尺寸，它们分别代表了小、中等和大尺寸，即矮小身材、平均身材和高大身材的人体尺寸。百分位数在人体工程学中的主要作用如下。

适应性设计：通过了解不同百分位数的人体尺寸，设计师可以创建适应不同人群的产品、工作场所和交通工具，确保设计满足不同用户的需求。

舒适性优化：百分位数数据有助于设计师针对特定用户群体优化产品的舒适性。例如，在汽车座椅设计中，了解不同百分位数人群的身高和体型，可以帮助设计师调整座椅的高度、深度和倾斜度。

安全性增强：对于某些产品或设备 (如安全帽、防护装备等)，百分位数可以帮助确保设计能够适应不同人群的头部尺寸或身体尺寸，从而提高设备的安全性和有效性。

效率提升：在工作场所设计中，了解员工的身体尺寸分布可以帮助优化工作站布局和工具设计，提高工作效率并减少错误和事故。

通用性和包容性：通过使用百分位数数据，设计师可以创建更加通用和包容的设计，使其能够适应更广泛的人群，包括那些具有特殊身体需求或残疾人群。

2. 人体尺寸百分位在产品设计中的应用分类

在产品设计过程中，人体尺寸百分位是一个至关重要的参考因素，它决定了产品的尺寸范围，以满足不同人群的需求。根据设计需求的不同，人体尺寸百分位在产品设计中的应用可以分为以下几种类型：

(1) Ⅰ型产品尺寸设计 (双限值设计)。这种设计类型需要同时考虑两个人体尺寸百分位数，一个作为尺寸上限值，另一个作为尺寸下限值。通过设定这两个限值，可以确保产品能够适应一定范围内的人体尺寸变化。

(2) Ⅱ型产品尺寸设计 (单限值设计)。这种设计类型需要依据一个人体尺寸百分位数来设定产品的尺寸上限值或下限值，这种设计被称为单限值设计，也称作型产品尺寸设计。它又可细分为以下两种产品尺寸设计类型。

Ⅱ A 型产品尺寸设计 (大尺寸设计)：这种设计类型只考虑一个人体尺寸百分位数作为尺寸上限值。对于涉及人的健康和安全的产品，通常会选择较高的百分位数 (如 P99 或 P95) 作为上限值，以确保产品能够适应绝大多数人的尺寸需求，同时提供足够的安全裕量。对于一般工业产品，可能会选择稍低的百分位数 (如 P90) 作为上限值。

Ⅱ B 型产品尺寸设计 (小尺寸设计)：与Ⅱ A 型相反，这种设计类型只考虑一个人体尺寸百分位数作为尺寸下限值。对于涉及人的健康和安全的产品，通常会选择较低的百分位数 (如 P1 或 P5) 作为下限值，以确保产品能够适应极小尺寸的需求。对于一般工业产品，可能会选择稍高的百分位数 (如 P10) 作为下限值。

(3) Ⅲ型产品尺寸设计 (平均尺寸设计)。这种设计类型只考虑第 50 百分位数 (P50) 作为产品尺寸设计的依据。由于 P50 代表了人体尺寸的平均值，因此这种设计类型旨在满足大多数人的需求，而不考虑极端尺寸的变化。

(4) 男女通用产品尺寸设计。在进行男女通用产品尺寸设计时，需要同时考虑男性和女性的尺寸差异。通常，会选用男性的较高百分位数 (如 P99、P95) 作为尺寸上限值的依据，以确保产品能够适应男性的大尺寸需求。同时，会选用女性的较低百分位数 (如 P1、P5 或 P10) 作为尺寸下限值的依据，以确保产品能够适应女性的小尺寸需求。这样的设计可以确保产品既适合男性使用，也适合女性使用，从而实现男女通用的设计目标。

国内外关于人体尺度研究的文献数量众多，为设计领域提供了丰富的理论依据。对此感兴趣的读者，建议深入查阅相关资料以获取更多信息。二维码 8.1 展示了一个针对老年人行为动作展开的研究案例，其目的在于设计出更适合老年人的家具，这一案例极具学习价值。

8.1 人体尺度
研究文献

8.3　人体尺度的设计研究案例

通过实地考察并结合视知觉过程的分析，我们发现厦门市现有公交站牌在信息设计方面存在不足，这给出行带来了诸多不便。站牌的主要问题表现在总体尺寸尤其是主信息显示区的尺寸设计不合理，导致出行者经常以一种俯身弯腰或抬头仰视的姿势寻找与出行有关的信息，加大了视知觉过程中分辨和识别的难度。针对这些问题，我们进行了以下改进工作。

1. 站牌主体尺寸的设计分析

为增强站牌信息的易读性，站牌信息显示区域的尺寸设计需同时满足"不仰头""不弯腰"的竖直方向要求，以及"头部无左右摆动"的水平方向要求。

(1) 按"不仰头"的要求设计计算。

"不仰头"的设计要求，属于ⅡB 型通用产品尺寸设计 (即小尺寸设计) 问题，根据图 8.8 中的相关数据应有以下公式：

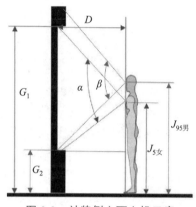

$$G_1 \leqslant D \times \tan 0.5\alpha + J_5 + X_1 \qquad (1)$$

式中，G_1 为可视区域最大离地高度，单位 mm。

J_5 为女子立姿眼高第 5 百分位数，取 1377 mm。

X_1 为女子穿鞋修正量，取 30 mm。

D 为平均视距，取 760 mm。

α 为 5 百分位女子最佳垂直向上观察视角，取 80°。

代入数值，计算得 $G_1 \leqslant 2045$ mm。

图 8.8　站牌侧立面人机示意

(2) 按"不弯腰"的要求设计计算。

"不弯腰"的要求，属于ⅡA 型通用的产品尺寸设计 (即大尺寸设计) 问题，根据图 8.8 中的相关数据应有以下公式：

$$G_2 \geqslant J_{95} + X_2 - D \times \tan 0.5\beta \qquad (2)$$

式中，G_2 为可视区域的最小离地高度，单位 mm。

J_{95} 为男子眼高第 95 百分位数，取 1670 mm。

X_2 为男子穿鞋修正量，取 20 mm。

D 为平均视距，取为 760 mm。

β 为 95 百分位男子最佳垂直观察视角，取 90°。

代入数值计算得 $G_2 \geqslant 910$ mm。

(3) 按"头部无左右摆动"的要求设计计算。

根据图 8.9 中的相关数据应有以下公式：

$$G_3 \leqslant 2D \times \tan 0.5\gamma \qquad (3)$$

式中，D 为平均视距，取 760 mm。

γ 为最佳水平观察视角，取 30°。

代入数值计算得到 $G_3 \leqslant 407$ mm。

由式 (1)(2) 可知，公交站牌信息显示区域在竖直方向的离地距离约为 910 ～ 2045 mm。因此，可将站牌的主信息显示区安排在此范围内，从而确保大多数人能在相对轻松的姿态下查找所需车次信息。按照给定的尺寸要求及式 (3) 可知，公交站牌信息显示区域在水平方向的分布宜平分为左右 2 个区域，以保证出行者在搜寻、阅读具体车次相关信息时头部无须左右摆动，从而降低信息误读率。各尺寸示意如图 8.10 所示。

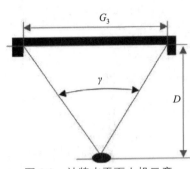

图 8.9　站牌水平面人机示意

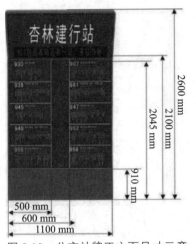

图 8.10　公交站牌正立面尺寸示意

2. 到站信息显示设计与分析

1) 站牌的信息显示方式

到站信息包括本站站名和到站车次信息。其中，本站站名属静态信息，到站车次信息为动态信息。根据统一尺寸要求，到站提示信息显示区在竖直方向上的尺寸设计为 2100 ～ 2600 mm。为了优化阅读体验，拟将本站站名设置于公交站牌的最上端，其下方为到站车次信息，并且整体向前略倾斜 20°。这样的倾斜角度能抵消出行者在阅读较高处信息时头部上仰所带来的不适感。

从可视性的角度出发，字符与背景色彩及其搭配的原则应遵守字符与背景间的色彩明度差至少应在蒙塞尔色系的 2 级以上，而照度超过 100 lx 时，白底黑字的组合具有更优的辨认性 (此处的白色和黑色可理解为高明度色彩和低明度色彩)。此外，在设定公交站牌不同公交路线条件下的字体颜色时，如果与不同路线条件下所行驶的公交车体颜色相匹配，将有助于出行者更快地理解相关信息。

2) 站牌的字体及排版细节

(1) 站牌的字体形状。为了提升易视性，字符形状应设计得简单且醒目。具体而言，直线笔画和带直角尖角的字形相较于圆弧及曲线笔画的字形更具优势；正体字相较于斜体字也更为合适。因此，我们倾向于采用以直线和尖角为主要特征的字体。在站牌设计中，所有中文字符 (包括数字) 采用黑体，而所有字母或拼音则采用 Times New Roman 字体。此外，根据信息的重要程度，车次数字被设定为黑体加粗，而车次数字以外的数字则采用普通黑体。

(2) 站牌的文字大小。在兼顾便于认读和经济合理性的前提下，文字应尽量设计得大一些。在正常室外条件下 (即中等光照强度下)，如果要求文字能够清晰可辨，我们可以根据 Peters 和 Adams 建议的公式来确定文字的高度。具体公式如下：

$$H=0.0022D+25.4\times(K_1+K_2) \tag{4}$$

式中，H 为文字的高度，单位 mm。

D 为视距，取 760 mm。

K_1 为照明与阅读条件校正系数，取 0.16 mm。

K_2 为重要性校正系数，取 0。

由式 (4) 可得站牌中站名文字高度，取整后，H=6 mm。数字与字符的高宽比一般可采用 3:2 至 5:3.5 的比例，而字体的笔画宽与字高比则一般为 1:6 至 1:8。结合实际情况，本设计中站名字符的高度为 6 mm，宽度为 4 mm，其笔画宽度为 0.7 mm。

在某些情况下，仅仅"看得清"是不足以满足需求的，还要求信息醒目，能够充分吸引人们的注意。因此，站牌上的车次数字及到站提示信息的字体大小需要根据实际需求进行适当调整，以确保其醒目性。具体来说，车次数字的高度 G 将被设定为站名字符高度的 2 倍，即 12 mm，字符宽度 E 为 8 mm，笔画宽度增加到 1.4 mm。对于到站提示信息中的静态信息部分，即本站站名，其字符高度 H 将被设定为站名字符高度的 6 倍，即 36 mm，字符宽度 J 为 24 mm，笔画宽度增加到 4.2 mm。至于动态信息部分，其字体高度 I 被设定为站名字符高度的 4 倍，即 24 mm，字符宽度 L 为 16 mm，笔画宽度为 2.8 mm。这样的设计旨在确保站牌上的信息既清晰又醒目，从而方便出行者快速获取所需信息。

(3) 站牌信息的排版细节。为提高出行者在搜索站牌信息时的视觉搜索效率，站牌排版应充分遵循人眼的视觉巡视特性，比如视线习惯于从左到右、从上到下运动，眼球在水平方向运动速度比垂直方向快等。在综合考虑尽可能充分利用站牌可用版面的基础上，将站与站之间设定为横向排列，而各站的名称则采用竖向排列。

字间距和行间距对于文字的可读性和易识别性具有显著影响。如果间距过大，可能会破坏车次信息的整体性；而间距过小，又可能导致字与字、行与行之间难以区分，从而产生误读。考虑到站牌背景为深色，为了增强文字的辨识度，字间距与行间距应适当增大。具体来说，对于横排的文字，其间隔至少应为一个笔画宽度；两行文字之间的间距则至少应为字高的 1/3。基于这一原则，我们设定站名字符间距 D 为 0.7 mm，车次字符间距 F 为 1.4 mm，本站名字符间距 K 为 4.2 mm，动态信息字符间距 N 为 2.8 mm，而相邻两站名的字符行距 B 则设定为 2 mm。这些具体的排版细节参见图 8.11 及表 8.3。

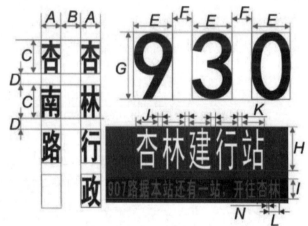

图 8.11　站牌各部分字符尺寸示意

表 8.3　站牌尺寸

代号	A	B	C	D	E	F	G
尺寸	4mm	0.7mm	6mm	0.7mm	8mm	1.4mm	12mm
代号	H	I	J	K	L	N	
尺寸	36mm	24mm	24mm	4.2mm	16mm	2.8mm	

3. 新旧设计合理性对比实验

为了评估新方案设计的合理性和有效性，我们首先从广大出行者中随机抽取了各 30 名出行者，分别组成实验组和对照组。在选取过程中，我们确保了男女比例控制在 1:1，以保证样本的代表性。接着，我们对这两组对象进行了站牌信息可视性和易视性方面的测试。测试的具体方法是向被试展示新旧两种站牌，如图 8.12 和图 8.13 所示，并依次提出以下三个问题："站牌上的本站名是什么？""807 次公交车将开往哪里？""为了到达指定目的地，应该乘坐哪个车次？"主试人员负责记录被试正确回答所有问题所需的时间，并观察记录他们在测试过程中是否出现弯腰、仰头、头部摆动等肢体动作及其发生的次数。

图 8.12　新站牌

图 8.13　旧站牌

实验数据分析使用 SPSS11.5 软件，采用独立样本 t 检验的方法。根据表 8.4 和表 8.5 所展示的结果，对实验组和对照组反应时进行了是否存在显著差异的 t 检验。结果显示，两组被试反应时存在差异显著 (P<0.05)。

表 8.4　组反应时统计

比较组别	平均时间 /s	标准误差
试验组	84.83	5.39
对照组	127.51	16.71

表 8.5　组平均反应时差异显著性检验

检验变量	t 值	自由度 /df	差异性显著水平
认读时间	3.33	58	0.00

比较两组观察记录发现，试验组肢体动作的频次少于对照组 (试验组肢体动作的数量为 17 次，对照组则为 28 次)，结合表 8.4 的试验组平均时间 (84.83 s)，少于对照组平均时间 (127.51s)。以上数据分析表明，新公交站牌较好地解决了向出行者提供关于"这是哪里""要去哪里"及"怎么去"的信息问题，在公交信息可视性与易视性方面差异明显，有较好的改进。因而，新的改良设计是合理有效的。

本课题致力于将人体尺度研究、实际设计项目与实验验证三者紧密结合，进行了一项针对性的研究。值得注意的是，公交站牌信息布局效果受到众多因素的影响，囿于篇幅和必要性考量，在此不再展开。在本例中，应重点理解：

(1) 国家制定的人体尺寸标准为我们提供了人体特征尺寸，以及百分位数选定的明确原则。但设计者还需充分考虑地域、时代、操作方式、着装习惯，以及个人使用习惯等因素所带来的差异，并据此做出适当的调整，最终确定出合理的设计尺寸。

(2) 在实际应用人体尺寸数据时，我们主要遵循以下三个步骤：首先，根据实际需求选择合适的人体特征尺寸；其次，确定适当的百分位数以确保设计的包容性和舒适性；最后，基于选定的人体尺寸进行功能尺寸的设计，以满足实际使用的需要。

课后练习

思考题

1. 如何使用人体尺度数据来设计适合不同人群的家具，如椅子、桌子和床？

2. 人体尺度如何影响建筑设计，如门的高度、走廊的宽度和楼梯的步长？

3. 在设计用户界面或交互产品时，如何利用人体尺度来优化用户体验？

4. 什么是人体尺度研究？请简要描述其在人因工程中的重要性。

5. 解释"人体百分位数"在人体尺度研究中的应用及其意义。

6. 描述"人体模型"在人体尺度研究中的作用及其构建过程。

7. 在人体尺度研究中，如何使用"人体测量数据"来优化产品设计？

8. 请列举至少三种常见的人体尺度测量方法，并解释它们的应用场景。

讨论题

1. 讨论在设计中忽视人体尺度可能带来的问题，并给出实际案例。

2. 讨论在不同文化和地区背景下，人体尺度研究的挑战和机遇。

3. 分析在设计公共空间和交通工具时，如何平衡不同人群的人体尺度需求。

4. 探讨在数字化时代，人体尺度研究如何与新兴技术(如虚拟现实、增强现实)结合，以改善用户体验。

5. 讨论人体尺度如何影响产品的用户体验，包括舒适性、易用性等方面的因素。

6. 分析人体尺度对服装设计的影响，讨论为不同体型的人设计服装时需要考虑的因素。

实践题

1. 选择一个日常用品(如手机、电视遥控器、厨房用具等)，运用人体尺度原理分析其设计的优缺点，并提出改进建议。

2. 设计一款适合儿童使用的书桌和椅子，考虑到儿童的人体尺度特点及成长性。

3. 假设你要设计一座公共建筑(如图书馆、博物馆或学校)，请运用人体尺度的知识来规划其内部空间布局，确保空间的舒适性和功能性。

4. 设计一个简单的实验来测量不同年龄段人群的坐高和臂展，分析这些数据在设计公共座椅时的应用。

5. 选择一个常见的家用产品(如椅子、桌子)，基于人体尺度数据，提出至少三个改进建议。

6. 基于人体尺度研究，设计一个适合不同身高人群的办公桌，包括桌面高度、抽屉位置等细节。

7. 现有一组身高数据如下：160，165，170，175，180，185，190，195，200，205，210，215，220，225，230，235(单位：厘米)。请计算这组数据的均值和标准差，并确定一个合适的衣服尺寸范围，使之适合大约 90% 的被测身高。

8. 在椅子座高调查中，得到一组数据：40，42，38，44，41，43，39，45，42，40，44，41，43，39，45，42(单位：厘米)。请计算这组数据的均值，并建议一个调整后的座椅高度，使之适合大约 80% 的中国成年男性。

第9章
作业器具设计研究

9.1　前沿研究

9.1.1　手部外骨骼装置设计研究

手部外骨骼装置作为外骨骼技术在医疗康复和工业应用领域的一个重要分支，其主要目标是辅助或增强手部功能。特别是在帮助手部运动障碍患者进行康复、为残疾人士提供辅助，以及提升工业操作效率、减轻工人疲劳方面，手部外骨骼装置发挥着重要作用。尽管手部的运动机制极为复杂，但已有研究显示，新型手部外骨骼的可行性已经被证实。

国外已有报道指出，利用交互式手部外骨骼装置可以满足主动和被动的康复活动需求。例如，通过安装在手和外骨骼之间的压力传感器阵列来检测压力数据，并将这些数据输入控制装置，从而驱动电机带动外骨骼手指进行运动。此外，外骨骼的运动合成技术还允许人们使用拇指和食指执行精确的抓取任务，以及实现整个手的力性抓握功能。

图 9.1 展示了一款手部外骨骼装置——HandyRehab 单手装置。该装置采用了 8 个独立的电机，能够灵活地进行复杂的手部功能训练。结合肌电生物反馈技术，它还可以提供主动、被动、双手镜像等多种训练模式。

图 9.2 展示的是一款使用肌电图界面来控制可提供握力的机器人手套。该手套通过检测肌腱连接处的信号来识别产生握力的意图，从而实现对机器人手套的精准控制。

图 9.1　手部外骨骼装置

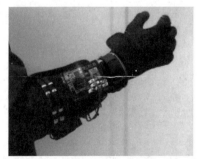
图 9.2　便携式柔性外骨骼手套

手部外骨骼装置是一种机械装置，它能够像节肢动物的外骨骼一样依附于手部，并用于辅助完成运动功能，是手功能障碍患者的一种康复设备。近年来，手部外骨骼装置的设计和研究呈现出如下几个前沿动向。

1. 生物力学和人机交互优化

设计者越来越注重模拟自然手部运动的生物力学特性，以提高外骨骼的自然性和舒适性。同时，通过先进的传感器和控制算法，实现更精确的人机交互，使外骨骼能够更好地适应用户的意图和动作。

2. 柔性材料的应用

为了提高佩戴舒适度和灵活性，研究者正在探索使用柔性材料，如硅胶、聚合物和纺织品等来构建外骨骼的外壳。这些材料可以更好地贴合手部形状，减少压力点，并允许更广泛的运动范围。

3. 轻量化和便携性

随着材料科学的进步，手部外骨骼装置正变得越来越轻，便于患者日常佩戴。同时，便携性的设计也使用户能够更轻松地在不同环境中使用这些设备。

4. 智能化和自适应控制

通过集成先进的传感器和人工智能算法，手部外骨骼装置能够实时监测用户的手部运动，自动调整辅助力度和模式，以适应不同的任务需求。

5. 定制化和个性化设计

由于每个人的手部结构和功能需求不同，定制化和个性化设计成为趋势。通过 3D 打印技术和快速原型制造，可以为每个用户量身定制外骨骼装置，以提供最佳的支持和功能。

9.1.2 触觉仿生设计研究

触觉仿生设计是一种先进的技术，它能够实时传递位置和触觉信号，使患者在运动和运动后能即时、准确地感知肢体的位置，从而显著提升本体感觉的敏锐度。图 9.3 为瑞士、意大利和德国的研究人员经过长达 10 年的努力，共同开发的一种新型仿生手。

当前使用的肌电假体已经能够让截肢患者利用前臂的残余肌肉功能重新获得对假肢的自主运动控制，但这些假肢仍然缺乏感官反馈。这意味着患者在使用过程中必须高度依赖视觉线索，无法真正感受到假肢是他们身体的一部分，使用起来显得很不自然。为了解决这个问题，瑞士洛桑联邦理工学院、意大利圣安娜高等研究学院和德国弗赖堡大学等机构的研究人员，在截肢患者的残端植入了电极，通过发送电脉冲来重新建立外部信息流的内部刺激机制。患者在接受培训后，逐渐学会了如何将这些电脉冲转化为本体感觉和触觉感受。这一新型仿

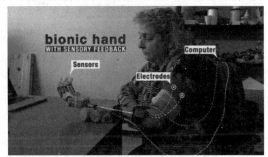

图 9.3 触觉仿生手通过手臂触觉和肌电控制实现假手的仿生性能

生手设备使患者无须再用眼睛查看，就能通过仿生手去感受物体的形状、位置、大小等信息。

目前，这项技术已经成功帮助两名截肢患者获得了很高的本体感觉敏锐度。在使用假肢确定四个物体大小和形状的实验中，这两名患者的成功率已经达到 75.5%。研究人员表示，这种基于神经内刺激的感官替代设备能够实时为患者提供位置反馈和触觉反馈，而大脑则能够完全综合这些信息。患者在接受培训后，实时处理这两种反馈的效果极佳，几乎就像使用真手一样自然。

9.2 手握式工具设计

9.2.1 手握式工具设计原理

1. 力触觉

在传统的人机交互领域的研究中，人们主要关注视觉和听觉，而忽略了其他感觉形态。随着计算机技术的显著提升，触觉交互作为一种新兴的人机交互手段已经崭露头角，并成为人机交互领域的最新技术，它将对人们的信息交流和沟通方式产生深远的影响。

狭义上的触觉，指的是微弱的机械刺激激活皮肤浅层的触觉感受器所引发的肤觉，而广义的触觉则涵盖了由较强机械刺激导致的深部组织形变所引起的压觉。触压觉的绝对感受性在身体表面的不同部位存在显著差异。人类的触觉感知系统是一个复杂且多模式感测的系统，根据神经信号输入方式的不同，它可以细分为皮肤感知、动觉感知，以及力触觉感知三种模式，其中力触觉感知是皮肤触觉感知与动觉感知的融合体现。

早期的一些研究已经通过实验证明，由计算机编程控制的机电主控装置，能够使用户在触碰简单形状时产生相应的感觉。然而，受限于当时的计算机处理能力，这些研究还无法构建出复杂的虚拟对象。随着计算机性能的进一步提升，实时的三维图形渲染得以实现，虚拟现实技术在工业领域得到了广泛应用。但与此同时，无法触碰虚拟物体的局限性也逐渐显现。在一些任务中，仅仅看到和听到虚拟世界的物体是不够的，还需要能够触碰它们，甚至在某些情况下，触觉起着主导作用。因此，各种类型的触觉交互装置应运而生。在计算机游戏和日常应用领域中，特殊的游戏操纵杆、操纵轮、鼠标等被用来提供一维和二维的触觉反馈，而手指套环和笔状的探针则被设计用来提供三维位置的感知与反馈。

近年来，随着人们对力触觉感知机理的深入理解及虚拟现实技术的不断发展，力触觉再现技术受到国内外研究者的广泛关注。力触觉再现技术通过具体的力/触觉交互装置，模拟真实环境下人与环境交互中的各种机械刺激，并将其作用于人体，从而产生与真实环境交互相似的触觉感受。这种技术能够模拟虚拟物体的纹理、柔顺性、形状、硬度、温度等多种触觉特征，不仅反映了环境中物体的客观物理属性，还体现了人的心理因素，是对真实交互过程的生动模拟与描述。在传统的人因研究领域，力触觉再现技术在作业器具研究方面有着广泛的应用。

图 9.4 展现了一种新型触觉反馈笔，该笔能够同时为操作者提供沿笔杆方向的作用力和轴向旋转力的反馈。装置中内置了两个振动电机，分别位于笔头和笔尾，利用幻影效应沿笔杆方向表征物体表面微小的高度变化，而用直流电机产生的旋转力来模拟人手接触物体时产生的扭矩。

图 9.5 展示了一款基于阵列式小型超声直流电机的力触觉交互笔 Ubi-pen。这款笔式装置不仅能够通过点阵振动信息来表达图像纹理的触觉特征，还能利用振动提高用户点击屏幕的速度和准确度。

图 9.4 二自由度力觉交互笔

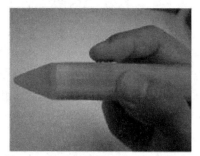

图 9.5 基于触觉振动阵列的 Ubi-pen

2. 人体生物力学

生物学是研究生命的生长、衰老与死亡的科学；力学是研究物体运动和变形的科学。生物力学是这两大学科的结合，是研究生物体物理运动规律的科学，如研究各种形式的力的作用，对于生命体的生长、萎缩、致病、整合等过程的效应。人体运动是自然界中最为复杂的现象之一，为了研究运动中人体的规律，需要使用生物学和力学的相关理论和分析方法，将这些复杂的人体运动建立在最基本的力学和生物学规律之上，这便属于运动生物力学的范畴。运动生物力学是一门专注于研究人体运动力学规律的科学，它要求具备坚实的理论基础(依赖于力学、生物学和数学的相关理论和方法来进行定量分析)，又需要强有力的实践支撑 (需要专业人员依据测定的生物力学参数及相关理论分析的结果，结合根据经验建立的标准动作模式，来使动作达到预期结果，从而设计出更符合人体动作特征的产品)。

人体生物力学专注于研究人体各部分的力量、速度、活动范围，以及人体组织对于不同阻力所发挥出的力量数值、各部分重量、重心变化和动作执行中的惯性等问题。其主要研究内容包括：研究在各种工况和环境下，如何减轻劳动疲劳，提高劳动生产率，以及如何预防人体慢性损伤，避免劳动职业病，以达到人们在生产劳动中安全、舒适且高效的目的。此外，生物力学还是康复辅具设计与安装的重要理论基础之一。

目前，肌电图 (electromyography，EMG) 是评估人体生物力的一种关键方法。它利用电极捕捉单个或多个肌细胞，乃至部分肌肉组织活动时产生的生物电变化，并将这些变化经过引导、放大、记录和显示，最终转化为电压变化的一维时间序列信号图形。EMG 作为一种客观反映神经肌肉系统生物电活动的工具，其显著特点包括非损伤性检测、多靶点监测能力，以及肌电信号特征与内在生理病理变化之间的高度一致性，这些特性为 EMG 技术在人因工程领域的广泛应用奠定了坚实的科学基础。

3. 体压分布

人在坐姿或卧姿状态下，身体与坐具或卧具接触界面产生的压力大小和分布情况被称为体压分布。目前，对于体压分布的研究主要集中在两个方面：一是探讨体压分布的影响因素，通常采用实验或仿真的研究方法；二是研究体压分布与坐姿或卧姿舒适性之间的关系，以寻找理想的体压分布状态。

目前，国内外对静态体压分布的研究较为丰富，对静态体压分布的参数、影响因素等进行了详尽的探讨。然而，对于动态体压分布的研究则相对较少。

人体压力测量技术的研究已历经五十余年，市场上相关产品种类繁多。以下以典型的压力分布测量传感技术为例，概述体压分布的研究技术。

(1) 电容式传感器。它利用两个带电体构成电容器，通过被测参数引起电容值变化进行测量。此种传感器的结构形式较多，其中应用较多的是平行板电容器，如图 9.6 所示。这种传感器的优点是柔软、耐用；缺点是较厚，会影响所要测量的表面压力值的准确性。

(2) 电阻式传感器。它是由金属粉末或炭黑浸渍合成物制成，主要结构为两层相邻的聚酯薄膜，其中一层涂有高阻性的导电聚合体敏感膜片（电阻油墨），另一层则印刷了相互交错的可扩展电极，如图 9.7 所示。当弹性橡胶受压时，两层薄膜间的接触电阻减小，导电性增加。该传感器厚度仅有 0.25 mm，造价低、有弹性、结实耐用、不易老化和氧化，其温度范围也较高。但输出非线性大，功耗高，不耐用，滞后影响严重。

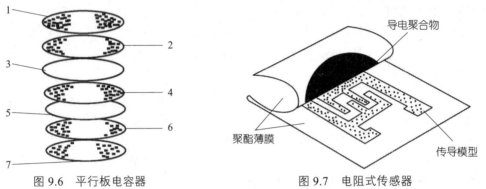

图 9.6　平行板电容器　　　　　　　　图 9.7　电阻式传感器

(3) 压电电阻传感器。它是一种基于半导体材料的压阻效应工作的传感器，能够将被测量转换为电量输出，其工作原理如图 9.8 所示。在半导体硅片上扩散有一层电阻体，当对该电阻体施加压力时，由于压电电阻效应，其电阻值会发生变化。特别是，膜片部分容易感压而变薄，在受到压力拉伸或收缩时产生形变。电阻 R_2 和 R_4 因拉伸而阻值增加，R_1 和 R_3 因压缩而阻值减小。这四个电阻以电桥形式连接，输出电压 V 由公式 $V = E \times (\Delta R/R)$ 给出，其中 E 为电源电压，$(\Delta R/R)$ 为电阻变化率。压电电阻传感器的优点在于其薄型设计和耐用性，但分辨率和精度方面有待提升。

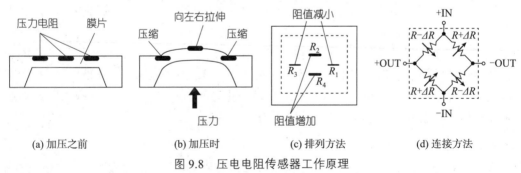

(a) 加压之前　　　　(b) 加压时　　　　(c) 排列方法　　　　(d) 连接方法

图 9.8　压电电阻传感器工作原理

(4) 新型材料传感器。新型材料传感器是借助现代先进科学技术，利用现代科学原理，应用现代新型功能材料，并采用现代先进制造技术制造而成的传感器。这些传感器利用了各种物理现象、化学反应、生物效应等作为其基本原理。例如，导电橡胶压力传感器，由硅橡胶填充镍或炭黑组成。过去，这种材料的电特性不够稳定且不耐用，但现在的压敏片已能通过颜色深浅直观反映接触区域的压力分布情况，广泛应用于足压测量等领域。它具备厚度薄、可裁剪、使用简便、价格低廉等优点，但每片只能一次性使用。此外，虽然压敏片可通过肉眼进行粗略判读，但要实现精确判读，还需借助专业设备如浓度计及压力转换计，或扫描仪与计算机图形分析系统。

4. 手部生理结构

人类双手能做复杂而灵巧的捏、握、抓、夹、提等动作，有极其精细的感觉，这些复杂功能与其解剖结构息息相关。手部主要由皮肤、骨骼、肌肉、血管、神经等组织组成。

1) 皮肤

手部皮肤，特别是手掌侧皮肤，展现出独特而复杂的结构特点，这些特点与其所承担的多重功能紧密相连。手掌皮肤厚而坚韧，尤其在掌心及鱼际区域更为显著。为了完美适应手的捏、持、抓、握及感觉等多样化功能，手掌和指掌侧皮肤演化出了诸多精妙的结构特征。接下来，让我们一同深入探讨这些令人惊叹的适应性结构。

(1) 角化层较厚。皮肤最表面的角化层是由多层扁平的角化上皮细胞组成。手部皮肤的角化上皮细胞内充满角蛋白，细胞膜较厚，含有脂类，其角化层较厚，故可以阻止有害物质侵入皮肤内部，而且耐机械性摩擦。

(2) 皮肤弹性差，不易移动。皮肤深层面的纤维束将皮肤和深筋膜、胖膜、骨膜等相连，这使皮肤弹性较低，不易移动，但有利于抓握和持物。

(3) 皮肤无毛及皮脂腺。手掌皮肤的汗腺非常丰富，无毛和皮脂腺，因此皮肤不油滑，不会发生皮脂腺囊肿。

(4) 皮肤有许多皮纹。手掌和手指掌侧皮肤有许多皮纹。皮纹分粗纹和细纹，其中粗纹较恒定，是由关节的活动所产生，仿若皮肤的"关节"。手背皮肤较薄和柔软，而且富有弹性和伸缩性，抓握时手背皮肤不会过紧，伸指时也不会过松，且抓握时较伸直时皮肤面积约增加 1/4，这样比较适应手部抓握功能。

2) 骨骼

手骨主要有腕骨、掌骨、指骨。手的骨骼见图 9.9。其中，腕骨共有 8 块，平均分为两列，一列名为近侧列，与桡骨相连，另一列称作远侧列，与掌骨相连；掌骨共 5 块，属于小型长骨；指骨总共有 14 块，属于小型长骨，除了拇指有两节指骨，其余四指均有 3 节指骨。

3) 肌肉

手部肌肉是手部运动与感知必不可少的组织。手部肌肉主要分为外侧肌肉群、内侧肌肉群与中间肌肉群，具体肌肉分布如图 9.10 所示。

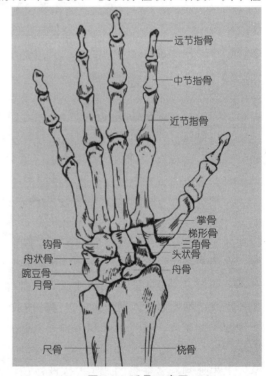

图 9.9 手骨示意图

外侧肌肉群：在拇指侧隆起，称为大鱼际。总共有 4 块：浅层有拇短屈肌和拇短屈肌；深层有拇对掌肌和拇收肌。这些肌肉可以使拇指屈、内收、外展和对掌等动作。

内侧肌肉群：在小指侧隆起，称为小鱼际。总共有 3 块：浅层有小指短屈肌和小指展肌；深层有小指对掌肌。这些肌肉可使小指完成屈、外展和对掌等动作。

中间肌肉群：主要位于掌心，有 4 块蚓状肌和 7 块骨间肌。骨间肌在掌骨间隙内，作用是内收手指，蚓状肌和骨间肌收缩时均可屈掌指关节、伸指骨间关节。

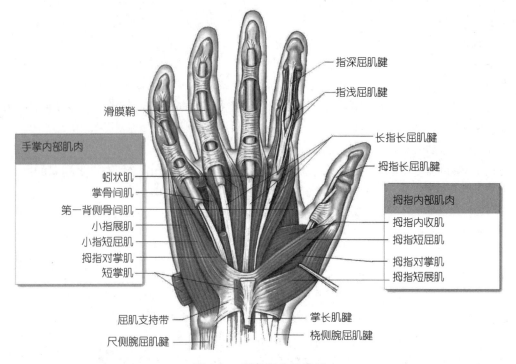

图 9.10　手部肌肉示意图

4) 神经

手部受到正中神经和尺神经的支配，而桡神经仅负责部分手背的感觉功能。正中神经是前臂的前肌群和大鱼际的主要运动神经，对手的运动功能至关重要，也是手掌面的主要感觉神经。一旦正中神经损伤，患者可能会出现前臂不能旋前、屈腕及外展力弱，拇指、食指和中指不能弯曲，拇指不能对掌等问题。

尺神经是手肌和前臂尺侧手屈肌的主要运动神经，同时也负责手尺侧皮肤的感觉功能。尺神经损伤后，患者会表现出屈腕力减弱，无名指和小指末节无法弯曲，手指无法内收与外展，以及小鱼际和小指感觉丧失等症状。

桡神经的深支发出多个分支，支配前臂后肌群和前臂后面的皮肤，桡神经的浅支分布于手背桡侧及桡侧手指背面的皮肤。桡神经损伤会导致患者无法伸腕伸指，出现"垂腕"现象，拇指不能外展，以及"虎口区"皮肤感觉丧失。

就手掌而言，指骨间肌和手指部分是神经末梢遍布的区域，因而触觉敏感；指球肌、大鱼际肌（拇指肌）、小鱼际肌（小指肌）肌肉丰满，可起到减振作用；掌心部位肌肉最少，是人手主要神经和血管的通道。因此，在设计手把形状时，应避免将手把丝毫不差地贴合于手的握持空间，更不能紧贴掌心。手把的着力方向和振动方向不宜集中于掌心和指骨间肌，因为长期使掌心受压受振，可能会引起难以治愈的痉挛，也容易引起疲劳和操作不准确。

此外，人手的运动范围受限，主要由其生理结构决定。手部运动范围指手部关节在正常条件下的最大活动幅度，涵盖掌指关节、近端指间关节、远端指间关节及拇指的多方向运动。掌指关节屈曲约 60°～90°，指间关节约 90°，且能外展内收不小于 20°。拇指关节结构独特，屈曲范围大，能进行对掌运动。手腕关节允许屈曲、伸展、偏移及轻微旋转，掌屈约 50°～60°，背伸约 30°～60°，外展约 25°～30°，内收约 30°～40°。手部旋转对工具转动和调整方向至关重要，设计工具时需考虑这些运动范围，以确保操作的舒适性和效率。在设计手把时，需充分考虑手部运动范围。掌指、近端及远端指间关节的屈曲伸展，拇指的对掌运动，以及手腕的屈曲伸展和偏移，都应被纳入考量。合理布局手把形状与尺寸，以确保操作的舒适性与准确性，同时提升工具的使用效率。

5. 握力与握持姿势

握力是指手部肌肉收缩时产生的力量，用于紧握或稳定物体。握力的大小受到多种因素的影响，包括手部肌肉的力量、手部的解剖结构、手部的健康状况，以及个体的体力。握力可以分为静态握力和动态握力。静态握力是指在没有运动的情况下保持握持物体的力量，而动态握力则涉及在握持物体的同时进行运动，如旋转或移动工具。

握力的测量通常使用握力计进行，它可以测量在不同握持姿势下手部施加的最大力量。在设计工具时，需要考虑握力的分布，确保工具的握把设计能够适应不同大小和力量的手，同时提供足够的摩擦力以防止滑脱。

握持姿势是指手部在握持物体时的形态和位置。正确的握持姿势可以提高握力，减少手部疲劳，并降低受伤风险。握持姿势可以根据手指和手掌的参与程度分为如下几种。

全握：手指完全环绕握把，手掌紧贴握把，这是最稳定和最有力的握持方式，适用于需要大力量和精确控制的工具。

半握：手指部分环绕握把，手掌不完全贴紧握把，适用于需要一定灵活性和快速操作的工具。

指尖握：仅用手指尖部分握住握把，手掌不参与握持，适用于需要极高精度和灵活性的工具。

钩握：手指弯曲，仅用指尖和手指的侧面握住握把，适用于需要快速切换握持位置或进行精细操作的工具。

根据手部的握力分布特点和不同的握持方式，工具的握把设计应当精心考量，旨在提供既符合人体工学又舒适的握持表面与支撑结构。合理的握把设计能够有效分散手部压力，确保在长时间使用或进行高强度操作时，手部肌肉能够得到充分的支撑与放松，从而显著降低手部疲劳与肌肉负担，提升工作效率与操作舒适度。

9.2.2　手握式工具设计标准

1. 保持手腕处于顺直状态

当手腕在进行操作时未能保持顺直状态，而是处于掌屈、背屈或尺偏等别扭姿势时，会对手腕关节造成极大的压力。这种非自然的姿势不仅会导致腕部肌肉酸痛，还会显著减小握力，影响操作的稳定性和效率。如果长时间维持这种不正确的操作方式，手腕将承受持续的负荷，进而可能引发一系列健康问题，如腕道综合征、网球肘等。这些病症不仅会带来剧烈的疼痛，还可能严重影响日常生活和工作能力。因此，保持手腕顺直操作对于预防手部疾病至关重要。

为了降低手腕在操作过程中的疲劳感并提高操作的便捷性，工具把手的设计应当充分考虑到手腕的自然生理结构。一般认为，将工具的把手与工作部分设计成大约 10° 左右的弯曲角度，可以最有效地使手腕保持顺直状态。这种设计不仅符合人体工学原理，还能确保手腕在操作过程中始终处于放松和舒适的状态，从而有效减少手腕的负荷和酸痛感。对于腕部有损伤或容易感到疲劳的用户来说，这种设计更是带来了极大的便利和舒适。

2. 减轻掌部组织所受压迫

在操作手握式工具时，往往需要施加一定的力量来完成任务。然而，如果工具的设计不够合理，就会在掌部和手指处造成过大的压力。这种压力不仅会影响操作的舒适度，还可能妨碍血液在尺动脉的顺畅循环，导致局部缺血。一旦局部缺血发生，操作者往往会感到麻木、刺痛等不适感，严重时甚至可能影响到手指的灵活性和握力。长此以往，这种不当的设计还可能引发手部疾病，对操作者的健康造成潜在威胁。

为了优化手握式工具的使用体验，手把的设计应当注重压力的分布和减少应力集中。一方面，手把应具有较大的接触面，这样可以将压力分散到更大的手掌面积上，从而降低单位面积上的压力值。另一方面，手把的设计还可以考虑将压力作用于不太敏感的区域，如拇指与食指之间的虎口位置，这样既能保证操作的稳定性，又能减少对手指敏感区域的压迫感。此外，除非有特殊需求，否则把手上最好不要设计指槽，因为人体尺度存在差异，不合适的指槽可能会导致某些操作者手指局部的应力集中，反而增加手部负担。因此，在设计手握式工具时，应充分考虑人体工学原理，确保手把的舒适性和实用性。

3. 避免手指重复动作

在频繁使用食指操作扳机式控制器的过程中，由于食指需要不断地进行弯曲和伸展动作，这会导致食指的腱鞘受到过度的摩擦和挤压。长此以往，这种重复性的机械运动容易引发狭窄性腱鞘炎，俗称"扳机指"。扳机指不仅会带来剧烈的疼痛和手指活动受限，还可能影响到日常的工作和生活。因此，在设计需要频繁操作扳机式控制器的产品时，应充分考虑食指的受力情况和运动轨迹，尽量避免让食指承担过多的操作任务。

为了降低食指在操作扳机式控制器时的负担，设计时可以考虑采用其他手指或部位来代替食指进行操作。例如，可以使用拇指或指压板来替代食指的功能，因为拇指由局部肌肉控制，其重复动作的危害性相对较小。同时，对于拇指的操作，也应尽可能避免过度伸展，以免引发拇指的疲劳和损伤。另外，如果可能的话，还可以设计多个手指共同分担操作力量的结构，这样不仅可以分散单个手指的受力，还能提高操作的稳定性和准确性。总之，在设计扳机式控制器时，应充分考虑人体工学原理，确保操作者的手部健康和安全。

手握式工具的把手设计需全面考虑人体手部尺寸、抓握直径的适宜性、长度以确保舒适握持、形状以贴合手部轮廓、弯角以顺应自然手腕姿态。同时，对于双把手工具，要确保两手间距离合理。此外，设计还需兼顾不同用户的用手习惯和性别差异，以提供个性化、符合人体工学的握持体验，提升操作效率与舒适度。

人体工程学在设计工作中占据着举足轻重的地位，其理论的实际应用在工作环境中展现了如何将理论知识转化为提升工人福祉的具体实践。二维码 9.1 呈现了一份全面的手握式工具设计深度研究报告，该报告深入探讨了如何借助人体测量数据优化工具设计，旨在增强使用者的舒适度，并显著减少肌肉骨骼疾病的风险。报告采用了严谨的实验设计与主观评估方法，为我们树立了科学研究方法的典范。

9.1 手握式工具
研究文献

9.2.3　手持产品设计案例

手持产品是手握式工具设计的关键组成部分，广泛应用于日常工业设计的众多项目。手持产品主要包含如下几种类型。

(1) 家居生活类，比如手持吸尘器、吹风机、电风扇等手持产品。

(2) 数码产品类，比如摄像机器、支架、三防类手机、pos机终端等手持产品。

(3) 五金工具类，如电动螺丝刀、电动砂轮机、电动砂光机、电钻、冲击电钻、电镐、电锤、电剪、电创、电动石材切割机等手持产品。

(4) 医疗类，如窥探仪器、监测仪器等手持产品。

在设计手持类产品时，设计师需要投入更多的创意，并充分考虑不少设计要点、人机交互，以及使用体验。手持产品设计案例见图 9.11～图 9.13。

图 9.11　手持产品设计 (1)

图 9.12　手持产品设计 (2)

图 9.13　手持产品设计 (3)

手持产品的手柄设计多样，包括旋和式、可折叠式和可卸式等，这些设计不仅丰富了产品的形态，还承载着关键的功能性。手柄的设计风格直接影响产品的整体美感与用户体验，设计师需综合考虑人体工学、美观性及实用性，确保手柄既舒适又高效。

9.3　工作座椅设计

9.3.1　工作座椅设计原理

1. 人体臀部构造

人体臀部是腰与腿的结合部位，由两个髋骨和骶骨组成的骨盆构成。臀部的形态向后倾，其上缘为髂嵴，下界为臀沟。臀部的骨架由两个髋骨和骶骨组成，外面附着肥厚宽大的臀大肌、臀中肌和臀小肌，以及相对体积较小的梨状肌，见图 9.14 和图 9.15。臀肌属于髋部肌，分为三层：浅层有臀大肌和阔筋膜张肌；中层由上向下依次为臀中肌、梨状肌、上孖肌、闭孔内肌、下孖肌和股方肌；深层有臀小肌和闭孔外肌。 臀部的动脉起自髂内动脉，有臀上动脉、臀下动脉及阴部内动脉等三条。臀部的神经均来自骶丛，包括臀上神经、臀下神经、股后皮神经、坐骨神经和阴部神经。

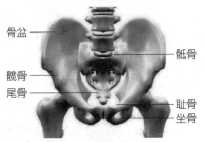

图 9.14　人体臀部结构 (1)

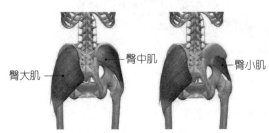

图 9.15　人体臀部结构 (2)

臀部承受人体坐姿的大部分重量，位于骨盆下的坐骨结节承担了人体重量的 45% 左右。人体坐骨处相较于臀部其他部位更为粗壮，可支撑更多压力，但是若长时间坐骨处皮肤表面处受到较大压力，极易生出压疮。大腿区域可承受的压力虽小于臀部，但腿部含有大量毛细血管与神经，随受压时间的增长，会导致血液循环不畅，从而使大腿发胀发麻，加速人的疲劳。因此，坐垫设计应考虑人体臀部生理特点及压力的分布情况，不同部位应承受不同的压力。

2. 脊柱的结构

人体脊柱是一根弯曲的骨架，位于身体的背部，是支撑身体、保护脊髓、保持平衡的重要结构。脊柱位于背部正中，是身体的支柱，它由骨性结构、软组织，以及椎管内神经系统共同构成。脊柱的骨性结构从上到下依次为颈椎、胸椎、腰椎和骶椎和尾椎五部分。每一节椎骨均由前方的椎体和后方的附件构成，椎体结构通常是比较规则的圆柱状，由上到下逐渐增大。成年人的脊柱形态，如图 9.16 和图 9.17 所示。

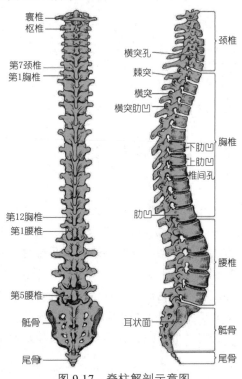

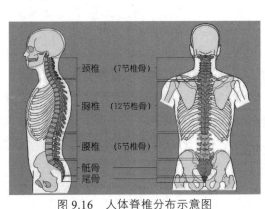

图 9.16　人体脊椎分布示意图　　　　图 9.17　脊柱解剖示意图

(1) 颈椎：位于脊柱的顶部，共有 7 块颈椎，标记为 C1 到 C7。

(2) 胸椎：位于颈椎下方，共有 12 块胸椎，标记为 T1 到 T12。

(3) 腰椎：位于胸椎下方，共有 5 块腰椎，标记为 L1 到 L5。

(4) 骶椎：5 块骶椎融合成一个三角形的骨块，称为骶骨，与髂骨相连接。

(5) 尾椎：通常有四块，融合成一个称为尾骨的小骨。

脊柱的骨性结构还包括椎间关节，它分布于相邻的椎骨之间的表面，这是小型的关节结构，有助于限制脊柱的过度运动。

脊柱的中心包含一个空心管道，称为椎管，用于容纳脊髓。椎管由椎骨的穿孔部分组成，脊髓通过其中传递，起到保护脊髓的作用。

脊柱的软组织即椎间盘，它填充了椎骨之间的空隙。椎间盘由软韧的外环 (纤维环) 和内部的胶状核心 (凝胶核) 组成。椎间盘具有减震和缓冲的作用，有助于吸收脊柱上部的重量。

3. 生理曲线

脊柱不是一根笔直的柱状物，而是具有四个生理曲线，即颈曲、胸曲、腰曲和骶曲。其中，颈曲和腰曲凸向前方，形成生理前凸曲线；胸曲和骶曲凸向后方，形成生理后凸曲线。这些弯曲使脊柱具有一定的弹性，它们有助于分散身体的重量，提高平衡性和稳定性，同时能够缓冲外部冲击并保护内部器官。此外，脊柱能进行多种运动形式，包括屈曲、伸展、侧屈、侧伸和旋转等。这四个曲线分别是颈椎和腰椎的生理前凸曲线，以及胸椎和骶椎的后凸曲线。

4. 压力的分布与分区

由于人体构造与各部位的重量存在差异，身体各部位在坐垫上的下陷量有所差别，导致人体各部位与坐垫接触面的体压不同。依据坐垫与人体接触表面的理想压力分布图 (见图 9.18)，即坐骨结节处所承受压力最大，体压分布以此为中心逐渐向外均匀扩散减小，直到大腿前端压力达到最小值。在理想情况下，坐垫的设计应该考虑到人体重量分布的这些规律，以提供最佳的支撑和舒适度。这通常意味着坐垫的中心部分，即直接位于坐骨下方的区域，应该能够承受最大的压力，而随着向大腿和臀部的边缘移动，压力应该逐渐减小。这样的设计有助于分散坐骨的压力，减少长时间坐着时可能引起的不适和潜在的健康问题，如坐骨神经痛。

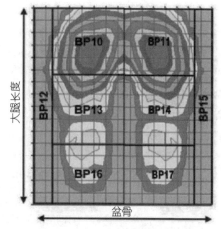

图 9.18 坐垫的理想压力分布图

根据研究，坐垫可以被细分为六个区域：左臀部、右臀部、左大腿中端、右大腿中端、左大腿前端和右大腿前端。鉴于正确坐姿下左右两侧承受的压力大致均衡，坐垫与人体接触的主要区域可简化为臀部、大腿中端和大腿前端三部分。根据实验，臀部可承受 49% ～ 54% 的人体重量，大腿中端承受不超过 28% 的重量，而大腿前端则承担约 6% 的重量，如图 9.19 所示。

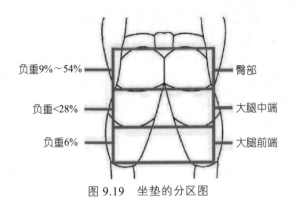

负重9%~54% —— 臀部

负重<28% —— 大腿中端

负重6% —— 大腿前端

图 9.19　坐垫的分区图

9.3.2　工作座椅设计标准

1. 座椅设计的重要性

人体在保持坐姿时，支撑结构为脊柱、骨盆、腿和脚，其中脊柱最为关键。保证腰弧曲线的正常形状是获得舒适坐姿的关键，当腰部支承在靠背上，使躯干与大腿间呈 115° 角时，腰椎的弯曲与自然形态最接近，是最舒适的姿势；上体取铅直姿势时，不使用腰部支撑反而比腰部支撑有利，但长时间坐姿时，为了能将腿前伸而得到休息，还是应有腰部支撑。为了使坐姿下腰弧曲线变形最小，座椅应在腰椎部提供两点支承，第一支撑点应位于第 5、6 胸椎之间，相当于肩胛骨的高度，称为肩靠，第二支撑点应位于第 4、5 节腰椎之间的高度，称为腰靠，合理的腰靠应该使腰弧曲线处于正常的生理曲线状态。

据调查，坐姿劳动者腰椎痛的发病率逐年升高，腰椎疼痛、腰骨酸痛、腰椎间盘突出、臀部及肩部的肌肉酸痛已成为坐姿办公一族的常见疾病。工作者如长期保持不良坐姿，会引起肌肉的不平衡受力和腰椎的异常后突，虽然这个突出很微小，但已经偏离了腰椎的正常生理弯曲，长时间保持这种姿态容易引起腰酸、背痛等不适症状。

从压力的角度来看，不良的椅具实际上会抑制血液循环，对血管系统造成压迫，从而导致静脉中形成血凝块，进而可能引发血栓。现代办公人员由于长时间保持坐姿工作，下半身的肌肉缺少运动。同时，不良的椅具阻碍了血液由上半身流向脚部，使得血栓病成了办公人员的一种职业性危机。

在坐姿状态下，人体的主要支撑部位包括脊椎、骨盆、腿和脚，其受力情况如图 9.20 所示。当人体处于坐姿时，座面承担了约 75% 的重量，这些重量主要集中在盆骨的坐骨节点上。从结构角度来看，由坐骨节点形成的两点支撑系统本身是不稳定的，因为就座者的身体重心位于坐骨上方，但并非总是直接位于其正上方。因此，仅凭座面本身难以有效维持坐姿的稳定性，还需要腿、脚、背部与其他部位的接触来共同形成一个稳定的系统。为了支撑坐骨前方的重量，尾椎和骨盆的支撑同样至关重要，它们能够防止或减少人体向后过度旋转或背部弯曲成驼背状，从而保持正常的背部曲线。正常情况下，腰部的椎骨应向前弯曲，这样可以将人体的一部分重量（大约 25%）传递到大腿根部。

当人体为弯腰坐姿时，虽可以解除背部肌肉的负荷，有利于身体平衡，但增加了脊椎椎间盘的内压力，长期弯腰坐姿会使人的脊椎弯曲，腿部、腰部、臀部负担加重，生腰酸背痛等不适问题，如图 9.21 所示。

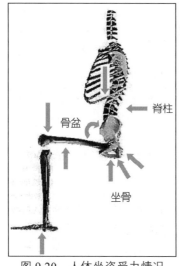
图 9.20 人体坐姿受力情况

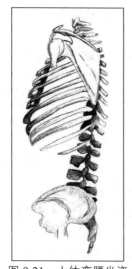
图 9.21 人体弯腰坐姿

脊柱

骨盆

坐骨

通过上述介绍，我们深刻认识到座椅设计在现代生活中的重要性。它远远超出了家具的范畴，而是成为影响人体健康与舒适度的一个关键因素。一个设计良好的座椅能够确保人们保持正确的坐姿，有效分散身体重量，减轻脊椎、骨盆和腿部等关键部位所承受的压力，从而有效预防久坐可能引发的各种健康问题。此外，符合人体工程学的座椅设计还能显著提升工作效率，增强用户的满意度和幸福感。因此，我们应当高度重视座椅设计，根据自身需求选择合适的座椅，这对于维护身体健康和提升生活质量具有不可忽视的重要意义。

2. 座椅结构

根据中华人民共和国国家标准《关于工作座椅一般人类工效学要求》的定义，工作座椅主要是指适用于一般工作场所(含计算机房、打字室、控制室、交换台等)中坐姿操作人员使用的一种坐具。这种坐具由支架、腰靠、坐面等构件组成，专为坐姿工作人员设计，如图 9.22。

(1) 坐面：工作座椅上直接与人臀部接触的主要承重部分。工作座椅的坐面有带座垫的柔性坐面和不带座垫的刚性坐面两种形式。

(2) 座垫：由弹性材料及蒙面材料组成的柔性坐面。

(3) 座高：坐面前缘起拱处最高点与座椅支点所在水平基准面之间的垂直距离。

(4) 座宽：坐面左右边缘间通过座椅转动轴与坐面交点处，且垂直于左右对称面的水平距离(无转动轴的座椅，该参数在坐面深度方向 1/2 处测量)。

(5) 座深：在与座宽相垂直的对称面内，坐面前缘与过腰靠支承点所引垂线间的水平距离。

(6) 腰靠：配置在座椅上主要起支撑腰部作用的构件。

(7) 腰靠长：腰靠左右边缘间的最大水平距离。

(8) 腰靠宽：腰靠上下边缘间的最大直线距离。

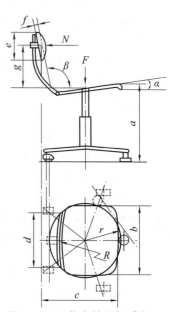
图 9.22 工作座椅的组成部件

(9) 腰靠厚：腰靠在受力状态下，在其左右对称面内、腰靠宽中点处，前后缘间的垂直距离。

(10) 腰靠高：腰靠宽中点处到座椅转动轴与坐面交点处所在水平面的垂直距离。

(11) 腰靠圆弧半径：腰靠在受力被压缩且腰靠倾角 B 为 90° 的情况下，过其左右对称面上腰靠宽中点的水平面与腰靠前缘圆弧面相交曲线的曲率半径。

(12) 倾覆半径：以座椅转动轴在水平基准面上的垂直投影点为圆心所画的与水平基准面上任意相邻 (座椅) 支点之连线相切的若干圆中，尺寸最小的圆半径。

(13) 坐面倾角：坐面与水平面之间的夹角。

(14) 腰靠倾角：腰靠在受力状态下，其左右对称轴与水平面之间的夹角。

3. 工作座椅设计的基本要求

(1) 工作座椅的结构形式应尽可能与坐姿工作的各种操作活动要求相适应，应能使操作者在工作过程中保持身体舒适、稳定，并能进行准确的控制和操作。

(2) 工作座椅的座高和腰靠高必须是可调节的。座高调节范围应涵盖"小腿加足高"，女性 (18 ~ 55 岁) 第 5 百分位数到男性 (18 ~ 60 岁) 第 95 百分位数，即 360 ~ 480 mm。工作座椅坐面高度的调节方式可以是无级的或间隔 20 mm 为一档的有级调节。工作座椅腰靠高度的调节方式为 165 ~ 210 mm 的无级调节。

(3) 工作座椅可调节部分的结构设计必须便于调节，必须保证在椅子使用过程中不会改变已调节好的位置，同时保证不会出现松动现象。

(4) 工作座椅各零部件的外露部分不得有易伤人的尖角锐边，各结构不得存在可能造成挤压、剪钳伤人的部位。

(5) 无论操作者坐在座椅前部、中部还是往后靠，工作座椅坐面和腰靠结构均应使其感到安全、舒适。

(6) 工作座椅腰靠结构应具有一定的弹性和足够的刚性。在座椅固定不动的情况下，腰靠承受 250N 的水平方向作用力时，腰靠倾角不得超过 115°。

(7) 工作座椅一般不设扶手，需设扶手的座椅必须保证操作人员作业活动的安全性。

(8) 工作座椅的结构材料和装饰材料应耐用、阻燃、无毒。座垫、腰靠、扶手的覆盖层应使用柔软、防滑、透气性好、吸汗的不导电材料制造。

(9) 工作座椅坐面，在水平面内是能够绕座椅转动轴回转的，也可以是不能回转的。

4. 工作座椅的结构设计

(1) 工作座椅必须具有主要构件，如坐面、腰靠、支架等。

(2) 工作座椅视情况设计辅助构件，如扶手等。

(3) 工作座椅的主要参数见图9.23。

5. 工作座椅各部分要求

(1) 坐面。坐面表面有两种基本形式，如图 9.24 所示。一种为纵向

参数	符号	数值
座高	a	360~480 mm
座宽	b	370~420 mm(推荐值400 mm)
座深	c	360~390 mm(推荐值380 mm)
腰靠长	d	320~340 mm(推荐值330mm)
腰靠宽	e	200~300 mm(推荐值250 mm)
腰靠厚	f	35~50 mm(推荐值40 mm)
腰靠高	g	165 mm~210 mm
腰靠圆弧半径	R	400~700mm(推荐值550 mm)
倾覆半径	r	195 mm
坐面倾角	α	0°~5°(推荐值3°~4°)
腰靠倾角	β	95°~115°(推荐值110°)

图 9.23　工作座椅各部件参数建议

（座深方向）平展的，其倾角为 0° ～ 5°；另一种为纵向前缘起拱的。

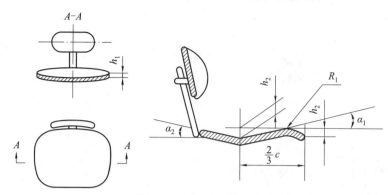

图 9.24　坐面设计要求

任意一种形式的坐面，其横向高度差 h_1 不得大于 25 mm；坐面前缘起拱高度 h_2 最小应为 40 mm；起拱半径 R_1 最小为 40 mm，最大为 120 mm。

坐面前缘纵向起拱时，前部倾角 a_1=4° ～ 5°。后部倾角 a_2=10° ～ 15°。两角顶交点位于距坐面前缘座深 2/3 处，纵向高度差 h_3 不得大于 40 mm。

当座垫为弹性结构时，最下层支撑部分应有一定的刚性，中间弹性层变形量不宜过大，座垫厚度不宜大于 30 mm。

坐面留有通气孔或带排气沟槽时，孔和沟槽的存在不应影响坐面其他参数，如图 9.25 所示。

(2) 腰靠。腰靠应具备高度调节功能，并且其形状应设计得能够让人体压力尽量分布均匀。如果腰靠装有软垫，那么软垫在沿座深方向垂直剖面内的曲率半径必须大于 1400 mm。

(3) 支架。工作座椅支架必须至少有 5 个支点。支架支点可以使用球形或鼓形小轮，也可以在某一个或某几个支点使用滑块。空椅滑移阻力应不小于 15 ～ 20 N。

(4) 扶手。工作座椅若设置扶手，其有关尺寸应满足如图 9.26 所示的条件。

工作座椅若设置扶手，其有关尺寸应满足下列条件：
a. 扶手上缘与坐面的垂直距离　　　　230±20 mm；
b. 两扶手内缘间的水平距离最大　　　500 mm；
c. 扶手长度　　　　　　　　　　　　200~280 mm
d. 扶手前缘与坐面前缘的水平距离　　90~170 mm:
e. 扶手倾角　　　　　　　　　　　　固定式 0°~5°
　　　　　　　　　　　　　　　　　　可调式 0°~20°

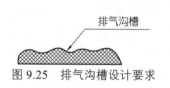

图 9.25　排气沟槽设计要求

图 9.26　扶手尺寸的设计规定

关于座椅的研究，国内外文献数量颇丰，主要聚焦于评估不同类型办公椅对肌肉活动、姿势及身体活动强度的影响，旨在设计出更符合办公人员健康需求的座椅。对于对此领域感兴趣的读者，建议深入查阅相关资料以获取详尽信息。二维码 9.2 展示了一篇关于座椅研究的文献，该文深刻阐述了办公环境中人体力学与健康工作习惯的重要性，并提供了关于如何设计办公椅以减轻肌肉疲劳和改善坐姿的理论指导。

9.2　座椅研究
文献

9.3.3　座椅设计案例

随着人体工程学的不断进步和坐姿相关健康问题日益凸显，座椅设计者与人体工程学研究者持续投身于人体坐姿及座椅舒适性等方面的实验研究中，这些研究广泛涉及航空航天、交通运输、医疗保健、体育等多个领域。尽管人体与座椅界面的关系错综复杂，但人们对于设计出既舒适又符合人体工程学的座椅抱有极大的期望。因此，坐姿的舒适性经常被视作衡量座椅质量的一个重要指标，如图 9.27 所示。

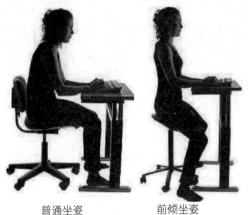

普通坐姿　　　前倾坐姿

图 9.27　普通坐姿与前倾坐姿相比较

多年来，大量的国内外学者致力于研究人体的最佳坐姿，想通过对座椅造型的改变来解决坐姿疾病这一历史性难题。早在 1965 年，研究人员就发现椎间盘突出这个毛病在蹲坐的人群中发病率很低。这就说明，座椅的设计在椅面方面不应该与水平面持平，要保持蹲坐的姿势，椅面必须前倾。此后人们发现增加座椅的高度，使之有一个倾角，可以有效减小腰椎劳损的概率，并且对椎间盘的结构有益处。

下面介绍一些出色的座椅设计案例。

1. Ab 工作椅

Ab 工作椅的造型独特，如图 9.28 所示。这款座椅专为工业技师设计，他们不仅需要向后坐，还经常需要伏案工作。在伏案工作时，技师的腹部和腰椎一样容易感到酸胀不适。Ab 工作椅巧妙地采用了一个 360° 可调节的椅背，以应对这两种不同的工作状态。

当用户后倾呈休闲状态时，这个可旋转的椅背便成为舒适的靠背；而当用户前倾进行伏案工作时，椅背则旋转成为支撑腹部的软垫。这个圆柱形的椅背具备两个自由度：首先，与圆柱形椅背相连的铬合金部分与座椅腿的连接处可以 360° 旋转；其次，竖直方向的铬合金与水平方向的铬合

图 9.28　Ab 工作椅

金之间有一个 90° 的旋转自由度，这一设计使得圆柱形椅背能够灵活旋转，以满足工作人员对坐姿舒适度的不同需求。Ab 工作椅正是通过椅背的旋转功能，确保工作人员在前倾和后倾两种坐姿下都能保持舒适，从而有效提升了工作效率和身体健康。

2. 马鞍椅

马鞍椅是一款设计灵感源自马鞍的座椅，如图 9.29 所示。其独特的曲面设计使得使用者的上身能够高昂地挺立，同时保持人体脊柱的自然弯曲状态，这对于座椅设计而言至关重要。发明者认为，身体与腿部呈 135° 的角度是最佳的工作姿势，因为这种坐姿能够迫使身体挺立，使脊柱保持自然的生理弯曲。

马鞍椅的设计初衷是保持脊柱的挺立，让使用者在工作状态时也能像骑士一样高昂。这一设计理念非常值得借鉴，因为它有助于维护工作人员的脊柱健康。

3. Capisco 椅

Capisco 椅在造型上与马鞍椅有着相似之处，但它巧妙地融入一个功能性的靠背设计，

如图 9.30 所示。这款座椅的独特之处在于，工作人员可以根据自己的需要选择前后两个方向进行工作，灵活性极高。其十字形靠背设计尤为引人注目，不仅为双腿提供了舒适的摆放空间，还允许双臂自然地放置在靠背上，从而大大提升了工作时的舒适度和效率。这种设计不仅满足了人体工程学的需求，还体现了现代办公家具的创新与人性化。

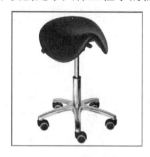 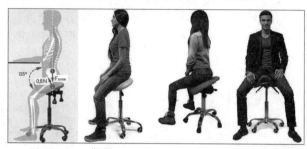

图 9.29　马鞍椅

图 9.30　Capisco 椅

4. Salli 椅

Salli 椅的外形与马鞍椅颇为相似，但其座面设计独具匠心，分为两个部分，能够根据压力的变化独立转动。此外，Salli 椅还配备了多种功能的肘部支撑和腰部支撑，为用户提供了全方位的舒适体验，如图 9.31 所示。

经过实验研究，这款座椅展现出了以下显著功能：首先，它能够让人体的肩部得到放松，从而帮助人们集中精力，提高工作效率；其次，由于两块坐面能够在不同压力下独立转动，这一设计有效减少了臀部的压力，促进了臀部及腿部的血液循环；最后，座面的独特设计还避免了由于长时间坐姿可能给生殖健康带来的潜在隐患。综上所述，Salli 椅以其独特的设计理念和出色的功能表现，成为现代办公家具中的佼佼者。

图 9.31　Salli 椅

5. NPP Stool 凳

The Neutral Posture Prop Stool(简称 NPP Stool) 是一款设计独特的凳子，旨在帮助用户保持颈椎直立。其造型简洁，座面特意设计为向前倾斜，以此模拟人体站立时颈椎的自然状态，如图 9.32 所示。这款凳子在高度和座面倾角上均可进行灵活调节，以满足不同用户的需求。此外，座面上采用了大面积的凸起设

图 9.32　NPP Stool 凳

计，旨在增加摩擦力，有效防止因人体重心变化而产生的下滑现象。

6. Stance 椅

Stance Chair 是一款设计独特的座椅，它能够实现从普通坐姿到"跪坐式"再到"跪立式"姿势的灵活转换，如图 9.33 所示。这款座椅的座面能够调整至较大的角度范围，使用户能够在坐与站之间轻松切换姿势。其腿部支撑部分设计得既稳固又灵活，既不影响普通坐姿的舒适度，又能根据座面的角度调节来支撑人体腿部的不同部位。

图 9.33　Stance 椅

跪立式座椅 Stance Chair 带来了诸多优点。首先，它能够使人体重力分布更加均匀，减轻特定部位的负担。其次，这种座椅设计减少了肌肉和韧带的应力对上身平衡的影响，有助于提升坐姿的稳定性和舒适度。最后，跪立式座椅还能有效缓解上臂、颈部和背部的疼痛问题，对于长时间需要保持坐姿的用户来说，无疑是一个福音。此外，座椅还配套了专用电脑，内置监测定位单元。这一设计使得电脑能够根据用户不同的坐高进行上下移动，进一步提升了使用的便捷性和舒适度。

7. 平衡椅

平衡椅在造型设计上突破了传统座椅的结构定式，专为伏案工作的人群打造，提供了一种理想的坐具选择，如图 9.34 所示。其座面特意设计成一定的倾斜度，以顺应人们伏案工作时身体自然前倾的姿势。同时，腿部支撑部分则稳固地支撑着身体，确保这一自然姿势得以维持。

图 9.34　平衡椅

平衡椅之所以能够提供舒适的坐姿体验，原因在于其倾斜的座面与腿部支撑的完美结合。这种设计使得人体的脊椎能够接近于自然直立状态，从而有效减轻长时间伏案工作所带来的疲劳感。

课后练习

思考题

1. 力触觉在手持工具设计中的作用是什么？

2. 描述人体生物力学在评估手持工具舒适度中的重要性。

3. 列举手握式工具设计中的三个基本原则。

4. 解释手持工具的握持稳定性与工具功能之间的关系。

5. 解释人体臀部构造对工作座椅设计的影响。为什么考虑臀部结构是设计座椅的重要因素？

6. 工作座椅设计的标准是什么？

7. 工作座椅的结构中通常包括哪些要素？简要解释每个要素的作用。

8. 座椅设计案例中，一个成功的案例是如何考虑人体生理结构和工作需求的？

讨论题

1. 讨论力触觉反馈在手持工具设计中的优势和可能的挑战。

2. 讨论在设计手持工具时，如何平衡握持舒适度与操作效率。

3. 评估手持工具设计中，握力与握持姿势对用户工作表现的影响。

4. 讨论不同手部尺寸对手握式工具设计的影响。

5. 讨论现代科技（如振动反馈、传感器等）如何融入手握式工具设计。

6. 讨论在工作座椅设计中如何实现人体生理结构和美学之间的平衡。

7. 就压力的分布与分区进行讨论，探讨如何通过科学的压力分布设计提高座椅的舒适性和健康性。

8. 以脊柱结构为重点，讨论座椅设计如何在支持脊柱的同时提供足够的舒适性。

9. 随着科技的发展，现代工作座椅设计中出现了哪些创新元素？它们如何改善用户体验？

10. 针对特定用户群体（如老年人、残疾人），工作座椅设计应做哪些特殊考虑？

实践题

1. 设计一个手持工具，使其能够适应不同握力和握持姿势的用户需求。请描述你的设计思路和考虑的因素。

2. 选择一个现有的手持工具，分析其握持设计是否符合人体工程学原则，并提出改进建议。

3. 创造一个手持产品设计方案，该方案应包含产品的功能描述、目标用户分析、设计草图及人体工程学考虑。

4. 在实际的工作环境中，对不同类型座椅的舒适性和支撑性进行评估。根据评估结果提出改进建议，以优化座椅的设计。

5. 通过模拟人体压力分布的实验，评估不同座椅设计在压力分布方面的效果。设计一个实验方案并记录结果，从中得出结论。

6. 选择一款市场上已有的工作座椅，进行详细的用户体验测试，并提出至少三点改进建议。

第10章
作业环境与作业空间设计研究

10.1 前沿研究

10.1.1 相关理论研究

在接下来的两章中，将运用 CiteSpace 软件进行理论研究前沿的挖掘工作。CiteSpace 是一款由美国德雷塞尔大学的陈超美 (Chaomei Chen) 博士开发的科学文献分析和可视化软件，其功能强大，深受研究者青睐。它能够帮助研究者在海量的科学文献中识别并显示科学发展的新趋势和新动态。通过可视化手段，CiteSpace 能够生动呈现科学知识的结构特征、发展规律，以及分布情况，从而让用户能够更加直观地了解特定领域的研究进展、研究前沿和知识基础。

在针对作业环境研究的前沿分析中，本书所使用的 CiteSpace 分析文献题录均来源于中国知网数据库。主要的分析操作包含如下几个步骤。

1. 数据准备

从 CNKI 数据库检索并下载相关领域的文献题录数据，是进行分析的首要步骤，它要求我们确保所获取的数据包含所有必要的元信息，如标题、作者、关键词、摘要、引文等，这些信息对于后续的分析工作具有至关重要的作用。

在本例中，我们针对"作业环境"领域，并结合全文中的"人因""人机工程"或"人类工效学"等关键词，在 CNKI 数据库中进行高级检索操作。此外，为确保数据的准确性和针对性，我们仅筛选并保留了发表在学术期刊上的文献信息。经过这一细致的检索流程，最终获得了 2129 条珍贵的文献题录信息 (请注意，具体的文献数据可参见名为"作业环境参考文献分析"文件夹下的 Input 子文件夹)。

关于具体的检索与下载操作，可参照图 10.1 和图 10.2 所示的详细步骤进行。这些图示将直观展示如何从 CNKI 数据库中检索到符合要求的文献，并顺利下载所需的文献题录数据。

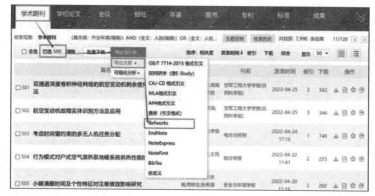

图 10.1　文献检索

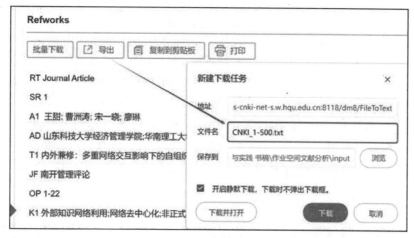

图 10.2　文献下载

2. 数据的预处理与清洗

该步骤的主要目的是去除重复、不完整或无关的记录，并将 CNKI 格式的题录信息转换为 CiteSpace 支持的 WoS 数据格式。为此，需要创建四个典型文件夹，分别命名为 data、input、output 和 project，分别用于存放原始数据、待转换数据、转换后的数据及项目文件，随后按照图示操作进行格式转换并去重，以便进行后续分析。具体操作步骤，如图 10.3 和图 10.4 所示。

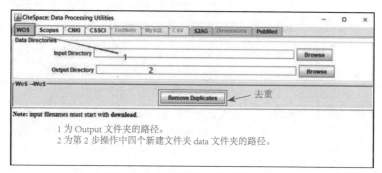

图 10.3　选择转换和去重的路径

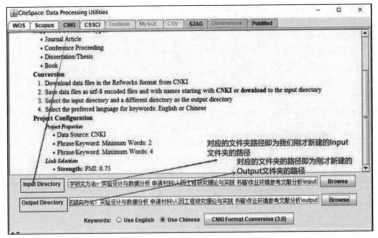

图 10.4 格式转换操作

3. 数据的分析及结果可视化

在 Project 选项卡中进行主要的分析参数设置，包含选择时间切片方式，如固定时间间隔或逐年切片；在 Term Source 选项卡中选择分析对象，如关键词、作者、机构等；在 Node Type 选项卡中，选择节点类型，如共现 (co-occurrence) 或共被引 (co-citation) 等。此外，用户还需要设置阈值 (Threshold) 以控制网络的大小和密度。为了优化分析结果，用户还可以选择剪枝策略 (Pruning)。这些设置的具体操作，如图 10.5 所示。分析完成后，点击 Visualize 按钮，就可以直接查看生成的图谱。在可视化界面中，用户可以对图谱进行缩放、平移、调整颜色和布局等操作；点击节点还可以查看该节点的详细信息。

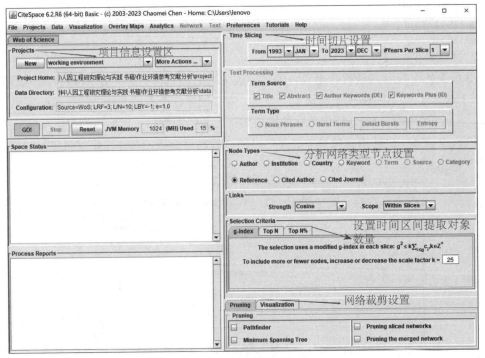

图 10.5 功能和节点设置

4. 结果解读与导出

根据生成的图谱，我们可以深入分析研究领域的热点、趋势及合作网络等信息；通过识别关键节点、高中心性节点和突现词等，能够揭示研究领域的前沿动态和发展方向。此外，分析结果可以方便地导出图片、PDF 或其他格式，以满足报告、论文等场景的使用需求。同时，数据表也可以被导出，以便进行更深入的分析和处理。

某领域论文的发文数量是衡量该领域，在特定时间段内发展态势的重要指标。这一指标能够直观地反映该领域研究热度的变化，对于分析某一领域的发展态势和预测其未来发展趋势具有重要的意义。因此，本例以 CiteSpace 软件进行文献除重分析后，得到的 2124 篇有效的文献样本为数据基础，再在 Excel 中进行发文数量及趋势分析，结果如图 10.6 所示。

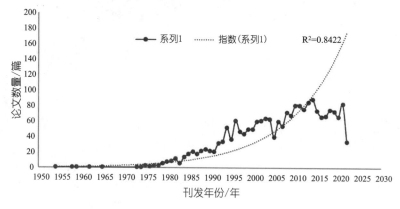

图 10.6　作业环境研究的相关论文分布 (1955—2022 年)

由图 10.6 可以看出，国内关于作业环境的研究最早出现在 1955 年，但直到 1980 年前后，相关研究成果数量稀少，年发文量不超过 10 篇。自 1985 以后，相关的研究开始逐渐得到重视，经历了一个较为迅速的发展增长阶段。根据图中研发增长预测虚线的变化趋势，我们可以预测作业环境的研究将进入一个快速增长阶段。

进一步对关键词共现网络进行分析，结果如图 10.7 所示。从图中可以看出，在作业环境研究领域，安全管理、作业人员、职业危害、安全生产、职业病、劳动卫生，以及煤矿等关键词频繁出现，成为该领域的研究热点。这些关键词不仅反映了当前作业环境研究的核心议题，也揭示了研究者们所关注的焦点问题。

对 10.7 图谱中的关键词进行突发性检测后，结果如图 10.8 所示。突发性检测强度值及其起讫年份直观地反映了该关键词对应研究领域的重要转变程度及时间跨度，有助于我们精准捕捉研究热点。从图 10.8 中可以清晰看出，近年来与作业环境研究紧密相关的热门主题包括井下作业、煤矿、安全生产、安全管理、噪声等。

为了深入了解国内在该领域的学术成果，我们对发文数量最多的作者进行分析，整理结果如表 10.1 所示。表中显示，高华北、刘俊玲等学者在作业环境研究领域取得了显著的成果，他们的研究成果不仅数量多，而且研究的时间跨度长，为现代作业环境研究奠定了坚实的理论基础。

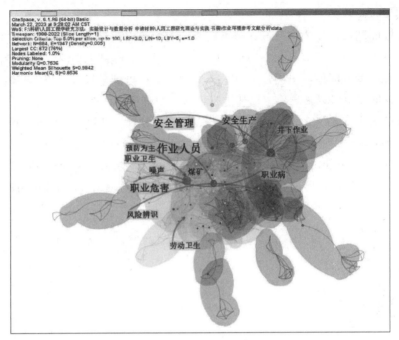

图 10.7 作业环境研究关键词图谱分析

Keywords	Year	Strength	Begin	End	1988 - 2023
劳动卫生	1989	5.65	1989	2002	
作业人员	1989	3.41	1989	1990	
作业环境	1988	32.46	1992	1997	
职业危害	1989	7.62	1993	2007	
劳动条件	1994	3.84	1994	1996	
有害因素	1989	3.31	2001	2004	
职业卫生	1998	7.34	2002	2009	
健康	2002	4.38	2002	2011	
事故隐患	2003	3.3	2003	2008	
评价	1997	3.4	2004	2011	
本质安全	1998	8.01	2005	2014	
安全管理	1998	10.35	2006	2014	
安全	2006	5	2006	2015	
噪声	1991	3.5	2008	2015	
市政工程	2010	5.7	2010	2013	
安全生产	1994	5.37	2010	2015	
施工	2010	4.53	2010	2013	
煤矿	2010	3.59	2010	2019	
控制	2010	3.48	2010	2012	
发动机	2011	3.84	2011	2015	
井下作业	2016	4.06	2016	2018	

图 10.8 关键词突发性检测结果

表 10.1 中文样本中高产作者统计（前 10 位）

发文数量 / 篇	年份	作者	发文数量 / 篇	年份	作者
5	1996	高华北	5	2003	刘俊玲
4	1999	张永兴	4	2014	郝永建
4	1994	刘新惠	4	2010	胡勇
4	2003	汤丽霞	4	2015	何刚
4	1991	梁友信	4	1996	朱根逸

我们采用类似的方法对作业空间的研究进行分析，结果如图 10.9 所示。

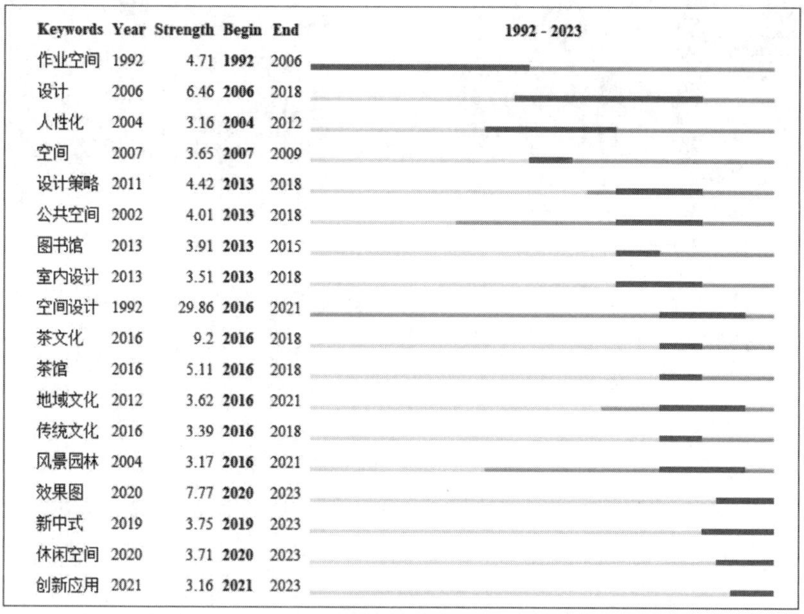

Keywords	Year	Strength	Begin	End	1992 - 2023
作业空间	1992	4.71	1992	2006	
设计	2006	6.46	2006	2018	
人性化	2004	3.16	2004	2012	
空间	2007	3.65	2007	2009	
设计策略	2011	4.42	2013	2018	
公共空间	2002	4.01	2013	2018	
图书馆	2013	3.91	2013	2015	
室内设计	2013	3.51	2013	2018	
空间设计	1992	29.86	2016	2021	
茶文化	2016	9.2	2016	2018	
茶馆	2016	5.11	2016	2018	
地域文化	2012	3.62	2016	2021	
传统文化	2016	3.39	2016	2018	
风景园林	2004	3.17	2016	2021	
效果图	2020	7.77	2020	2023	
新中式	2019	3.75	2019	2023	
休闲空间	2020	3.71	2020	2023	
创新应用	2021	3.16	2021	2023	

图 10.9　作业空间研究关键词突发性检测分析结果

由图 10.9 可以清晰地看出，近年来作业空间研究领域的重点主要集中在效果图的设计、新中式风格的融合、休闲空间的打造，以及创新研究等方面。

10.1.2　前沿设计实践

本节将聚焦于作业空间研究中的创新研究领域，具体从无人驾驶汽车内部空间设计与适老空间设计这两个方面进行详细介绍。

1. 无人驾驶汽车内部空间设计

随着自动驾驶技术的日益成熟，它势必将为汽车设计领域带来深刻的变革。这一变革不仅体现在汽车的结构和空间布局的调整上，更重要的是，它使得驾驶员解放了双手，能够在车内完成更加多元化的任务。在这些变革和进化中，汽车内部空间设计无疑会成为人们重要的关注点。当自动驾驶在车辆上普及后，传统意义上的内饰空间将不再仅仅是交通工具的组成部分，而是会转变为一个独立的休闲娱乐空间。这种观念的转变会，让人们对汽车内部空间设计有一个全新的定义。

几乎所有级别的汽车品牌，都在它们的无人驾驶概念车中展示了布局灵活的内部空间设计，为这一潮流添砖加瓦。例如，雷诺的 Symbioz 概念车，它的仪表台能够抽出，提供一个宽敞的工作平面，座椅可以旋转成面对面的形式，而中控台可以滑动并展开成一张咖啡桌，如图 10.10 和图 10.11 所示。

无人驾驶汽车多使用电动汽车的平台，车中不再设置发动机，最直接的影响就是使车的空间变大，部分传统意义上的仪表盘、中控台、方向盘等驾驶设备也都会缩小、消失或被虚拟屏幕取代，其内部空间的布局也将会彻底改变。传统的三厢车会回归古时候四轮马车的轿厢样式，变成一个空间更大的箱式整体，这样座椅在空间大小相同的情况下，可以由过去的四座变为六座甚至八座。

图 10.10　Symbioz 概念车效果图

图 10.11　Symbioz 概念车内部空间设计

由于自动驾驶车辆将接管所有的驾驶工作，所以车内乘员在特定空间内的时间变得相对自由，无人驾驶汽车的座舱对乘员的意义也就发生了根本上的改变。人们不再需要观察交通情况，座椅的布局也会发生许多变化，由原来的同向布局变为对坐或者围坐等形式，甚至可以旋转移动。

许多无人驾驶概念车把手动驾驶的复杂结构也加入进去，作为自动驾驶部分的补充。比如，延锋的 XiM18 以可折叠的方向盘为亮点；丰田的 Concept-i 概念车以驾驶安全为基础，提供了一套固定式的控制系统。

随着无人驾驶技术的逐步成熟，未来交通出行的发展趋势将从由无人驾驶向车联网演进，并最后趋向于共享汽车的出行模式，那时汽车内部空间将会变成可以通过联网自定义的平台。随着人机智能技术的迅猛发展，未来的汽车也必将更加智能化、细分化，甚至可能进化成具有自我意识的"工具"。

2. 适老空间设计

2022 年《政府工作报告》明确提出，要积极应对人口老龄化问题，优化城乡养老服务供给结构，推动老龄事业与产业实现高质量发展。应对人口老龄化已被提升为国家战略层面，无障碍环境建设和适老化改造纳入城市更新、城镇老旧小区改造、农村危房改造等多个项目中，旨在让老年人参与社会活动时更加安心方便，这已成为我国一项重要的国策。

东方卫视推出的《梦想改造家》节目中，不乏适老化居室改造的经典案例。其中，设计师为山东滕州的阿尔茨海默病患者家庭打造的"忘不了的家"给观众留下了深刻的印象。在改造中，设计师以"适老化设计"为改造重点，通过大量细节设计，全面保障了三位老人在日常生活中的安全和舒适。

设计师通过对委托人家庭和患有阿尔茨海默病老人病情的深入了解，结合家里三个居住者的情况，明确了"适老化设计"的改造重点。他从"格局调整、保暖、采光、安全、舒适"五点出发，进行房屋改造。

第一步：格局调整。原来房子入户处的小平房与主楼之间有一个院子，冬天室内外温差较大，容易引起老人身体不适。设计师拆除了入户处漏水严重的小平房的屋顶及隔墙，把院子的一部分用天窗的方式纳入室内，规划出通道区与功能区，分别设置厨房、餐厅、庭院、休息区、厕所、卧室。它们全部在一条直线上，每个空间功能单一，让患有阿尔茨海默病的老人更容易区分识别。同时，由于担心老人会无法识别自己的家，将房子的玄关保留在了原处。

第二步：保暖工作。设计师在全屋的墙体中都加装了保暖棉，以提高整个房子的保暖、隔音性能；和外部连接的所有地方都增加了隔热材料，选用了保温性能最好的门窗系统，屋顶上也使用了隔热涂层。

第三步：采光设计。设计师既保留了原有的采光面，也在过道区域增加了大量的采光设备。同时，为了尽可能增加自然光线，设计师还安装了环保采光管，通过这个装置，室内的光线会变得柔和。

第四步：安全防护。委托人家里有三位老人，因此安全问题很重要。房子原来的楼梯不但很陡且上下不方便，设计师将楼梯放缓，以符合人体工程学最佳步伐尺寸。设计师还在家里安装了合并净化槽这种新型设备，可以净化污水和生活排水，解决了三位老人要去外面的公共厕所，碰到雨雪天可能会发生路滑危险的问题。此外，屋中引入了具有安装快速、全屋无障碍、清理方便等优点的整体卫浴，浴室地砖特意选用了防滑系数高的材料，避免老人摔倒。

第五步：打造舒适家居环境。适老改造的最后一步就是舒适。考虑到直射光源容易对老人的眼睛造成刺激，屋内所有灯光都采取了隐藏式灯槽安装方式，并选用防眩光灯，让光线既明亮又不会刺眼。患有阿尔茨海默病的老年人对地板上的反射光很敏感，太多的反射会让他们感到不安，因而屋中采用了反光系数低的哑光地板。房间的背景墙也使用了能让人安定的涂料颜色，以安抚老人的情绪。设计师为老人定制了一套专用的智能系统，晚上睡觉或者午睡时启动安防系统，这样如果老人独自出走，走道上的感应器感知以后，将启动安装在一楼老人房间和二楼房间相连的警报器。认知症患者通常无法正确认知时间，从而产生日夜颠倒的情况，设计师利用智能灯光系统设计了四个时间段，通过日光的模拟，巧妙地矫正老人对时间的感知。

设计师还在天井及走道设计了宠物区、绿植区及洗晒区，希望通过宠物疗法、植物疗法，以及自主支援疗法干预和改善老人的阿尔茨海默病，尽可能多地把她留在室内，减少她外出的次数；一楼所有房间都安装了移门，万一老人摔倒在地，移门可以轻易打开，便于家人及时赶到照护；另外移门外有一个安全锁，老人就算被锁在屋内，屋外的家人也能轻易打开。

设计师特别为老人设计了智能起夜模式，当老人晚上起夜时，床边的感应器感知他们起身以后，房间里的扶手灯自动亮起，走廊上的扶手灯及厕所里的灯光随即自动亮起，为老人指引一条通往卫生间的安全道路。

在进行家装改造的同时，设计师走访了专业的护理机构，希望从护理方面来改善老人的认知症状况。通过调查了解到，除了陪伴，还有一种"自立支援"的护理技术，即多鼓励患者使用残存技能，做一些力所能及的事。此外，设计师还了解到宠物疗法的重要性。这些调查也让他在设计上受到了启发，将专业机构的护理方式融入了新的居住环境中。

这次的改造项目，不仅为阿尔茨海默病患者的家庭带来了实质性的生活改善，还在更广泛的层面上，为大多数面临类似挑战的空间设计提供了极具价值的参考范例。适老空间设计的重要性与意义，远远超出了单一项目的范畴，它关乎老年人生活质量的提升、家庭和谐的维护，以及社会对老龄化问题的积极应对。

10.2 作业环境与作业空间设计原理

10.2.1 作业空间

作业空间的概念随着制造业的长期发展而不断演变，它指的是作业者完成工作任务所需的空间范围。1913 年，亨利·福特在福特公司发明了工业史上的首条流水生产线，将整车组装工艺分解至各个工作站，每个工作站专注于特定任务，产品随后流转至下一站，工作站取代作坊成为工厂的基本工作单位。"二战"后，日本丰田借鉴了福特的生产方式，结合本国特点，创造了丰田生产方式，极大提升了日本的工业生产水平。该方式强调优化生产供应链，要求工作站加快节奏、提升质量，加速产品流转。为提高效率、减少失误，工作站设计不再局限于单一尺寸和功能，而是引入人因方法，将人、工作站视为一个完整的人机作业系统，设计更具系统性和全面性。因此，作业空间已超越单纯的空间概念，涵盖了人、机器、工装及被加工物，共同完成作业任务的空间。

1. 作业空间的设计

设计一个合适的作业空间，需综合考虑多方面因素，而不仅仅是元件布置的造型样式。这包括操作者的舒适性与安全性，确保操作简便、减少差错、提高效率；控制与显示装置应紧凑且易于区分；四肢分担的作业要均衡，避免身体局部超负荷；还需考虑作业者身材的大小等。

从人因工程学的角度来看，理想的作业空间设计是各方面因素折中的结果，可能并非每个单项都是最优的，但应最大限度地减少作业者的不便与不适，使其能方便而迅速地完成任务。显然，作业空间设计应以人为中心，以人体尺度为重要设计基准。

2. 作业空间的类型

作业空间分为近身作业空间、个体作业场所和总体作业空间三类。

(1) 近身作业空间，是指作业者在特定位置时，根据其身体的静态和动态尺寸，在坐姿或站姿状态下所能完成作业的空间范围。这一空间进一步细分为坐姿近身作业空间、站姿近身作业空间，以及脚作业空间。近身作业空间的尺寸是作业空间设计与布置的核心依据，主要受功能性臂长的影响，而臂长的功能尺寸则依据作业方位及作业性质来确定。此外，作业者的衣着也会对作业空间产生一定影响。

(2) 个体作业场所，是指操作者周围与作业直接相关的、包含设备因素在内的作业区域，如汽车驾驶室，计算机操作台等。这些不同的个体作业场所共同构成了总体作业空间。

(3) 总体作业空间并非直接的作业场所，而是多个作业者或使用者之间相互关系的空间，如一个办公室或计算机房。

3. 人在作业空间中的姿势

(1) 坐姿作业岗位是专为从事轻作业和中作业，且在作业过程中无须作业者频繁走动的工作而设计的。当满足以下基本特征时，应考虑选择坐姿岗位：在坐姿操作的范围内，短时作业周期内所需的工具、材料、配件等应易于拿取或移动；作业中无须用手搬移的物品的平均高度不应超过工作面以上 15cm；作业者无须施加过大力量，例如搬动重物的重量不应超过 4.5kg(否则应采用机械助力装置)；在大部分工作时间内主要进行精密装配或书写等作业。

(2) 立姿工作岗位则是为从事中作业和重作业，或当坐姿作业岗位的设计参数和工作区域受限时而组织的。选择立姿岗位的基本依据包括：作业空间不具备坐姿岗位所需的容膝空间；作业过程中常需搬移超过 4.5kg 的重物；作业者需在其前方的高、低或延伸的可及范围内频繁操作；操作位置需要分开，且作业者需在不同作业岗位间经常走动；作业者需完成向下方施力的作业，如包装或装箱等。

(3) 坐、立姿交替作业岗位是根据工作任务的性质，要求操作者在作业过程中采用不同姿势来完成而组织的。当具有以下特点时，建议采用坐、立姿交替作业岗位：经常需要完成前伸超过 41cm 或高于工作面 15cm 的重复操作。如果不考虑人体可及范围和净负荷疲劳的特点，可能倾向于选择坐姿作业岗位；但综合考虑人的生理特点，应选择坐、立姿交替作业岗位以优化作业效率。对于复合作业，有的操作更适合坐姿，有的则更适宜立姿，从优化人机系统的角度出发，也应考虑采用坐、立姿交替作业岗位。

10.2.2　微气候环境

1. 热环境

热环境是一个复杂而多变的系统，它由气温、湿度、太阳辐射与气流速度等物理因素共同构成，这些因素直接影响着人的冷热感受及整体健康状况。基于热环境对人体的不同影响，我们可以将其划分为热舒适环境、过冷环境和过热环境。为了优化作业空间的设计，我们必须深入考虑这些热环境要素，确保它们能够为作业者提供一个既安全又舒适的工作环境。

在热舒适环境下，作业空间的设计应当致力于创造一种让人在心理上感到满意的热环境状态。这种状态既不是让人感到寒冷，也不是让人感到炎热，而是一种恰到好处的舒适感。为了实现这一目标，我们需要综合考虑气温、湿度、气流与热辐射等多个参数，以及它们对人体产生的综合影响。通过科学的分析和计算，我们可以确定出作业空间的最适热环境条件，从而确保作业者能够在最佳的热环境中工作。

然而，在实际的工作环境中，我们往往会遇到非均匀、非稳态的热环境。这种热环境意味着热环境参数会随着时间的推移而发生变化，如室外的自然环境或采用自然通风的建筑室内环境。在这种情况下，作业空间的设计就需要具备更高的灵活性和适应性。我们可以通过安装灵活的温控系统和可调节的通风设备来应对这些变化，确保作业空间能够在不同的热环境条件下保持稳定的舒适度。

除了非稳态热环境，非均匀热环境也是我们需要考虑的一个重要因素。非均匀热环境指的是人体不同的部位暴露在不同的热环境条件下，这可能会导致人体不同部位之间的温差过大，从而引发不适感。为了解决这个问题，作业空间的设计需要采取针对性的措施，如通过局部加热或冷却设备来改善特定部位的热环境。例如，在寒冷的冬季，我们可以使用调温座椅或加热服来提高人体下半身的温度；而在炎热的夏季，则可以使用冷却服或风扇等设备来降低人体的温度。

此外，针对室内外极端场景（如酷暑或严寒）下的人体热保障需求，作业空间的设计也需要采取相应的措施来确保作业者的安全和舒适。在户外寒冷环境中，我们可以通过使用局部加热设备来提高人体的热舒适性；而在酷暑环境中，则需要采取有效的降温措施来降低人体的温度。例如，我们可以增加通风量、使用遮阳设备或安装空调等设备来创造一个更加凉爽的工作环境。通过这些措施的实施，我们可以确保作业者在极端气候条件下也能够保持高效的工作状态。

2. 声环境

在探讨声环境对作业空间设计的影响时，我们不得不提及噪声环境与声景这两个核心概念。噪声，作为环境中具有干扰性的声音，不仅可能阻碍工作者对听觉信息的准确捕捉，还可能对他们的生理和心理健康构成威胁，进而影响到工作效率、舒适度，乃至听觉器官的健康。因此，在作业空间设计中，合理控制噪声是至关重要的。

为了应对噪声问题，我国已经制定了详细的声环境影响评价标准和流程，旨在规范和指导相关评价工作。这些标准不仅涵盖了噪声测量的技术细节，还强调了噪声控制策略的制定与实施。在作业空间设计中，我们应充分遵循这些标准，通过采用隔音材料、优化建筑布局、设置隔音屏障等措施，有效降低噪声对作业环境的干扰。

与此同时，声景作为个体、群体或社区在特定场景下所感知的声环境，为作业空间设计提供了更为广阔的视角。声景研究不仅关注物理声学层面的声场分布、声的传播等，还融合了环境科学、建筑学、生态学等多个领域的知识，以及环境心理学、环境影响评价等跨学科的理论。在作业空间设计中，我们可以借鉴声景研究的成果，通过引入自然声、音乐等积极声音元素，营造出既舒适又富有特色的声环境。

具体来说，在作业空间的设计中，我们可以考虑以下几个方面：

(1) 噪声控制。对作业空间内的噪声源进行细致分析，并采取相应的控制措施。例如，在机械设备选型时，优先考虑低噪声产品；在建筑设计上，采用隔音窗、隔音墙等结构，以减少外部噪声的侵入。

(2) 声景营造。结合作业空间的功能需求和使用者的喜好，挑选和布置声音元素。例如，在休息区设置轻柔的背景音乐，有助于缓解工作压力；在办公区则保持相对安静的环境，以提高工作效率。

(3) 空间布局与声学设计。在作业空间布局时，要充分考虑声学设计的原则。例如，将高噪声区域与低噪声区域合理分隔，避免噪声干扰；同时，利用声学材料改善空间的声学性能，如使用吸音板减少回声和混响。

(4) 视听交互与语言分析。在作业空间设计中，还应考虑视听交互作用及语言分析的重要性。通过合理设置视听设备，如音响系统和显示屏等，可以创造出更加生动、直观的信息传递环境。同时，对声音和场景感知多样性的情感层面进行分类和分析，有助于更好地满足使用者的需求。

作业空间的设计应充分融合噪声控制与声景营造的理念，通过科学合理的规划和布局，为使用者提供一个既安静又富有特色的工作环境。这不仅有助于提高工作效率和舒适度，还能促进使用者的身心健康和幸福感。

3. 光环境

作业场所的光环境设计至关重要，它涵盖了天然采光与人工照明两大方面，对人们的舒适性、工作效率及身心健康均产生深远影响。在设计这些环境下的作业空间时，需综合考虑多种物理因素，如照度、色温、眩光及显色性等，以确保光环境既能满足视觉作业的需求，又能促进人体生理节律的平衡。

(1) 对于天然采光，应充分利用窗户、天窗等自然光源，合理布局以引入充足的阳光，同时考虑遮阳和隐私保护，避免过度曝光导致的眩光问题。在办公、学习等需要高度集中注意力的区域，可设计可调节的遮阳设施，以控制光线强度和方向，创造适宜的光环境。

(2) 在人工照明方面，需根据作业空间的功能和人员需求，科学设定照度标准和色温，以优化视觉功效。例如，在需要精细视觉作业的区域，如阅读区、设计室等，应提供较高照度和适宜色温的照明，以提高作业者的视觉敏锐度和舒适度。同时，应选用显色性好的光源，以真实还原物体颜色，减少视觉疲劳。

随着非视觉效应研究的深入，光环境设计还需关注其对人体生理节律和心理健康的影响。在特殊环境下，如水下、地下、极地及航天等，作业人员长期与外界信息隔离，易出现生物节律紊乱、认知能力下降等问题。因此，在这些环境下的作业空间设计中，应引入节律照明，通过调节光照强度和色温，模拟自然光周期，以维持作业人员的正常生理节律和情绪稳定。节律照明不仅有助于调节睡眠周期、心率和新陈代谢，还能提升作业人员的觉醒度和积极性，从而提高工作效率和安全性。

此外，光治疗作为一种非视觉效应的临床应用，已证实对季节性情感障碍、阿尔茨海默病、帕金森病等疾病具有积极作用。因此，在作业空间设计中，可考虑引入光治疗设施，为作业人员提供健康保障。

4. 振动环境

在各种工业、农业及家用环境中，机械工具产生的振动对人们的工作效率、舒适性及健康和安全构成了显著影响。同时，振动还会干扰机械、设备、工具和仪表的正常运行。因此，在设计这些环境下的作业空间时，必须充分考虑振动因素，以确保人员的健康和安全，同时维护设备的稳定运行。

人体作为一个多自由度的振动系统，对不同频率的振动有着特定的反应。研究表明，人体对 4 ~ 8Hz 的振动能量传递率最大，称为第一共振峰，主要由胸部共振产生，对胸腔内脏影响最大。此外，存在第二共振峰 (10~12 Hz) 和第三共振峰 (20~25 Hz)，它们对腹部内脏和全身其他组织会产生不同程度的影响。

为了评估人体对振动的反应，已经建立了振动标准，包括振动的"感觉阈""不舒适阈"和"极限阈"。这些标准用于对振动环境的严重程度进行分类，并表明人体在不同姿势下的平均振动承受水平。在设计作业空间时，应考虑以下因素以减轻振动的影响：

(1) 振动频率与强度的控制。应尽可能选择振动频率和强度较低的设备。对于无法避免的高频或高强度振动，应采取有效的隔振措施，如安装减震器、使用弹性材料等，以降低振动对人体的传递。

(2) 暴露时间的限制。长时间暴露在振动环境中会对人体产生不良影响。因此，在设计作业空间时，应合理安排工作时间和休息时间，避免人员长时间连续暴露在振动中。

(3) 工作方式的优化。人体对振动的敏感程度与工作方式密切相关。例如，通过调整手持工具的方式、减小施加在工具上的力、改变工作姿势等，都可以减轻振动对人体的影响。此外，可以考虑使用自动化、机械化等先进技术来减少人工操作，从而降低振动暴露。

(4) 振动防护设施。在作业空间内设置振动防护设施，如振动隔离平台、防护服等，可以有效降低振动对人体的影响。这些设施应根据具体工作环境和人员需求进行定制。

(5) 健康监测与培训。定期对作业人员进行健康监测，及时发现并处理振动引起的健康问题。同时，加强振动防护知识的培训，提高人员的自我保护意识。

研究作业环境与作业空间设计，在人因工程和工业设计过程中占据着举足轻重的地位，这对于显著提升员工的工作效率和满意度至关重要。二维码 10.1 中的研究文献深入探讨了员工对工作空间的满意度、工作空间如何支持劳动生产率、工作空间依恋感，以及这些因素与工作压力之间的复杂关系。强调未来的设计实践应更加注重优化作业环境，以创造更加人性化、高效且舒适的工作空间。

10.1 作业环境与
空间设计研究文献

10.3 交通工具内部空间研究案例

10.3.1 地铁客室空间研究

中车集团是中国轨道交通装备制造行业的龙头企业，其轨道交通工具客室空间研究及设计实践一直处于行业领先地位。近年来，中车集团针对不同类型和等级的轨道交通工具，不断加强客室空间的研究和设计实践，为国内外众多城市提供了高品质的轨道交通工具。其中，某市地铁五号线的客室空间设计便是中车集团设计实力的又一典范。

该地铁路线是连接城市核心区域与重要商圈的轨道交通纽带。鉴于其沿线客流量庞大，对轨道交通工具的载客能力和服务质量提出了更高要求。作为该线路的车辆供应商，中车集团在设计实践中深度融合了创新与人性化理念，旨在提高乘客的舒适度和满意度。

在空间布局上，客室采用了对称式设计，便于乘客快速定位座位，同时座椅排列灵活可调，以满足不同乘客的需求。

在照明方面，客室内采用了柔和且可调节的灯光设计，不仅为乘客营造了舒适的光环境，还能根据运营场景切换至夜间模式、阅读模式等，贴心满足乘客的多样化需求。

信息传播方面，客室内配备了电子显示屏和信息娱乐系统，为乘客提供了便捷的信息获取渠道和丰富的娱乐资源。乘客可以轻松查看车辆运行信息、换乘指南等，同时享受音乐、电影等多媒体内容。

在安全设施上，客室内设置了紧急制动装置、安全门等多重保障，确保乘客在紧急情况下能够迅速获得保护。此外，灭火器、疏散指示标志等设备一应俱全，有效提升了乘客的安全意识。

环保方面，客室内部采用了环保材料，降低了对环境的污染。空调系统则采用了智能节能设计，有效减少了能耗和排放。同时，空气净化装置的加入，进一步提升了车厢内的空气质量，为乘客提供了更加健康、舒适的乘车环境。

10.3.2 电动车内部空间研究

比亚迪作为中国新能源汽车领域的领军企业，其每一次推出的新品电动车都备受关注。近期，比亚迪推出了一款名为"未来电动"的概念车，在国内电动车市场上引起了热议，如图10.12。这款车的最大亮点在于其内部空间设计，以创新、舒适和科技为主要特点，充分体现了国内电动车行业在设计和制造方面的最新成果。该车的驾驶室设计简洁大方，采用了环抱式中控台布局，以驾驶员为核心，极大地方便了驾驶操作。仪表盘和中控屏幕采用悬浮式设计，凸显科技感；中央扶手箱和门板等部位的设计非常人性化，不仅触感舒适，还提供了充足的储物空间，满足用户的多样化需求。

图 10.12 比亚迪"未来电动"概念车

这款新能源概念车的内部空间设计理念及设计方案主要聚焦于以下几个核心方面。

1. 空间设计理念

用户体验优先：将用户体验放在首要位置，以用户需求为导向，通过优化布局、色彩搭配和材质选择等元素，打造出一个宽敞、舒适且科技感十足的驾驶环境。

创新与实用结合：在保证驾驶安全的前提下，将创新元素与实用性相结合，如采用新型座椅设计、可变空间布局，以及智能化的操作界面等，使车辆的实用性和舒适性得到大幅提升。

绿色环保理念：在选材和制造过程中，充分考虑环保因素，使用可再生和可循环利用的材料，以降低车辆对环境的影响。

高科技元素融入：电动概念车将高科技元素融入设计中，如大尺寸触摸屏、智能语音控制系统，以及自动驾驶技术等，使驾驶体验更加便捷和智能。

2. 空间设计方案

座椅设计：设计师采用了具有人体工程学原理的座椅设计，使驾驶者的乘坐空间更加宽敞舒适。同时，座椅还具有自动调节和记忆功能，可根据驾驶者的身形和习惯进行自动调整。

可变空间布局：设计师巧妙地利用了车辆内部空间，通过创新的布局方式，将前排座椅向后移动，使驾驶者拥有更大的腿部空间。此外，后排座椅也采用了可拆卸设计，使车内空间更加灵活多变。

智能化操作界面：设计师采用了简洁大气的中控台设计，将触摸屏、物理按键和智能语音控制系统完美融合。驾驶者可以通过触摸屏或语音指令进行操作，大大提高了驾驶便捷性。

绿色环保材料：设计师在车内装饰和制造过程中，采用了大量环保材料，如天然纤维和生物塑料等。这些材料不仅美观耐用，而且可回收再利用，降低了车辆对环境的影响。

高科技配置：电动概念车配备了诸多高科技配置，如自动驾驶技术、智能交通辅助系统，以及互联网娱乐功能等。这些配置不仅提高了驾驶安全性，还为驾驶者带来了更加便捷、舒适的驾驶体验。

课后练习

思考题

1. 请简述运用 CITESPACE 分析作业空间研究动向的一般步骤。

2. 微气候环境是指什么？它与宏观气候环境有何不同？

3. 热环境在作业空间中的重要性体现在哪些方面？

4. 请列举至少三种影响作业空间声环境的因素。

5. 光环境对作业空间的影响主要体现在哪些方面？

6. 振动环境在作业空间中可能导致哪些问题？

讨论题

1. 讨论在作业空间设计中，如何平衡功能性与舒适性？

2. 从环境心理学的角度，讨论作业空间的光环境对员工工作效率的影响。

3. 请讨论在设计作业空间时，如何考虑声环境的优化以减少噪声干扰？

4. 振动环境对作业空间的影响有哪些？如何通过设计来减轻这些影响？

5. 小组讨论如何综合考虑热环境、声环境、光环境和振动环境，以优化作业空间的设计？

实践题

1. 选择一个具体的作业空间（如办公室、工厂车间等）进行综合分析，并提出至少三个改进作业空间的建议。

2. 设计一个小型办公室的作业空间，考虑如何优化热环境、声环境和光环境，以提高员工的工作效率和舒适度。

3. 针对一个特定的作业空间（如图书馆、实验室等），分析其微气候环境的现状，并提出改善方案，包括热环境、声环境、光环境和振动环境的优化措施。

4. 设计一个考虑微气候环境的公共宿舍卫生间空间布局方案，并说明其设计理念和预期效果。

5. 实地调查一个现有的作业空间（如办公室、实验室等），评估其热环境、声环境、光环境和振动环境的质量。基于您的评估，提出至少三项具体的优化建议，并说明理由。

第11章
人机交互界面设计研究

11.1　前沿研究

11.1.1　相关理论研究

利用 CiteSpace 工具，我们可以对人机交互界面研究领域的中英文文献进行深入分析，并构建作者合作网络图谱进行对比分析。

首先，针对中文期刊相关的文献进行检索与下载。具体来说，在 2023 年 12 月 28 日 9:00，对中文期刊数据库 CNKI 进行了检索，以"人机交互界面"作为篇关摘的检索词。我们精心筛选了被北大核心、南大核心、EI 或 SCI 收录的期刊上的文献题录信息，最终获得了共计 1473 条数据。

然后，在 Web of Science 平台上进行外文期刊文献题录信息的检索，这一流程与中文文献的检索方法存在差异。我们以 human machine interface 作为主题词，并在核心集来源数据库里进行检索操作。具体的检索步骤和界面，如图 11.1 所示。

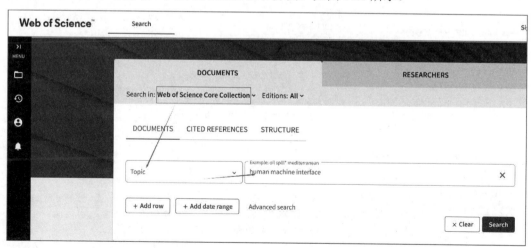

图 11.1　外文文献检索操作界面

经过筛选，我们排除了报纸、广告、学位论文、会议论文，以及综述等类型的文献，最终获得 6547 条外文文献题录信息，如图 11.2 所示。

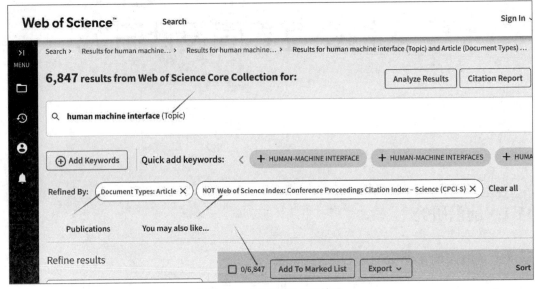

图 11.2 文献题录来源筛选

将筛选后的文献题录信息导出，并按照 CiteSpace 可识别的格式将数据文件命名为 download_xxx(其中，xxx 为具体命名标识，可能是日期、序号或其他识别信息)，然后将其保存在指定的路径下，即 " / 外文文献 /input" 文件夹中。导出操作见图 11.3 和图 11.4。

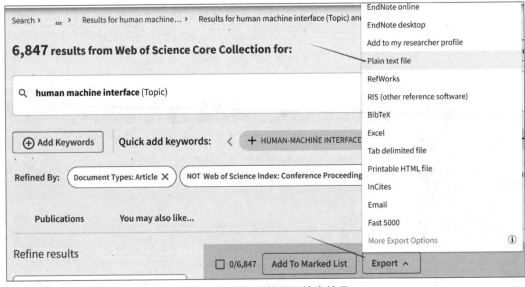

图 11.3 外文文献题录搜索结果

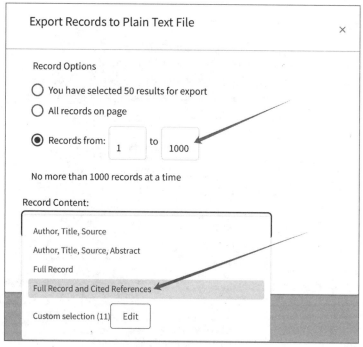

图 11.4　外文文献题录信息导出

　　打开 CiteSpace 软件，新建一个项目，命名为 human machine interface。在设置项目时，可参考图 11.5 和图 11.6。

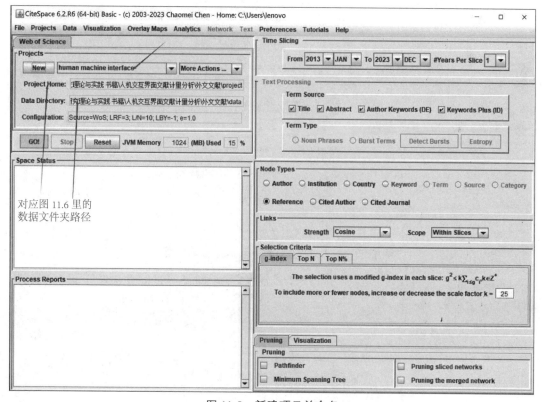

图 11.5　新建项目并命名

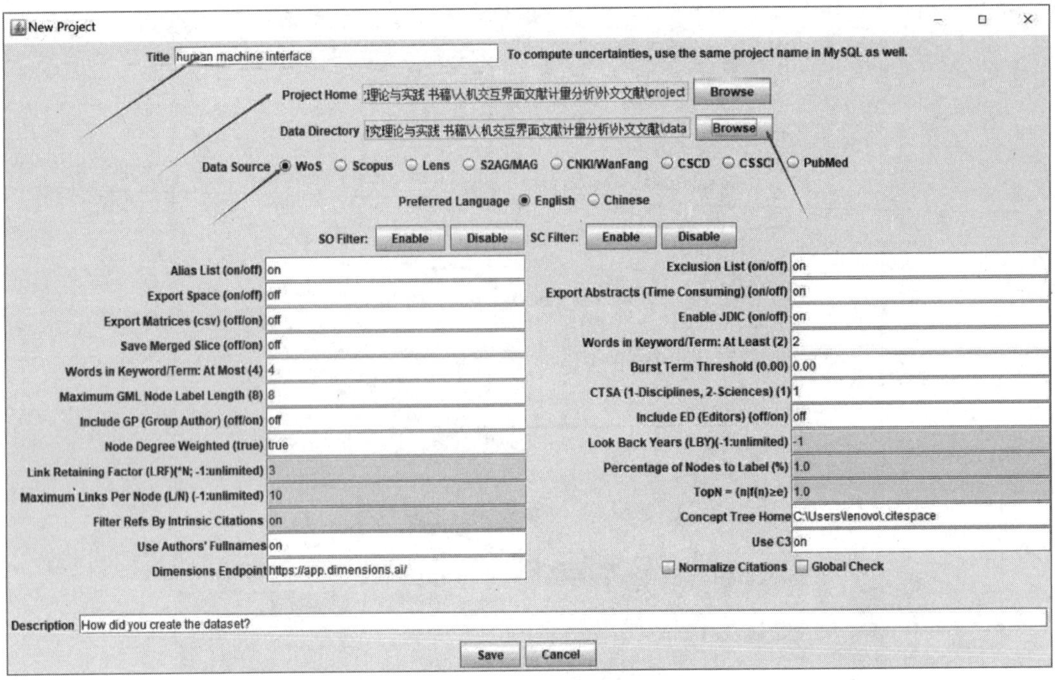

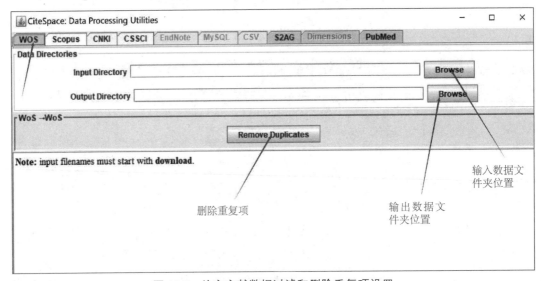

图 11.6　新建项目分析设置

在 CiteSpace 中，可以执行数据过滤和重复项删除的操作，相关设置见图 11.7。

图 11.7　外文文献数据过滤和删除重复项设置

完成上述设置后，将得到如图 11.8 所示的结果，即已经过滤并去除了重复项的数据集。

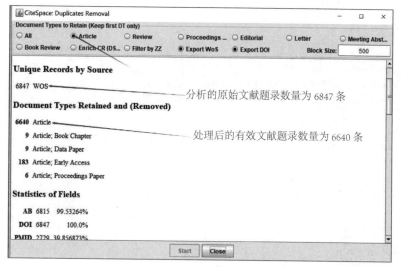

图 11.8　处理后的题录信息截图

利用经过除重、清洗后的外文文献题录信息，我们主要就发文数量、作者合作网络，以及聚类分析这三个维度进行深入探讨。

关于中英文文献的发文量分析，其结果见图 11.9 所示。可以看出，英文文献的发表数量远超中文文献，并且其研究增长趋势更为显著。这一数据表明，如果要跟踪该领域的研究动态和前沿进展，外文文献无疑是首选的考察对象。

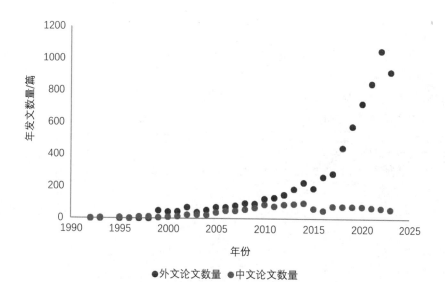

图 11.9　中英文文献发文量对比分析

在文献分析中，我们着重研究了作者之间的合作关系，旨在发现领域内的核心研究者和团队。通过分析高频学者 (发文较多的学者) 和中心性高的学者，可以初步了解他们在该领域的影响力。同时，我们还深入探究了这些学者的主要研究方向，以更全面地把握该领域的研究动态和趋势。此外，利用普莱斯定律来判断核心学者群是否已经形成，为后续的深入研究提供了有力支持。如图 11.10 所示，展示了我们在分析过程中所需的设置。

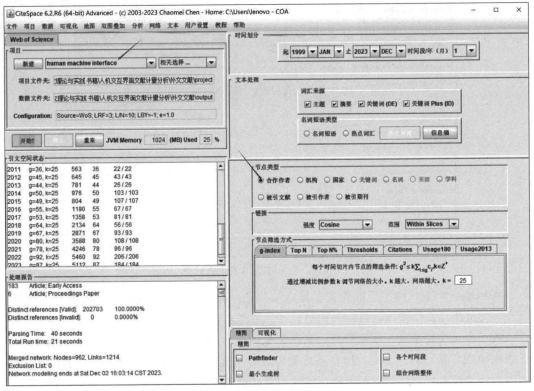

图 11.10　作者共现分析设置

在可视化结果的呈现上，采用了作者合作网络图来直观地展示作者之间的合作关系和网络结构。通过这张图，我们可以清晰地看到哪些作者是该领域的核心研究者，以及他们之间的合作情况和影响力分布。这种可视化的呈现方式不仅有助于我们更深入地理解作者之间的合作关系，还为后续的学术交流和合作提供了有益的参考。如图 11.11 所示，展示了初步的作者合作网络可视化结果。

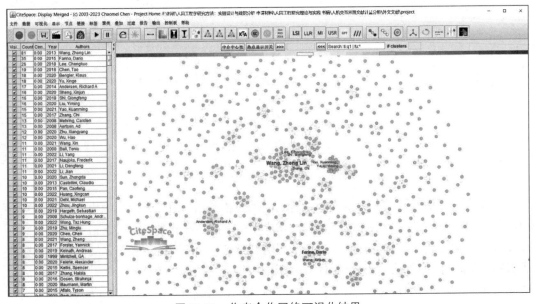

图 11.11　作者合作网络可视化结果

为了使网络更加清晰，便于展示关键的合作群落，需要对原始网络的可视化结果进行调整。用户可以根据可视化效果，选择在可视化菜单栏的"过滤"功能中，设定显示原始网络中规模最大的前 5 个子网络。用户对得到的子网络可以重新进行布局，然后进行聚类分析和可视化调整，结果如图 11.12 所示。图中展示的是对 6837 份文献题录中作者合作网络进行聚类分析后，筛选出排名前 5 位的聚类结果，并进一步过滤出被引次数超过 17 次的作者信息。

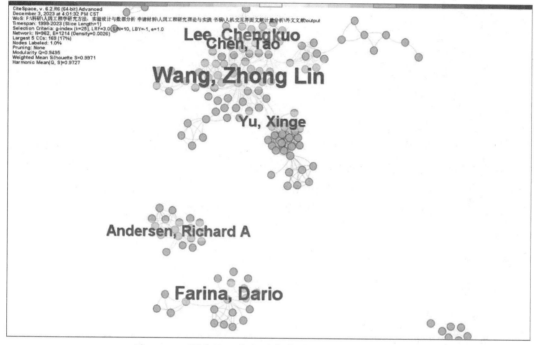

图 11.12　调节显示节点后作者共现分析可视化结果

为了对其进行量化分析，我们可以对作者合作的网络数据进行导出和保存，设置如图 11.13 所示。具体数据查看"核心作者计算的原始数据"文件，根据普莱斯定律进一步算出发文量大于等于 7 的文献总数为 648，占总文献 6837 的比例低于 50%，由此说明，在外文学者中尚未形成核心学者群。另外，我们还可以利用"核心作者计算的原始数据"文件，分析排名前 5 位的学者 (发文高频学者)，后续在研究人机交互界面发展动向时，可首先关注这些作者的研究领域和相关成果。

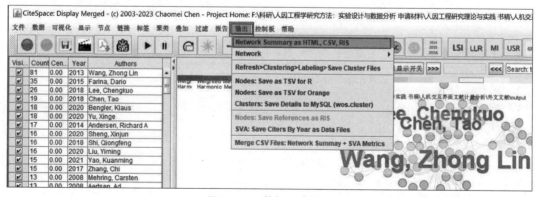

图 11.13　数据导出设置

在合作网络中，我们可以利用 Burst 分析功能来探测作者发表文章的突发性情况，从而识别出在不同时期活跃的人机交互界面研究学者，如图 11.14 所示。

Authors	Year	Strength	Begin	End	1999 - 2023
Mintchell, GA	1999	5.17	1999	2002	
Aertsen, Ad	2008	7.27	2008	2013	
Mehring, Carsten	2008	6.76	2008	2014	
Ball, Tonio	2008	6.15	2008	2013	
Schulze-bonhage, Andreas	2009	5.15	2009	2013	
Wang, Zhong Lin	2013	7.72	2016	2020	
Naujoks, Frederik	2017	4.56	2017	2020	
Chen, Tao	2018	6.94	2018	2021	
Lee, Chengkuo	2018	6.02	2018	2023	
Shi, Qiongfeng	2018	5.83	2018	2021	
Hergeth, Sebastian	2019	4.72	2019	2020	
Keinath, Andreas	2019	4.19	2019	2020	
Bengler, Klaus	2020	6.61	2020	2023	
Yu, Xinge	2020	4.45	2020	2023	
Yao, Kuanming	2021	5.23	2021	2023	

图 11.14　突发性指数最强的学者（前 15 位）

在作者合作网络中，右击选中节点并选择"节点信息"(Node Details)，可查询该作者发表论文的时间分布及详情，如图 11.15 和图 11.16 所示。此功能同样适用于国家和机构合作分析：切换节点类型为机构 (Institution) 或国家 (Country)，即可分别获得人机交互界面研究机构的合作网络及国家 / 地区的合作网络。对这些网络进行聚类分析，能深入了解各机构群落及国家 / 地区的研究主题。

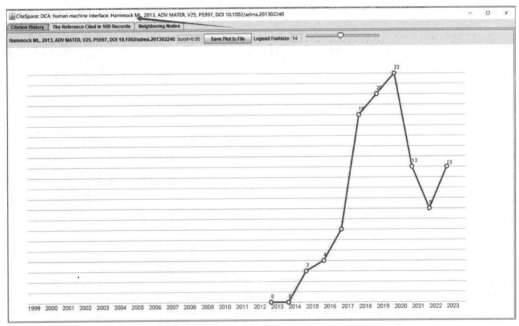

图 11.15　发表人机交互界面文献的时序分布

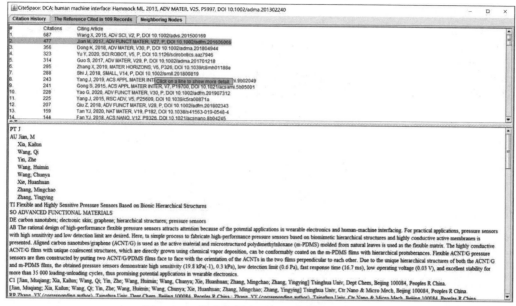

图 11.16　发表人机交互界面文献的具体信息

　　对数据集中的作者和数据库提供的关键词进行共现分析，主要涉及对 DE 和 ID 字段的分析。以 Web of Science 数据为例，这种分析可以揭示关键词之间的关联。在使用 CiteSpace 对关键词进行分析时，相关的设置见图 11.17。

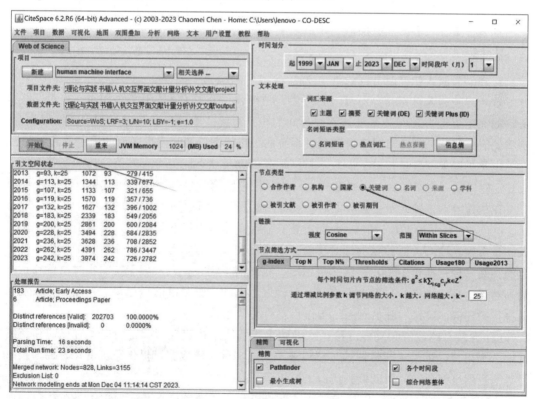

图 11.17　关键词共现分析设置

　　在功能参数区中设置相关参数后，即可得到关键词的共现网络，结果如图 11.18 所示。从图中可以看出，自动驾驶车辆、脑机人机界面，以及增强人机交互界面等领域已成为人机交互界面研究的重点。

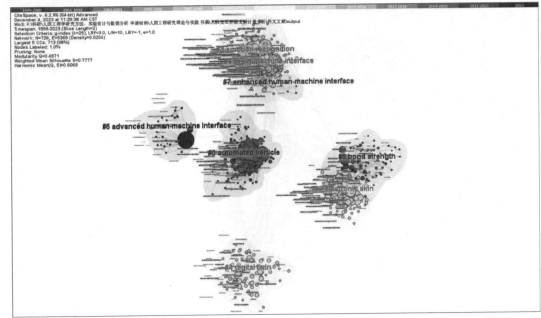

图 11.18　人机交互界面关键词共现分析结果

11.1.2　前沿设计实践

本节将结合人机交互界面研究重点领域，即自动驾驶、脑机人机界面设计两个主题进行具体介绍。

1. 自动驾驶人机交互界面设计

自动驾驶的人机交互界面 (HMI) 要素，被细致划分为Ⅰ类、Ⅱ类、Ⅲ类、Ⅳ类，其核心目的在于促进自动驾驶系统与驾驶员间的相互理解，确保自动驾驶过程中的绝对安全。这些功能具体包括：清晰展示自动驾驶系统的工作状态，及时提供必要的报警及提示信息；在关键时刻请求驾驶员接管控制权；持续加强驾驶员状态监控；有效监测自动驾驶系统的设计运行区域；在必要时与系统整体协同执行最小风险策略等。

在构建自动驾驶人机交互界面时，设计团队需重点考虑如下几个关键方面。

(1) 信息显示与反馈机制。此部分主要包括实时车辆状态显示，如车速、电量、充电状态及车辆温度等关键数据的即时更新，助力驾驶员随时掌握车辆整体状况；环境感知信息的直观呈现，通过图形、雷达图等手段，将周围车辆、行人及障碍物的实时位置和状态清晰展现；系统操作信息的全面披露，明确展示自动驾驶系统的运行模式、激活状态及当前执行的任务，确保驾驶员对系统工作状态的准确把握。

(2) 导航与路线规划功能。这一部分侧重于智能路线建议，综合考虑实时交通和道路状况，为用户提供最优或最短的导航路线；集成实时交通数据，提供路况变化、拥堵及事故等信息的全面反馈，帮助驾驶员做出更加明智的决策。

(3) 手势控制与语音识别技术。通过手势控制，驾驶员可以轻松使用手势执行特定命令，如切换屏幕、调整音量或接听电话；而语音识别技术的整合，则使得驾驶员能够通过自然语言指令完成各类任务，如目的地输入、音乐切换等，极大提升了驾驶过程中的便捷性和安全性。

(4) 驾驶模式选择系统。该系统提供了全自动驾驶模式，一键切换即可将控制权完全交给系统，让驾驶员享受轻松的驾驶体验；保留了半自动和手动驾驶模式的选择，以满足不同驾驶场景和驾驶员的个人偏好。

(5) 安全提醒与警告系统。这一系统至关重要，它首先通过监测驾驶员的注意力水平，在检测到注意力下降时立即发出警告，并建议驾驶员休息或接管车辆控制，以预防潜在危险。同时，系统能够显示明确的故障警告信息，如系统故障或传感器异常，指导驾驶员采取适当的应对措施，确保行车安全。

(6) 用户反馈机制。为了确保驾驶员与系统的有效互动，设计了全面的用户反馈机制。一方面，操作反馈通过视觉或声音提示确认驾驶员的命令已被系统接受，如按钮按下的即时反馈，增强了操作的直观性和准确性。另一方面，驾驶行为建议系统能够在特定驾驶情境下提供智能建议，引导驾驶员采取更安全、高效的驾驶策略，进一步提升行车安全性。

(7) 驾驶员监控系统。为了全面保障行车安全，引入了先进的驾驶员监控技术。注意力监测系统利用摄像头和传感器实时监测驾驶员的眼睛和头部运动，精准评估其注意力水平，及时发出警告以预防分心驾驶。此外，疲劳检测系统通过深入分析驾驶员的行为模式，如频繁变道、急刹车等异常行为，准确识别疲劳驾驶迹象，并向驾驶员提出休息建议，有效避免疲劳驾驶带来的安全隐患。

综上所述，自动驾驶的人机交互界面设计不仅注重提供必要的信息，更强调用户体验的直观性和易用性。与传统人机界面相比，自动驾驶界面设计需应对更为复杂的交互场景和系统状态，通过整合安全提醒、用户反馈和驾驶员监控等关键要素，确保驾驶员能够安全、有效地与自动驾驶系统进行沟通，共同维护行车安全，提升驾驶体验。

2. 脑机人机交互界面设计

脑机人机交互 (brain-computer interface, BCI) 领域的一个著名案例是 Neuralink，这是一家由埃隆·马斯克 (Elon Musk) 于 2016 年创立的公司，专注于开发能够直接连接人脑与计算机的脑机接口技术。

2019 年，公司推出了其首个植入式脑机接口设备，该设备通过在大脑特定区域植入 1024 根电极线，采集大脑活动的电信号，并通过无线方式将这些信号传输到终端设备。

2020 年，Neuralink 公司公布了其 N1 芯片植入计划，这款硬币大小、电池供电的芯片成功地在猪的大脑中采集到了电生理信号。从 2020 年至 2022 年，该公司持续对其产品进行改进，包括便携式无线传感设备、电极及电极植入机器人。这些设备能够执行精细的外科手术，切开颅骨而不损伤硬脑膜，并将电极及传感设备准确地植入大脑。

2022 年至 2023 年间，Neuralink 着手构建大规模的集成测试系统，该服务架构能够支持成千上万植入式设备的自动化测试。其植入机器能够将几微米级别的电极像丝线一样精准地植入大脑，仅需 15 分钟即可完成 64 根脑电极的植入，同时能够巧妙地避开大脑血管位置。

Neuralink 公司开发 BCI 脑机接口的初衷是让患有运动感知疾病的患者，如肌萎缩性侧索硬化症 (ALS) 或中风后遗症患者，能够通过思维进行交流。为了实现这一长远目标，公司的研究人员开展了一系列灵长类动物实验。在 2022 年的发布会上，一只猴子展示了通过"意念打字"在屏幕上输入文字的能力，这是基于"运动想象"技术实现的意念控制键盘输入。

除了脑机接口技术，Neuralink 还在开发能够植入脊髓的产品，旨在帮助瘫痪患者恢复运动能力，以及能够植入视觉感应区的产品，以期改善或恢复人类视力。

11.2 人机交互基本原理

在人机交互中，"交"指的是人与机器之间信息或行为的交流过程。它着重强调的是人与机器之间的信息交换。一方面，人通过输入设备(如键盘、鼠标、触摸屏等)向机器输入信息；另一方面，机器通过输出设备(如显示器、音响等)向人反馈信息。例如，在使用计算机时，人通过键盘输入指令或者鼠标点击图标进行操作，而计算机则通过显示器或音响反馈执行结果。

而"互"则指的是人与机器之间的相互作用、相互适应及相互理解的过程。它强调的是人与机器之间的相互作用和共同进化。例如，在人机对话系统中，机器并非被动地接收和执行人的指令，而是借助语音识别、自然语言处理等技术，能够理解和回应人的语音指令，进而实现了真正意义上的人机双向交流。

总的来说，"交"和"互"在人机交互中相辅相成，需借助技术手段和设计方法来实现其效用。通过"交"，人与机器可以有效进行信息交流和指令传递；通过"互"，则能实现更深入的交流、更高效的合作和更好的用户体验。随着交互方式和机器智能化水平的不断提升，人机交互愈发贴近人类需求，为用户带来更加便捷、高效、智能的体验。

本节为大家详细介绍一些与人机交互界面研究相关的概念。

11.2.1 用户体验

用户体验(user experience，UX)的概念最早可以追溯至 20 世纪 90 年代中期，由加州大学心理学教授唐纳德·亚瑟·诺曼(Donald Arthur Norman)提出。

在我国高等学府中，香港理工大学与江南大学是最早开设交互设计专业的两所学府。作为该专业的创建者辛向阳教授，对用户体验的理解是"产品与服务的设计者必须关注使用者在某个场景中的真实需求，从经济学、行为学、心理学、社会科学等多个纬度去理解用户。一个完整的产品或服务，不仅需要满足使用者的功能性需求，还要注重提升人们在心理上的感受，带来愉悦的体验。"近几年，随着移动互联网的蓬勃发展和体验经济的兴起，为创造更深入、更全面的用户体验提供了有利条件，用户体验也因此得到了更多的重视和应用。

近些年来，计算机技术在移动和图形技术等方面取得的显著进展，已经使人机交互(HCI)技术渗透到人类活动的几乎所有领域。技术革新带来了一个巨大转变，即从过去单纯注重可用性工程，扩展到范围更丰富的用户体验，使得用户体验(用户的主观感受、动机、价值观等方面)在人机交互技术发展过程中受到了相当的重视，其关注度与传统的三大可用性指标(即效率、效益和基本主观满意度)不相上下，甚至超越了这些传统指标的地位。

用户体验的内涵与外延都非常丰富。它通常是指用户在使用或预期使用某个产品、系统或服务时的主观感受和反应，涉及用户的情绪、信念、偏好、感知、生理和心理反应、行为和成就等方面，以及用户在使用过程中所处的环境和情境。它是动态的，随着用户的需求、期望和目标的变化而变化，也受到产品、系统或服务的特性、功能、易用性和效率的影响。用户体验的研究侧重于通过各种方法和技术，了解用户的需求、行为、感受和反馈，从而为提高产品的可用性、易用性和满意度提供依据和指导。

下面是一个与用户体验研究相关的产品人机交互界面设计案例：2021 年，中国智能健身行业的领军者 FITURE 推出了其全新智能健身镜产品"FITURE 魔镜旗舰版"。作为一款智能健康产品，它致力于为用户提供专业和个性化的全方位健康服务。其人机交互界面设计效果，如图 11.19 所示。

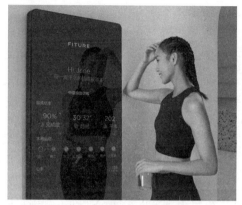

图 11.19　人机交互界面设计范例

视觉风格：采用黑白灰的基础色调，搭配鲜艳的亮色，突出重点信息和功能，提高视觉信息的辨识度和吸引力。

动效设计：利用平滑的过渡和变换，增强用户的操作反馈和沉浸感，让用户感受到运动的乐趣和动力。

语音交互：支持语音控制和语音播报，让用户可以在运动过程中无须触摸屏幕，减少操作干扰，更专注于运动本身。

数据分析：通过高精密的 AI 传感器，捕捉用户的运动轨迹，智能识别纠错指导，确保训练动作的规范。还可以实时显示用户的心率、消耗的卡路里、运动时长等数据，让用户清楚地了解自己的运动效果和健康状况。

内容服务：提供多种类型的运动课程，包括瑜伽、有氧、力量、舞蹈等，并设置了不同的难度和时长，满足各类用户的健身需求和喜好。更重要的是，它还能够根据用户的运动目标和数据，定制个性化的运动方案和建议，帮助用户实现健身目标。

FITURE 魔镜的人机交互界面设计不仅充分展示了人机交互界面研究的要点，还深刻体现了用户体验研究在推动产品创新和发展方面的引领能力。

11.2.2　交互设计

交互设计 (interaction design，IXD)，是一个专注于定义和设计人造系统行为的设计领域。作为一门新兴的、关注交互体验的学科，它起源于 20 世纪 80 年代，由 IDEO 的创始人比尔·摩格理吉 (Bill Moggridge) 于 1984 年首次提出。交互设计旨在明确两个或多个互动的个体间交流的内容和结构，使之能够相互协调，从而创造和建立人与产品及服务之间富有意义的关系。

在实践中，交互设计融合了多学科知识，如计算机科学、心理学、社会学、人类学、哲学、美学等。从用户角度出发，交互设计是一种使产品变得易用、高效且令人愉悦的技术。它深入探究目标用户的需求和期望，分析用户在与产品进行交互时的行为，并研究人类的心理和行为特点。同时，交互设计还探索各种有效的交互方式，并对其进行增强和扩充。

交互设计还涉及多个学科领域，需要与来自不同背景的人员沟通。通过对产品的界面和行为进行精心设计，交互设计旨在建立产品和使用者之间的有机关系，从而有效地帮助使用者实现目标。

下面我们以一款智能健康追踪手环的交互设计为例讲述与交互设计研究相关的步骤。

这款手环不仅能够监测用户的健康数据，还具备智能提醒、社交分享等功能。交互设计的研究通常包括如下步骤。

用户研究：了解目标用户的健康需求、使用场景和期望，如用户可能关注的运动健康、医疗监测等；制定手环的功能规划，如心率监测、睡眠分析、智能提醒、社交分享等功能；明确用户如何与类似产品进行交互，这可以通过用户调查、访谈、焦点小组和原型测试等方法来完成。

信息架构：根据用户研究的结果，设计手环的信息结构，确保用户能够轻松访问健康数据、设置提醒等主要功能。

交互设计：根据信息架构设计产品的交互方式。在智能追踪手环的设计中，需要考虑用户的交互方式，如手势控制、语音控制等。例如，通过手势控制来控制手环功能的切换、运动参数的设置等；也可以通过语音控制来搜索运动健康课程、设置运动计划等。

原型设计：根据交互设计的结果，设计产品的原型。原型是一个可交互的模型，可以用来测试和验证产品的交互设计。通常先创建的是手环的低保真原型，包括主要界面和交互元素，主要用于早期的用户测试。当低保真原型经过多轮迭代后，再开始制作高保真原型，加入更多细节和真实的交互效果。

用户测试与反馈：测试和验证产品的交互设计。用户测试可以帮助设计师了解用户如何使用产品，并发现和解决潜在的问题。

11.2.3 信息架构

信息架构(Information Architecture)是一门研究如何组织、结构化和呈现信息的学科。在人机交互研究中，它特指对信息组织、结构和呈现方式所进行的设计和规划。信息架构的核心在于确保信息以一种有组织、有层次的方式展现，从而使用户能够轻松理解、顺畅导航并高效使用系统。

1. 信息架构研究的内容

信息架构旨在创造一个友好、直观的环境，使用户能够有效地找到他们需要的信息或执行特定的任务。

我们继续以智能手环的交互研发设计为例。智能运动手环是一款集计步、心率监测、睡眠监测等功能于一体的智能穿戴设备。目标用户群体主要是运动爱好者，希望通过智能手环记录运动数据，了解自己的健康状况。关于研究架构的梳理流程，如图 11.20 所示。

在具体的信息架构研究中，重点内容包括如下几个方面。

信息的分类：对运动手环的功能和数据进行分类。例如，计步功能可以细分为步数、距离、消耗卡路里等数据；心率监测可以细分为实时心率、静息心率等数据。通过对信息进行分类，我们能够清晰地展示手环的主要功能和数据。

信息的层次：信息层次是指信息在界面上的组织和呈现方式。在智能运动手环的信息架构中，我们采用了层次化的组织方式，将主界面、运动数据、健康数据等不同类型的信息进行分层展示。例如，主界面可以显示当前的运动状态、心率监测等数据；点击相应的按钮或滑动屏幕可以进入相应的子界面，查看更详细的数据。

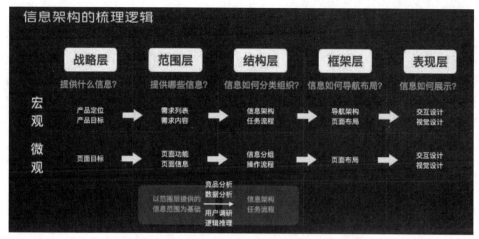

图 11.20　信息架构的梳理过程

信息的交互：信息交互是指用户与界面之间的交互方式。在智能运动手环的信息架构中，采用了简洁直观的交互方式，如滑动、点击等操作。同时，考虑了用户的操作习惯和用法，采用了符合用户心理预期的交互方式。例如，当用户需要查看运动数据时，可以通过滑动屏幕进入相应的子界面；当用户需要查看健康数据时，可以通过点击相应的按钮进入相应的子界面。

信息的呈现：信息呈现是指界面上的视觉元素和设计风格。在智能运动手环的信息架构中，采用了简洁、直观的视觉元素和设计风格。同时，考虑了信息的可读性和易用性，采用大字体、大图标等设计元素。例如，在主界面中，采用大字体和简洁的图标来展示当前的运动状态和心率监测数据；在子界面中，采用详细的图表和文字说明来展示相应的运动数据和健康数据。

通过上述案例的介绍，我们可以看到信息架构在智能运动手环研发中的重要性。信息架构涉及将复杂的信息和数据进行组织、分类和呈现，从而为用户提供一个清晰、易于理解和使用的界面。

2. 信息架构的常见类型

信息架构的基本单位是节点，这些节点可以代表任意信息要素或其组合形成，其范围广泛，小到一个字段或控件，大到整个界面或功能均可涵盖。需要注意的是，不同场景下，节点的细化程度是会有所不同的。关于这些节点的组合方式，常见的有 4 种类型，分别为层级结构、矩阵结构、自然结构和线性结构，如图 11.21。

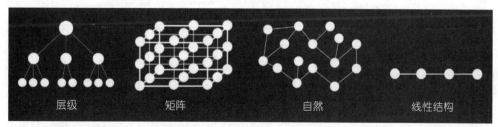

图 11.21　信息架构常见类型

(1) 在层级结构中，每个节点 (除了最顶层的) 都必定有子节点，而最顶层的父节点称为根节点。层级结构的显著优点是结构条理清晰、关系明确，同时它具备一定的冗余度和良好的扩充性。然而，其缺点也较为明显，一旦对父级结构进行调整，其所有子级都会受到影响。尽管如此，层级结构的适用场景仍然非常广泛，它可以说是互联网产品中最通用的一种结构形式，既可以应用于主产品，也可以用于子模块的设计。

(2) 矩阵结构则允许用户沿着两个或多个维度在节点之间自由移动，从而帮助用户快速找到所需信息。这种结构的优点在于，它支持从多个维度访问同一内容，同时用户也可以从同一内容出发，了解与之相关的多维度信息，使得信息触达既快捷又丰富。矩阵结构的缺点在于内容信息相对较为复杂，因此用户的学习成本较高。这种结构更适用于高频功能或信息的展示，并且需要在全局范围内进行综合考虑。例如，微信中的核心对话功能，作为社交的核心部分，需要能够从多个维度进行触达，因此微信设计了如最近记录、通讯录、朋友圈头像等多个入口来方便用户访问。

(3) 自然结构并不遵循任何固定的模式，节点之间通过逐一连接的方式建立联系，但并不进行分类。这种结构的优点在于其自然流畅，能够贴近人们的现实认知方式。然而，其缺点也显而易见，即存在一定的随机性，用户难以掌控，再次查找信息时可能会遇到困难。自然结构通常被应用于子模块中，特别是当需要探索一系列关系不明确或持续演变的内容时。

(4) 线性结构在信息架构中是一种直观且简单的组织方式，它按照特定的顺序或流程将节点 (如页面、章节或功能) 逐一连接起来。用户通常只能按照预定的路径前进，无法跳过或回溯。这种结构的优点在于它为用户提供了一个清晰、易于理解的导航路径，非常适合用于教学材料、新手引导或具有明确步骤的任务流程。线性结构的缺点是它限制了用户的自由度和探索性，可能不适用于需要频繁跳转或参考不同部分的内容。在线性结构中，每个节点都扮演着特定的角色，共同构成了一个连贯且有序的信息流。

3. 信息架构的设计

在设计领域，信息架构设计依赖于多种工具和方法。以下是一些常用的工具和方法。

(1) 卡片分类法。卡片分类法是一种用于组织信息的方法。它通常涉及编写每个信息元素的卡片，然后将这些卡片组合成类别。这种方法可以帮助设计师了解信息之间的关系，并确定如何组织信息。

(2) 信息架构图。信息架构图是一种可视化工具，用于表示信息架构的结构和组织方式。它通常包括节点和边缘，以表示信息元素之间的关系。

(3) 流程图。流程图是一种可视化工具，用于表示信息的流动和处理方式。它通常包括节点和箭头，以表示信息的流动方向。

(4) 线框图。线框图是一种简单的可视化工具，用于表示界面的布局和组织方式。它通常包括文本和简单的几何形状，以表示界面元素的位置和关系。

(5) 原型设计工具。原型设计工具是一种用于创建交互式模型的软件。这些模型可用于测试和验证信息架构的设计。

11.2.4 可用性

可用性 (usability) 是衡量一个产品或系统在特定使用场景下的有效性、效率和用户满意度的关键指标。影响可用性的五大要素包括效率、记忆负担、满意度、易学性和错误率，而针对这些要素的研究方法会根据具体的研究目的而有所不同。下面就人机交互中可用性研究的五大要素分别进行详细阐述。

1. 效率

效率研究是深入理解并优化用户在使用产品或系统时效率问题的关键手段。它通过对用户在使用过程中的行为和体验进行深入分析，帮助我们识别存在的问题，并采取相应的措施来优化产品或系统的设计，从而提高用户的效率和满意度。

在效率研究中，常见的方法主要包括任务分析法、性能测试法和用户行为分析法。任务分析法主要聚焦于用户需要完成的任务，通过分析任务的特点、难度，以及完成这些任务所需的资源，来评估产品或系统在支持任务完成方面的效率。性能测试法则通过模拟用户在使用产品或系统时的实际操作，来测量其性能表现，如响应时间、处理速度等。这种方法能够直观地展示产品或系统在不同负载和条件下的运行效率，帮助我们了解其在各种场景下的表现，并据此进行针对性的优化。用户行为分析法则主要通过观察和分析用户在使用产品或系统时的行为数据，如操作记录、鼠标点击轨迹等，来了解用户的使用习惯和可能存在的效率问题。这种方法能够揭示用户在使用过程中可能遇到的障碍和瓶颈，并为我们提供改进的方向和思路。

效率研究的相关理论涵盖了时间管理理论、工作负荷理论和认知负荷理论等多个方面。

(1) 时间管理理论着重于时间的合理规划与利用，以提升工作效率。在产品或系统的设计中，我们可以依据这一理论，通过优化任务流程、精简操作步骤等手段，来提升用户的操作效率。例如，在网站设计中，我们可以采用直观清晰的导航结构，帮助用户迅速定位并获取所需信息，从而提升浏览效率。

(2) 工作负荷理论指出，人的工作效率会受到工作负荷的影响，过高或过低的工作负荷都可能降低效率。因此，在产品或系统的设计中，我们需要根据用户的实际需求和能力，来合理安排工作负荷，以确保用户能够保持最佳的工作状态。例如，在办公软件的设计中，我们可以根据用户的工作习惯和需求，来定制功能模块，避免功能冗余或不足所带来的效率损耗。

(3) 认知负荷理论则关注人在处理信息时的认知负荷对效率的影响。认知负荷过高可能导致信息处理速度减缓、错误率上升等问题。因此，在产品或系统的设计中，我们需要尽量减少用户的认知负担，通过提供清晰直观的信息呈现、简洁明了的操作界面等方式，来提高用户的处理效率。例如，在教育软件的设计中，我们可以采用多媒体教学手段来呈现教学内容，以降低学生的认知负荷，从而提升学习效率。

2. 记忆负担

记忆负担是指用户在使用系统或完成任务过程中需要记忆的信息量和复杂度。在人机交互研究中，记忆负担是检测系统认知负担的重要手段，旨在确保用户交互的高效性和易用性。记忆负担的评估方法主要分为主观评估和客观评估两大类。

(1) 主观评估主要依赖于用户的自我评估，通常通过调查和问卷等技术手段来实现。这些调查或问卷可能会询问用户在使用系统或完成任务时，感觉需要记忆的信息量是否过多，是否觉得难以记住关键信息，以及这些信息是否对完成任务造成了困扰。通过收集和分析用户的反馈，我们可以对系统的记忆负担有一个直观的了解，并据此进行改进。

(2) 客观评估则可以从神经生理学、生理学和行为学的角度进行。在神经生理学方面，如利用脑电图测量不同频段的功率谱密度，可以反映大脑在处理信息时的活跃度，从而间接评估认知负荷。在生理学方面，心率变异性、跳间间隔和血压等指标已被证明对认知付出的增加非常敏感，可以作为评估认知负荷的参考。此外，呼吸指标，如呼吸速率、呼吸变化率、呼吸气流和呼吸容量等，也能在一定程度上反映认知负荷的大小。在行为学方面，度量包括按键动力学、鼠标追踪和身体姿势等，这些可以反映用户在使用过程中的操作习惯和效率。同时，与实际任务绩效相关的指标，如正确率、反应时间和完成速度等，也是评估认知负荷的重要参考。

这些客观评估方法可以单独或组合使用，具体选择取决于研究的目的、任务特性，以及研究者关注的重点。通过综合运用这些方法，我们可以更全面地了解系统的记忆负担和认知负荷，为优化人机交互设计提供有力支持。

3. 满意度

满意度调查包括用户调查和情感分析等内容。前者一般通过问卷、面谈等方式，收集用户对系统的主观感受和满意度，较为常规，在此不再详述。下面重点介绍情感分析的流程。假设我们要研究一款新的智能音箱的用户满意度，以下是一个详细的情感分析流程。

(1) 数据收集。从线上商店(如淘宝和京东)收集用户对该应用的评论，也可以从社交媒体平台(如小红书或抖音)收集提及该产品的帖子，或者在智能音箱的官方网站或相关论坛收集用户反馈等。

(2) 数据清洗和格式化处理。通常应删除无关字符(如 @ 用户名、# 话题标签、URLs 等)，还需要将文本统一大小写，并对文本进行分词，将句子拆分为单词或短语，去除如 the、and 等停用词，进行词干提取或词形还原，将词汇统一为其基本形式，将文本数据标准化成适合情感分析的格式。

(3) 特征提取。在清洗和格式化数据后，需要提取出能反映情感的特征。对于智能音箱的语音数据，这些特征可能包括音调、音量、语速，以及语音中的某些关键词等。

(4) 情感词典或模型选择。使用提取出的特征来训练一个情感分析模型。这个模型通常是一个机器学习模型，如支持向量机、深度学习模型等。在训练模型时，我们需要提供标签化的情感数据，即告诉模型哪种特征组合对应哪种情感。

(5) 情感计算与分析。运用训练好的情感分析模型计算用户对智能音箱产品的整体情感倾向，如平均情感分数、正面和负面评论的比例等，也可以对情感分析结果进行进一步的统计分析，如分析不同版本产品的情感极性变化、用户对产品不同功能的情感评价、情感极性随时间的变化趋势等。

(6) 总结分析结果，提出改进产品的建议，如优化某个功能、改进用户界面等，以提高用户满意度。

4. 易学性

人机交互界面的易学性，是指用户第一次遇到界面时完成任务的难易程度，以及需要多少次重复才能有效完成任务。易学性研究的结果是一条学习曲线，它揭示了用户为了有效地完成某个任务需要重复学习使用界面的时间或次数。

易学性研究对于理解用户适应简单交互界面的速度，以及掌握频繁访问的复杂应用程序和系统的能力都非常有价值。易学性包含 3 个不同方面，每个方面对不同类型的用户都至关重要：

(1) 初次使用的易学性。设计是否便于用户首次尝试时快速上手？对于仅执行一次性任务的用户而言，这一方面的易学性尤为关键。

(2) 学习曲线的陡峭程度。通过反复使用设计，用户需要多长时间才能达到更高的熟练度和效率？对于那些会多次使用特定设计的用户，这一方面的易学性至关重要。当用户感受到自己的进步，越来越擅长使用某个界面系统时，他们会更有动力继续使用。

(3) 最终界面的操作效率。一旦用户完全掌握了界面的使用方法，他们能够达到多高的操作效率？这一方面对于经常且长期需要使用系统的用户尤为重要，特别是当该系统成为执行重要日常任务的主要工具时。

在理想情况下，人机交互系统应在上述三个方面都表现出色。但在现实中，设计折中通常是必要的，界面设计应旨在形成有利的学习曲线，以满足那些具有最高业务价值的用户需求。

在进行易学性研究时，首要考虑的是参与者选择，收集那些几乎没有或完全没有使用过该交互系统的参与者的数据非常重要；然后明确度量标准，其中任务时间是易学性研究中最为常见的评估指标；接着确定试验次数，即决定收集这些指标的具体频率及实验时间间隔的长度；最后收集数据并绘制学习曲线，进行深入分析，主要关注学习曲线的斜率及学习平台的高低，从而识别出易学性较好或较差的界面，以及最终操作效率较高的界面。

5. 错误

在可用性研究中，错误是一个重要的指标，因为它可以影响用户体验和系统的效果。以下是一些关于错误的研究中常用的方法和理论。

(1) 错误分类。为了更好地理解和分析错误，可以采用错误分类方法。一种常见的分类是将错误分为语法错误和语义错误两类。语法错误涉及输入或操作的形式；而语义错误涉及对任务或目标的理解错误。这种分类有助于确定错误的类型和可能的原因。

(2) 错误率。错误率是一个常见的测量指标，表示在一定时间内发生错误的比率。通过错误率，我们可以评估系统在特定任务中的错误程度，了解用户在使用过程中可能遇到的问题。

(3) 错误分布。在明确了错误率以后，还可以进一步关注错误在不同任务或界面元素之间的分布。例如，分析在系统的不同部分发生的错误，以确定哪些功能或界面元素可能需要改进。

(4) 认知工程学模型。认知工程学模型是一种利用建模方法分析并预测认知过程中可能出现的错误的有效工具，它有助于我们深入理解用户在执行特定任务时可能遭遇的错误情况。通过构建这样的模型，我们可以更深入地洞察用户在操作界面时的思维路径、决策过程及潜在的失误点，从而为界面设计和优化提供科学依据，减少用户在使用过程中可能遇到的障碍，提升整体的用户体验。

(5) 实验与用户研究。在实验室环境或真实使用场景下开展用户研究，通过细致观察用户行为、详尽记录用户反馈，以及深入分析用户错误，我们能够深入洞察系统的可用性及存在的错误情况，从而为系统的改进和优化提供有力支持。

(6) 启发式评估法。启发式评估方法是一种由专家评估员，依据一系列启发式原则（其中涵盖避免错误的设计原则）来评估系统可用性的手段。通过这种方法，专家能够敏锐地发现那些可能导致用户犯错的设计隐患，为系统的进一步完善提供宝贵的建议。

11.2.5　用户旅程

用户旅程 (user journey) 用于描述用户与产品或服务交互的整个过程，包括各个阶段的体验、决策和情感。用户旅程图的基础是由时间线上的一系列用户行为构成的，通过添加用户的想法和情感使地图变得更加丰满，进而形成叙事。然后将叙事内容浓缩，形成最终的可视化构图。通过该可视化旅程图，设计团队可以更好地理解用户期望，从而为用户提供更贴心的服务，提高他们的满意度。用户旅程图的效果，如图 11.22 所示。

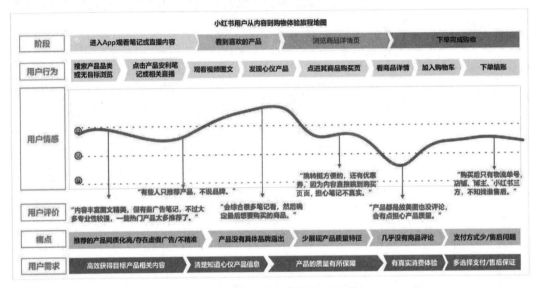

图 11.22　用户旅程图范例示意图

用户旅程图的具体绘制过程，主要包括如下七个阶段。

(1) 用户角色定义。这一步骤需要明确目标用户及其背景信息，涵盖用户的年龄、性别、职业、地理位置等基本信息。这些信息有助于更深入地理解用户的需求和行为模式，为后续的用户旅程图绘制奠定坚实的基础。

(2) 确定用户目标与期望。在此阶段，要清晰界定用户使用产品或服务的主要目的，即用户目标，比如购买商品、获取信息或娱乐等。同时，分析目标用户对产品或服务的预期，这些期望可能受到品牌形象、过往经验或其他相关因素的影响。

(3) 梳理接触点与互动方式。接触点指的是用户与产品或服务产生交互的所有环节，包括网站、应用、实体店、广告等多种渠道。在这一步骤中，需要详细描绘用户在每个接触点上的具体行为，如点击按钮、滑动屏幕、填写表单等互动细节，以全面展现用户的旅程体验。

(4) 情绪变化分析。这一阶段主要关注用户在使用产品或服务过程中的情绪体验，从积极情绪和消极情绪两方面进行深入分析。积极情绪可能包括用户的满意、兴奋和启发时刻，这些通常是产品或服务做得好的地方，值得保持和发扬。而消极情绪则涉及用户在使用过程中遇到的挫折、困惑和不满，这些往往是产品或服务需要优化的关键区域。通过情绪变化分析，可以更加全面地了解用户的情感需求和期望。

(5) 痛点与需求分析。在这一阶段，需要深入挖掘用户在使用产品或服务时遇到的具体问题或挑战，即痛点。这些痛点可能包括难以理解的界面设计、加载缓慢的系统性能等。同时，进行需求分析，着重关注用户期望得到但产品或服务未能提供的功能或体验。通过痛点与需求分析，可以明确产品或服务的改进方向，提升用户体验。

(6) 机会点识别。基于用户需求和痛点分析，这一阶段将提出新的功能或服务建议，或针对现有流程或设计的改进建议。这些机会点旨在提高用户体验，满足用户的潜在需求。通过机会点的识别，可以为产品或服务的优化提供有力的支持。

(7) 时间线绘制。时间线是用户旅程图的重要组成部分，它展示了用户从首次接触产品或服务开始，到完成目标或离开的整个流程的时间顺序。在绘制时间线时，需要标注关键时间节点，如用户在某个步骤上花费的时间等。通过时间线的分析，可以识别可能的效率瓶颈，优化用户流程，提升用户体验。

为了创建有效的用户旅程图，通常需要进行大量的用户研究，如访谈、观察、问卷调查等。这些研究方法可以确保所呈现的信息真实反映用户的实际体验，为产品或服务的优化提供有力的数据支持。此外，用户旅程图应该是动态的，随着产品或服务的更新和用户需求的变化而不断调整和优化。通过持续的用户反馈和数据分析，可以不断完善用户旅程图，提升用户体验和产品竞争力。

11.2.6　可访问性

可访问性 (accessibility) 是一种设计原则，旨在确保所有用户，包括具有不同能力水平和特殊需求的用户，都能够轻松地访问和使用系统。在科学研究领域，可访问性研究主要关注如何消除残疾人在获取和使用信息、技术、服务和设施时所面临的障碍。

下面我们介绍一个具有代表性的可访问性研究学术成果：无障碍网络设计原则。这一原则也被称为 W3C WAI(world wide web consortium web accessibility initiative)。该项目是由万维网联盟发起，旨在提高网络内容的可访问性，使残疾人能够更容易地访问和使用网络资源。W3C WAI 的核心成果是网站内容无障碍指南 (web content accessibility guidelines，WCAG)，它为网站开发者、设计师和内容提供者提供了关于如何使网站更易于访问的具体建议和技巧。

WCAG 自 1999 年首次发布以来，已经经历了多次修订，目前的最新版本为 WCAG 2.1。这个版本包含了 13 个指南，每个指南都针对一个特定的可访问性问题，如感知、操作、理解和可靠性等。以下是 WCAG 2.1 中的一些关键原则。

感知：确保内容和功能可以通过多种感官方式呈现给用户，如视觉、听觉等。例如，为视觉受损的用户提供文本描述的图像和为听力受损的用户提供字幕或手语翻译。

操作：确保所有用户都能操作网站的功能，包括那些使用辅助技术的残障人士。例如，确保网站可以通过键盘操作，以便那些无法使用鼠标的用户也能访问内容。

理解：确保网站的内容和操作逻辑对所有用户而言都是清晰易懂、易于理解的。例如，使用清晰的语言、布局和导航结构，以及提供多种方式来帮助用户理解内容，如提供简短的视频教程或文字说明。

可靠性：确保网站在不同设备、浏览器和辅助技术下都能正常工作。例如，确保网站的代码结构清晰、兼容各种浏览器，以及在不同屏幕尺寸和分辨率下都能正常显示。

人机交互研究在推动技术人性化、提升用户体验及确保系统安全性方面具有重要意义和作用。二维码 11.1 中展示了一篇文献，研究的内容

11.1　人机交互
界面研究文献

为自动驾驶车辆外部人机界面对行人过马路决策的影响。这项研究的意义在于，为我们提供了关于如何设计自动驾驶车辆外部界面，以更好地与行人沟通、提高道路安全性方面的宝贵见解。

11.3　眼动交互界面设计

11.3.1　眼动交互界面设计原理

人机界面是连接人与机进行交流与互动的桥梁，它通过转换信息的内部形式为人类可以接受的形式，使人们可以从信息显示器上获取所需信息，并据此向操纵控制器下达指令。同时，人们还能从信息显示器上获得反馈，进而对操纵控制器进行持续的操作或调整，完成人机系统的协同作业。基于人机界面的不同属性，我们可以从多个角度进行分类：从载体性质来看，可以分为硬件界面和软件界面；从承载和传递的内容来看，可以分为信息性界面、工具性界面和环境性界面；从对人的作用来看，可以分为功能性界面和情感性界面。不论什么形式的人机界面，都可看作是由信息显示器和操纵控制器共同构成的。

信息显示器在人机系统中扮演着向人类传达机器功能、参数、运作状态及其他重要信息的角色。它能够通过视觉、听觉、触觉等多种感官通道向人类传递信息，因此我们有了视觉显示器、听觉显示器、触觉显示器等多种类型的信息展示方式。由于视觉在人类所有感官中获取的信息量最大，所以视觉显示器得到了最为广泛的应用。接下来，我们将以视觉显示界面研究中的眼动交互界面研究为例，详细介绍当前这一领域较为先进的研究方法及成果。

1. 眼动交互界面的现状

随着眼动技术的不断发展，眼动作为一个输入通道已经越来越多地应用到人机交互领域。在眼动技术发展的早期，眼动交互主要是为了辅助残疾人使用计算机设备，而现在眼动交互也越来越关注普通人的交互需求。近几年来，国外很多大学和研究机构相继开发了一些眼动原型系统，并对部分设计做出了可用性测试。对前人案例的研究，有利于我们总结眼动分析方法与设计思路，能够帮助我们弄清眼动交互的技术关键与发展趋势。

尽管眼动交互领域目前尚未形成统一的标准，但根据其在交互过程中所发挥的作用，我们可以将其划分为基于眼动的单通道交互和眼动通道辅助的交互两大类。前者允许用户仅凭眼睛就能操作计算机，而后者则需要将眼动通道与其他输入方式结合起来进行交互。

从用户利用眼动进行输入的方式来看，眼动交互还可以进一步细分为命令式交互和隐含式交互。在命令式交互中，用户需要主动执行特定的眼动行为，如眨眼、注视或扫视等，并且必须记住这些眼动行为与输入命令之间的对应关系，才能有效地操作计算机。因此，这种交互方式对用户的认知负荷要求较高。相比之下，在隐含式交互中，计算机会主动收集用户的眼动信息，并结合内置模型和当前的交互上下文来推测用户的意图，从而为用户提供相应的服务。

2. 眼动交互发展趋势

(1) 从交互过程的角度观察，尽管当前大多数眼动交互应用仍采用命令式方式，但隐含式交互已成为未来发展的主流趋势。由于眼睛的运动能够映射人的思维活动，利用眼动通道有助于计算机更好地理解人的意图，使得人机交互更加便捷自然，同时推动了计算机智能化的发展。

(2) 从目标用户来看，眼动交互的应用范围已经大大扩展。过去，它主要被视为帮助残疾人进行交互的工具，特别是对于那些由于身体原因无法使用传统输入设备的用户。然而，随着技术的不断进步和人们对人机交互体验要求的提高，眼动交互越来越关注正常人的交互需求。无论是提高工作效率、优化娱乐体验，还是在特定领域如医疗、教育等中的应用，眼动交互都展现出了巨大的潜力。

(3) 从使用方式来看，眼动交互在实际应用中需要解决的一个关键问题是其固有的非精确性。由于眼睛的运动往往受到多种因素的影响，如头部姿势、光线条件等，因此单纯依赖眼动信息往往难以准确判断用户的意图。为了解决这个问题，我们需要根据具体的应用场景，结合其他输入通道如语音、手势等，进行多通道配合使用。通过提供更多的约束信息，我们可以有效消除单通道输入可能带来的歧义，增强应用的可靠性和准确性。

(4) 从实现方式来看，眼动交互界面的设计应当更加个性化和定制化。不同的用户有不同的使用习惯和兴趣爱好，因此眼动交互界面应该能够根据具体任务和用户特点进行灵活调整。例如，在游戏应用中，可以根据玩家的喜好和游戏风格来定制眼动交互界面；在医疗领域，可以根据医生的工作流程和需求来优化眼动交互界面的设计。通过个性化和定制化的设计，我们可以更好地满足用户的需求，提升用户体验。

11.3.2 眼动交互界面设计范例：文本输入系统

在文本输入系统的设计中，存在一些不可变的设计要素，这些要素构成了系统的基础框架，包括交互界面、眼跳输入的高层功能等。同时，用户也拥有一定的自由度，可以根据自身需求选择系统的设计要素，包括可变注视时间、反馈机制、字符预测功能等。

眼动交互界面作为整个文本输入系统的基石，其设计旨在解决眼动通道的精确性问题，并最大限度地节省屏幕的空间。为了确保注视输入的准确性，界面上的对象大小被注定为至少 40 像素，而对于眼跳输入，则采取长眼势的操作方式。基于这些预备信息，本例的字符输入系统交互界面如图 11.23 所示。

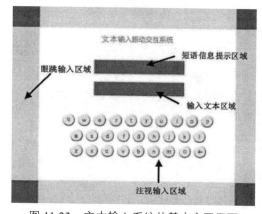

图 11.23 文本输入系统的基本交互界面

该交互界面中主要包括眼跳输入区域、注视输入区域、短语信息提示区域和输入文本区域四个部分。界面的大小为 1024×768 像素。

在眼跳输入区域，我们设计了不同大小的眼跳对象以适应不同的输入需求。左右眼跳对象的大小为 150×568 像素，而上下眼跳对象的大小则为 724×100 像素。用户可以通过这些眼跳对象实现高效的眼跳输入。在注视输入区域，采用了类似传统 QWERTY 布局的虚拟键盘，这个虚拟键盘不仅包含了 26 个基本字符对象，还在第三排的末尾增设了空格字符和删除 (Del) 字符，用户可以通过注视输入机制轻松实现这些字符的输入。每个字符对象的直径都精心设定为 40 像素，以确保输入的准确性。

此外，本输入系统还配备了详细的眼跳输入及其对应的高层功能说明，如图 11.24 所示，以便用户能够更全面地了解并充分利用系统的各项功能。其中，翻页功能指的是用户在输入完给定的文本提示信息后，通过"左右"眼势进入下一轮实验的过程；大小写切换则是通过"右左"眼势来替代传统键盘上 Shift 键的功能；注视时间阈值、反馈机制和字符预测功能都是文本输入系统的可变设计要素，用户可以通过"上下"和"下上"来减少或增加注视时间阈值。

眼势名称	功能说明
左右	翻页、进入下轮实验
右左	大小写切换
上下	减少注视时间阈值
下上	增加注视时间阈值

图 11.24　眼势与对应的功能

由于用户对于眼动交互的熟悉程度存在差异性，对于新手用户来说，他们一开始往往只能使用较长的注视时间阈值来进行输入；而对于老手用户来说，他们可能一开始就能够使用较短的注视时间阈值来进行快速的输入。因此，文本输入系统在设计时应该要考虑到这种用户的差异性。通过眼动交互相关研究发现，注视时间可选的阀值为 100 ～ 800ms。

除了可变的注视时间阈值，合理的反馈机制对于提升文本输入系统的用户体验同样至关重要。在用户进行文本输入的过程中，他们首先需要将视线定位到界面上的特定对象，随后通过持续的注视行为来进行选择确认。在这个过程中，反馈机制可以在定位阶段和选择确认阶段分别发挥作用。

在确定了反馈机制的应用时机后，我们还需要仔细选择具体的反馈方式。根据所使用信息类型的不同，反馈机制可以分为听觉反馈和视觉反馈两大类。听觉反馈的具体实现方式包括播放简单的滴答声音或播放字符对应的读音等，这些声音提示可以帮助用户确认输入操作。而视觉反馈则更为直观，具体方式包括高亮显示目标对象、颜色渐变，以及颜色突变等。

图 11.25 展示了各种视觉反馈的效果。其中，颜色渐变是一种逐渐变化的过程，其变化速度或时长可以根据用户的注视时间阈值来动态调整。当用户将视线长时间停留在某个字符上时，该字符的颜色可能会逐渐加深或转变为另一种颜色，从而向用户传达出已被选中或即将被确认的信息。

图 11.25　各种视觉反馈的效果

在用户的文本输入流程中，常常会遇到这样的场景：用户在输入某个字符后，需要回顾给定的文本信息，再花时间寻找并输入下一个字符。这一重复寻找字符的过程颇为耗时。为了提高输入效率和准确性，本系统引入了一种创新的解决方案。基于前人对英文字符相互关系的研究统计，我们设计了一种字符预测机制，用户可以通过眼跳输入轻松开启或关闭这一功能。当用户选择开启字符预测机制后，每当输入一个字符，系统会自动分析并高亮显示接下来最有可能输入的字符，且高亮颜色为红色，以便用户快速识别。这样一来，用户在输入过程中能够享受到更加流畅的体验。

在理想情况下，结合了反馈机制和字符预测机制的文本系统，用户输入单个字符的流程如图 11.26 所示。首先，用户会查看交互界面上的短语信息提示区域，以明确待输入的文本内容。接着，用户会在界面上搜索并定位到目标字符对象。一旦目标字符被定位，系统的反馈机制便会立即启动，为用户提供视觉或听觉上的确认。随后，用户通过注视行为完成目标字符的输入，输入完成后字符预测机制紧接着启动，为用户预测并高亮显示下一个可能的输入字符。至此，用户便完成了单个字符的输入流程。如果用户清楚记得下一个待输入的字符，可以直接从搜索阶段开始新的输入；若不确定，则需从查看阶段重新开始。这样的设计旨在最大限度地减少用户的输入负担，提升整体输入效率。

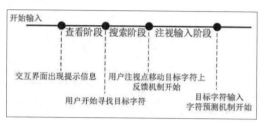

图 11.26　文本字符的输入过程

11.4　多通道交互界面设计

11.4.1　多通道交互界面设计原理

多通道用户界面 (multimodal user interface) 极大地拓宽了信息传输的带宽，使用户能够以肢体、语言、手势、注视等类似日常生活交谈的方式与机器进行交互。在多通道界面中，用户与机器的互动更加自然，界面设计完全以用户为中心，充分利用了用户的各种感觉通道。虚拟现实技术的兴起，用户能以具体的行为与三维动态场景进行互动，从而获得沉浸于虚拟世界中的真实感受。

多通道人机交互方式融合了多种新型交互手段，如眼动追踪、语音识别、手势控制等，通过一定的方法协调这些通道，允许用户使用多个通道进行信息输入，并且能够通过多个通道给用户进行信息反馈。它既解决了当前新交互技术和新设备带来的人机交互问题，又能提升用户的交互体验，让用户能够更加自然而有效率地与机械或产品进行交互。所以它在移动交互和自然交互领域存在着更为广泛的应用潜力，如智能家居、智能人机对话系统、体感交互技术，以及教育领域等。

1. 多通道交互界面特点

(1) 多通道交互的核心在于融合并利用多个感觉和效应通道。当某一通道无法满足用户需求时，其他通道可以作为辅助，共同增强表达能力，确保用户意图得以准确传达。多通道指的是将各种通道相互融合、相互协作，以实现更高效的交互。

(2) 多通道用户界面允许非精确的交互方式，这符合人类使用语言的习惯。人们在交流时往往并不追求语言的精确性，而是倾向于使用模糊的语言。这种界面设计使得用户可以减少对专业性术语的依赖，从而以更高效、更自然的方式与系统进行人机交互，进而拓宽了技术的受众范围。

(3) 人类的大多数活动都发生在三维空间中，人们习惯于通过听觉和视觉来直接控制对象。多通道用户界面提供了一种直接的操纵方法，使用户能够以更简洁、更直观的方式与界面进行互动，从而实现直接操纵的目的。

(4) 人的感觉通道和效应通道通常具有双向性特点，多通道用户界面充分利用了这一特点。它使用户能够避免频繁切换通道，从而专注于完成任务，提高了人机交互的自然性和效率，并降低了用户的认知负荷。同时，这种界面设计还使用户能够无须分心于界面本身，而是将全部注意力集中在任务上。

2. 多通道交换界面技术

1) 多媒体和虚拟现实

多媒体技术通过使用多种表示媒体，如文本、图形、图像和声音，推动人机交互技术向更加符合用户意图的方向发展。它使计算机与用户实时进行信息交流，通过动画和视频等多样化的表达方式，不仅方便了用户获取所需信息，还简化了操作过程，提升了用户体验。

虚拟现实技术则是利用现实生活中的数据，通过计算机技术生成电子信号，并结合各种输出设备，将这些信号转化为人们能够感受到的现象。这些现象可以是现实中真真切切的物体，也可以是我们肉眼所看不到的物质，它们通过三维模型得以呈现。因为这些现象并非直接可见，而是由计算机技术模拟出来的现实世界，因此被称为虚拟现实。

虚拟现实技术因其模拟环境的真实性和沉浸感，让用户仿佛身临其境，体验到了最真实的感受。它具备人类所拥有的所有感知功能，如听觉、视觉、触觉、味觉、嗅觉等，通过超强的仿真系统，真正实现了人机交互，使用户在操作过程中能够随意操作并获得环境最真实的反馈。虚拟现实技术具有沉浸性、交互性、多感知性、自主性和构想性等特征，其核心技术包括动态环境建模技术、实时三维图形生成技术、立体显示和传感器技术，以及系统集成技术等。

2) 眼动跟踪和手势识别

眼动跟踪技术是通过研究用户的视线，来识别其意图的一种技术。当用户的视线聚焦于感兴趣的目标时，计算机便将光标置于其上，甚至可以通过手势来达到控制和通信的目的。这些技术的引入使得人机交互更为直接方便，既节省了时间，又提高了效率，充分展现了多通道人机交互技术的高效性。

图11.27所示的眼动仪就是一款带有无线实时观察功能的可穿戴式设备，它能够实时追踪用户的视线，为用户提供更加便捷的人机交互体验。

手势识别是计算机科学和语言技术中的一个重要领域，致力于通过数学算法来识别人类手势，这些手势通常源自面部或手部动作。用户可以使用简单的手势来控制或与设备交互，而无须接触它们，如图11.28所示。

图11.27　可穿戴式眼动仪

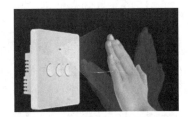

图11.28　利用手势控制的智能家电

手势识别技术不仅涵盖了情感识别、姿势和步态识别等广泛主题，还建立了一个比传统文本用户界面或图形用户界面更加直观和丰富的机器与人之间的交互桥梁。通过这种技术，人们能够以自然、直观的方式与机器进行通信，极大地提高了工作效率和交互体验。

3) 三维交互

三维交互技术允许用户在三维空间中通过控制六个自由度来移动光标或旋转三维对象，旨在为用户提供便捷的方式来观察和操作三维环境。麻省理工学院研发的 inFORM 系统便是一个典型的例子，如图 11.29 所示。该系统是一个能够进行实体 3D 渲染的动态图形系统，它可以根据用户的虚拟手势操作来改变形状和动作，从而实现虚拟与现实之间的直接互动联系。

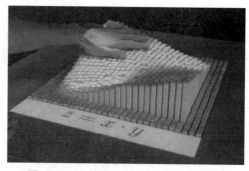

图 11.29　inFORM 三维交互系统界面

4) 识别系统

识别系统是一种能够捕捉、分析和识别特定信息或对象的系统。以下是对几种识别技术的介绍：

语音识别技术是一种先进的计算机技术应用，它通过分析用户的语言来识别具体的意象。然而，由于该技术涉及多个学科领域，实现过程中面临着诸多挑战。例如，不同用户的说话方式、语言语调的差异，以及用户说话时所处环境的噪音干扰等因素，都给语音识别带来了不小的困难。

面部表情是人们表达情绪的重要方式之一，而表情识别技术则通过捕捉和分析面部表情来获取信息。然而，由于用户的情绪变化极为复杂，如何准确记录并识别这些情绪变化所代表的含义，成为表情识别技术的一大难点。

文字识别是人们获取信息的主要途径之一，因此发展手写识别技术显得尤为重要。然而，手写识别技术也面临着不少困难。尤其是汉字，由于其笔画繁多、字形复杂多变，给文字识别带来了不小的挑战。目前，脱机手写识别技术距离实际应用还有一定的距离，需要科研人员继续深入研究和改进。

5) 数字墨水

数字墨水技术是对手写识别技术的改进和完善，它能够将手写笔迹保存为数字形式，即数字墨水，从而使用户无须依赖其他程序进行格式转换即可进行后续操作，且能确保信息完整无损。早期的数字墨水技术主要聚焦于数字和文字的识别，这是人机交互中至关重要且应用广泛的部分。尽管线下的数字 / 文字识别技术可追溯至 19 世纪，但早期的在线识别技术受限于硬件，往往与硬件设备的推出紧密相连，其识别率甚至在一定程度上决定了硬件的成败。如今，数字墨水识别技术已能识别用户手写的线条，并可用标准的文字或形状进行替代。展望未来，更加智能的数字墨水技术将是人机交互研究领域的重要发展趋势。

11.4.2　多通道交互界面研究范例：智能机械臂写字系统

文字的学习过程是一个典型的音视频通道联合学习过程，它要求同时记忆文字的形、音、义，其中形和音的学习是汉字学习的基础。在家庭教育领域，构建具备交互学习能力的机器人作为家庭写字陪伴，不仅能增加教育产品的趣味性，还能在一定程度上减轻家长陪伴孩子的压力，展现出在孩子书写教育方面的广泛应用前景。

深度学习技术的快速发展，使得语音识别和语音合成技术能够非常准确地理解并模拟人类语音。在图像处理方面，机械臂利用图像处理技术，能够精确提取汉字笔画的起点、交叉点和终点。依据特定规则，机械臂可以根据这些特征点规划出汉字的书写轨迹。然而，仅凭规则书写的笔画有时并不准确。此时，如果儿童采用语音和视觉信息融合的方式教导机械臂写字，不仅能提升机械臂的写字准确性，还能进一步巩固儿童的汉字书写能力。

在实际系统中，交互过程中的语音和图像通道采集具有空间隔离、时间分散的特点。同时，机械臂从用户实时书写的过程中学习书写汉字，往往是一个基于少量样本甚至单样本的学习过程。因此，仅依赖目前流行的深度学习方法，并不完全适用于用户交互学习的智能机械臂写字系统。在语音识别、视频序列分析及对话意图理解的基础上，有向图模型成为本系统交互流程的核心，用于指导机械臂的写字学习和交互过程。

图 11.30 展示了具有智能交互学习能力的机械臂写字系统流程图。

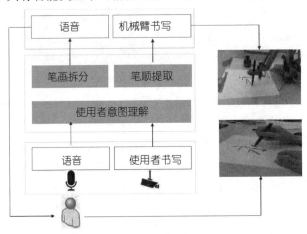

图 11.30　机械臂写字系统

1. 系统结构

机械臂写字系统的结构主要分为三个核心部分：信息输入、信息处理和输出反馈。在信息输入模块中，系统接收用户的语音信息和摄像头捕捉到的文字图像信息。图中，灰色区域标示了本系统的关键技术模块，这些模块主要包含两大功能：一是对用户的语音信息进行分析，以识别用户希望书写的关键字及理解用户的意图，并进行对话管理；二是对摄像头捕捉到的图像信息进行分析，自动拆分检测到的汉字的笔画并提取笔顺，同时跟踪正在教授汉字的笔迹顺序，以学习新的书写方式。通过对话管理模块，机械臂会以对话的形式与用户进行交互反馈，并根据需要调用机械臂写字程序，书写指定的汉字。根据系统的任务需求，机械臂的功能主要包括以下几个方面。

语义分析：系统能够分析用户对话语音，例如，当用户对机械臂说"请写一个天气的天字"或"写得不好"等语句时，系统能够理解并识别用户语音的意图。

图像分析：摄像头会实时检测场景中是否存在需要书写的字。一旦检测到有字，系统会记录该字并自动提取其笔画信息。同时，在用户教导机械臂写字的过程中，摄像头也会实时记录用户的笔画顺序，并进行学习和记忆。

对话管理：该模块是系统的核心，负责控制整个对话流程，并管理系统的交互逻辑。

状态分类：系统中的状态分类与用户意图理解紧密相关。系统共设置了 Write、Teach、Positive、Negative、Others 等多种意图。其中，Write 表示机械臂写字的意图；Teach 表示教机械臂写字的意图；Positive 表示用户给予的肯定或正面评价；Negative 表示用户给予的否定或负面评价；Others 则表示其他与书写无关的意图，如闲聊等。

笔画自动拆分：机械臂会对观察到的字提取特征点，然后基于这些特征点进行自动笔画拆分，并依据一定规则进行笔画顺序的规划。

笔顺提取：当用户正在教授机械臂写字时，系统会提取用户的笔画顺序，并进行学习和记忆，以便掌握新的写字方式。

语音反馈：通过对话管理模块，机械臂能够以语音形式输出需要反馈的信息。例如，机械臂可能会提问"请问您要写什么字？"或者反馈"那您教我吧"等语句。

机械臂书写：根据自动拆分并规划的笔画顺序，或者根据用户教授的笔画顺序，机械臂能够进行写字操作。

2. 多通道信息融合及交互过程管理

系统的交互过程管理被精心设计为有限状态自动机，其结构如图 11.31 所示。在这个框架中，"图像输入""语音输入"及"笔顺提取"构成了系统的音视频输入信息来源。系统的各个状态则由圆圈内的标识来表示。

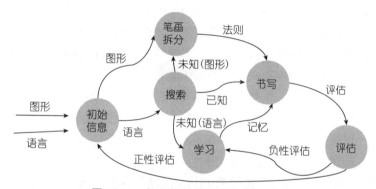

图 11.31　智能机械臂意图管理及策略

在当前状态的基础上，系统会依据用户的各种操作进入不同的后续状态。例如，当一个字书写完成后，系统会主动向用户发起询问，以确认书写的正确性。若用户给出的评价是负面的，即表示书写有误，系统随后会提示用户教授正确的书写方式。在此过程中，系统会认真学习并记忆文字的正确写法。相反，若用户给出的是正面评价，即表示书写正确或满意，系统则会巩固这一记忆，并返回到初始状态，准备接收新的图像和语音输入。

这样的设计使得系统的交互过程既高效又灵活，能够根据不同的用户反馈进行相应的调整和学习，从而不断提升书写教育的效果。

11.5　人机交互界面研究案例

百度人工智能交互设计院针对"机器人"这一研究对象，深入开展了关于人—机器人交互体验的一系列研究。本案例聚焦于"在公共场合，人与服务机器人的渐进式交互"主题。

在公共场合，当人们与机器（如 ATM 机）交互时，通常更倾向于将其视为工具，有明确的交互需求，但并不期待与其进行交流。然而，在面对机器人，特别是人形机器人时，人们则更倾向于将其视为类人体，因此产生了交流的期待，并渴望能够进行更加自然的互动。

目前，人—机器人交互的研究大多集中在"对话阶段"，如语音识别、语义理解及需求满足等方面，而对于"对话前阶段"的探讨则相对较少。然而，对话前阶段同样至关重要，因为它不仅关系到人们对机器人的"第一印象",还是对话能否顺利开启的前提和基础。

那么,在人由远及近走向机器人的过程中,我们需要思考以下问题:

- 机器人是否需要与人进行交互?是应该被动等待用户的接近,还是应该主动出击,或者通过某些方式吸引用户的注意?
- 机器人应该如何与人进行交互?是通过微笑、眨眼等表情动作,还是通过挥手、打招呼等肢体语言?或者,机器人是否可以利用各类传感器和 AI 能力来寻找合适的交互时机?

这些问题都是交互设计与研究需要深入探讨和展开的重要内容。

11.5.1 人机交互的目标:贴近人的认知习惯

1. 了解人的认知习惯

人类自然形成的与自然界沟通的认知习惯和形式,无疑是指引人机交互发展的重要方向。人与服务机器人最终的交互理想状态,应是人们能够以最为自然的方式与机器人进行交流。通过调研,我们发现服务体验不佳的情况主要可以分为两类:一类是机器人热情过度,服务过于冗长或频繁,让人感到不适;另一类则是机器人态度冷漠,对用户的需求或询问反应迟钝,甚至不予理睬。相比之下,那些普遍受到好评的服务体验则呈现出一个共性特征,即机器人既表现出主动、热情的服务态度,又能够保持适当的分寸感,既不让人感到被过度打扰,也不失关怀与响应。

为了研究服务机器人在公共场合的交互行为,研究人员深入调查了人类服务人员的服务准则与习惯,以期从中汲取灵感,为机器人设计更为自然且恰当的服务方式。以下是基于对人类服务人员调查的关键发现。

(1) 维持恰当的空间距离。一般而言,日常生活中人与人的空间距离可以划分为四类,即亲密距离、个人距离、社交距离和公众距离。每种距离又有"近端"和"远端"之分。

- 亲密距离 (45cm 以内):仅限于情感上高度密切的人之间,如家人或情侣。
- 个人距离 (45 ~ 120cm):适合朋友间的沟通。陌生人进入近端可能构成侵犯,而远端则对熟人和陌生人都开放,但熟人更倾向于靠近远端近点 (75 cm),陌生人则建议靠近远端远点 (120cm)。
- 社交距离 (120 ~ 360 cm):体现社交性或礼节上的正式关系。近端 (120 ~ 210 cm) 适用于一般社交活动,远端 (210 ~ 360cm) 则适用于更正式的场景,如面试或谈判。
- 公众距离 (360 cm 以上):适用于公开演讲等场景,不适合人际沟通。

(2) 合适的礼仪与表情动作。服务业对礼仪的重视程度极高,其中表情动作在拉近人与人之间的距离方面起着至关重要的作用。

- 仪容仪态:服务人员需保持良好的外貌与姿态。
- 表情动作:微笑,社交中最受欢迎的表情,能拉近人与人之间的距离,需真诚、温暖、自然;眼神,最生动、最善于传情达意的表情,眼神注视的时长、停留部位及变化均会影响对方的感受。
- 语言:清晰、礼貌、恰当的语言是服务沟通的基础。
- 礼节:明确了在不同场景下 (如见面、打招呼、介绍),表现尊重的惯用形式和具体要求,具有高度的可操作性。

2. 基于认知习惯的研究

为了深入探究人际交往中的距离和礼仪规则是否适用于人—机器人交互，并探索如何将这些规则有效地提取并转化为机器人能够表达的方式，研究团队采用了自然观察、参与式设计、深度访谈和实验法等多种研究方法。在本次研究中，团队选择了小度机器人作为研究载体。小度机器人依托百度强大的人工智能技术，集成了自然语言处理、对话系统、语音视觉等先进技术，能够流畅地与用户进行信息、服务、情感等多方面的交流。作为百度的"正式员工"，小度机器人在百度公司大厅担任着重要的迎宾角色。

(1) 团队在真实的公共场合——百度科技园 K2，进行了自然观察研究。在无人为干扰的情况下，他们仔细观察了不同用户走向小度机器人时的互动行为和方式，并对这些行为进行详细的提取、编码和分析，以期发现用户与机器人交互的自然规律和偏好。

(2) 团队还邀请了若干用户进行深度访谈和参与式设计。在引导用户走向小度机器人的过程中，团队鼓励用户自我报告对小度的需求和期待，并与用户共同探讨小度更为理想的表达方式。通过这种方式，团队能够更深入地了解用户的心理预期和交互习惯。

(3) 综合用户的需求和期待，以及人际交往中的各类规则，团队将这些信息转化为小度的"行为语言"。为了验证这些"行为语言"的有效性，团队设置了各种实验场景，对不同的人机交互方式进行了实验验证。在实验过程中，团队仔细追踪了用户的面部表情、肢体动作、言语行为等，以全面评估用户的交互体验。实验结束后，团队收集了用户对各类交互方式的评估数据，包括情绪体验、认知评价、主观满意度等，以便对实验结果进行科学的分析和总结。

11.5.2 人机交互的设计建议：渐进式交互

1. 用户变化阶段

通过上述实验，我们发现了用户在与小度机器人互动过程中的一些重要期望。用户更倾向于小度机器人能够主动释放交互信号，并且这种信号的释放应当是一个渐进的、持续增强的过程，我们称之为"渐进式交互"。值得注意的是，这种"渐进"并不仅仅体现在物理距离上由远及近的变化，更重要的是用户"心理场"的渐进变化。

根据用户在"心理世界"中的反应顺序，我们可以将这种变化分为以下三个阶段：远场、中场和近场。

(1) 远场阶段。在此阶段，机器人的首要任务是吸引用户的注意力，让用户明确地意识到"它看到我了"。这是整个交互过程中至关重要的一步，因为如果无法成功吸引用户的注意力，后续的人机交流将会显得突兀，甚至无法进行。

(2) 中场阶段。进入中场阶段后，机器人需要进一步"发起互动需求"，让用户明确地感受到"它眼中只有我"，并且有进一步与我互动的愿望。这种感受会促使用户下意识地进一步靠近机器人，为接下来的交流做好准备。

(3) 近场阶段。当机器人"开启对话"时，用户会深刻感受到机器人的主动和友好，仿佛在说"它来和我交流了"。此时，人与机器人之间的对话自然而然地展开，交流变得流畅而自然。

2. 距离渐近

本研究进一步发现，用户的心理场在物理世界中的表现也呈现出距离上的渐进性。具体而言：

(1) 在远场阶段，对应的物理距离为 2.7~4.2m。在这个距离范围内，用户期望小度机器人能够传递出吸引其注意力的信号。这一距离实际上超过了人际交往中社交距离的远端 (3.6m)，而落入了公众距离的近端。这可能与小度机器人自身的特点有关，例如其身宽达到 1.1 m，相较于一般人的体型要宽大许多，因此需要在更远的距离上就能引起用户的注意。

(2) 进入中场阶段，物理距离缩短至 1.2~2.7 m。在这个距离内，小度机器人需要让用户明确地意识到它希望与用户进行进一步的互动。这一阶段的交互信号应当更加明确和具体，以引导用户逐渐靠近并准备进行对话。

(3) 当用户到达近场阶段，即距离小度机器人约 1.2 m 时，这已经成为开启对话的恰当距离。在这个阶段，用户已经做好了与小度机器人进行交流的准备，而机器人则应该适时地开启对话，以满足用户的需求。

渐进式交互对于人机交互的作用主要体现在以下几个方面：首先，它有助于提升用户的交互体验。通过逐步释放交互信号，渐进式交互能够使用户更加自然地融入与机器人的互动过程中，减少突兀感和不适感。其次，渐进式交互有助于提高交互效率。通过在不同距离上传递不同层次的交互信号，机器人能够更有效地引导用户进行互动，从而加快交互进程，提高整体效率。最后，渐进式交互还有助于增强用户对机器人的信任和好感度。当用户感受到机器人能够准确地理解自己的需求和期望，并以恰当的方式与之互动时，他们往往会对机器人产生更高的信任和好感度，这有助于促进人机关系的和谐发展。

综上所述，渐进式交互在人机交互中具有重要的作用，它不仅能够提升用户的交互体验和效率，还能够增强用户对机器人的信任和好感度。因此，在未来的机器人设计中，我们应该更加注重渐进式交互的应用和发展。

3. 交互形式

在不同的心理场阶段，用户对于小度机器人所期望的交互形式确实存在显著差异，并且这些交互形式都蕴含着明确的礼仪要求。这些要求不仅体现了用户对机器人行为的期待，也为人机交互界面的研究提供了新的视角和思路。

(1) 远场阶段。在这一阶段，用户更希望小度机器人能够利用"表情"和"肢体动作"来有效吸引其注意力。例如，通过微笑展示友好态度，用眼神对接传递关注，或者通过挥手、歪头、点头等动作来引起用户的注意。这些非语言的交互方式在远场阶段尤为重要，因为它们能够在不引起用户反感的情况下，自然地引导用户注意到机器人的存在。对于人机交互界面研究而言，这意味着在设计时需要考虑如何通过机器人的外观、动作和表情来创造一种吸引人的、友好的第一印象。

(2) 中场阶段。进入中场后，用户期待小度机器人能够以多种形式组合发出互动信号，从而明确表明其互动对象是自己。这时，除了继续保留微笑、挥手等表情和动作外，机器人还可以开始使用语言打招呼，如"早上好""您好"等。这种组合式的交互方式不仅增强了互动的明确性，还提高了用户的参与感和被重视感。在人机交互界面研究中，这提示我们需要设计能够灵活组合多种交互元素的界面，以满足不同情境下用户的需求。

(3) 近场阶段。在近场阶段，语言的作用变得尤为突出。用户期待小度机器人能够主动开启对话，如介绍自己、询问是否需要帮助等。同时，用户也希望看到机器人有更热情的微笑和肢体动作，如握手、拥抱等 (尽管在实际应用中，握手和拥抱可能需要根据具体场景和机器人能力进行适当调整)。这种近距离的、高度互动的交互方式能够极大地提升用户的体验感和满意度。对于人机交互界面研究而言,这意味着我们需要关注如何在界面设计中融入更多人性化的元素,如情感表达、个性化服务等,以营造一种更加亲切、自然的交互氛围。

综上所述,交互形式对于人机交互界面研究具有至关重要的作用。通过深入分析用户在不同心理场阶段对机器人交互形式的期待和需求,我们可以更加精准地设计出符合用户期望的人机交互界面。这不仅有助于提升用户的交互体验和满意度,还能够推动人机交互技术的不断发展和创新。

课后练习

思考题

1. 用户体验是什么,为什么在设计中它如此重要?

2. 解释交互设计的概念,它如何影响用户与产品的互动?

3. 信息架构在用户体验中的角色是什么?

4. 可用性在设计中有何重要性,如何评估一个产品的可用性?

5. 如何通过用户反馈来改进产品的用户体验?

6. 交互设计在产品开发过程中扮演的角色是什么?

讨论题

1. 在设计中,如何平衡用户体验和产品的功能性?

2. 可访问性如何促进产品的可持续发展,有哪些成功的案例?

3. 用户旅程如何帮助设计团队理解用户在整个使用过程中的需求和期望?

4. 在实际项目中,交互设计如何影响产品的市场竞争力?

5. 在设计过程中,如何平衡用户体验和商业目标?

6. 分析用户旅程图在理解用户需求和设计解决方案中的作用。

7. 讨论在数字化转型中,用户体验设计如何帮助企业提升竞争力。

8. 人工智能对于人机交互技术的研究而言有哪些重要的意义?

实践题

1. 选择一个产品,使用用户旅程地图工具绘制用户在整个使用过程中的体验,提出改进建议。

2. 进行一个可访问性审查,评估一个网站或应用程序的可访问性,并提供改进建议。

3. 设计一个简单的 A/B 测试实验,以改善一个特定产品的用户体验,收集和分析测试结果。

4. 请以 Brain-Computer Interface 为关键词进行检索,对相关文献进行综合分析,总结目前该领域的研究热点。

5. 请选择一款 App,利用教材所提供的测量记忆负担的一套量表,对使用该 App 的过程中的记忆负担进行研究、分析与评价。

参考文献

中文参考文献

[1] 徐佳欣.《考工记》"合以求良"的造物思想及当代启示研究 [D]. 长春：东北师范大学，2021.

[2] 王先泰. 浅析《考工记》"车"制中的造物智慧 [J]. 中国包装，2020，40(6)：62-64.

[3] 郑晓杨. 巧者创物 物为人用：《考工记》以人为本造物思想研究 [D]. 济南：齐鲁工业大学，2017.

[4] 王仲，周美玉. 从人机工程的角度分析中国犁具的发展变迁 [J]. 农业考古，2022(1)：140-147.

[5] 张春辉，戴吾三. 江东犁及其复原研究 [J]. 农业考古，2001(1)：168-177.

[6] 唐来恩. 先秦两汉凹字形铁套刃的初步研究 [D]. 南京：南京大学，2019.

[7] 李朝阳.《营造法式》史学体例及造物思想研究 [D]. 桂林：广西师范大学，2023.

[8] 缪启愉. 王祯的为人、政绩和《王祯农书》[J]. 农业考古，1990(2)：326-335.

[9] 吴平.《农政全书》编辑思想浅析 [J]. 华中农业大学学报 (社会科学版)，2017(1)：1-7.

[10] 靳慧亮，刘立辉，张波. 美军人机交互研究和应用综述 [J]. 火力与指挥控制，2023，48(7)：1-6.

[11] 赵觉珵，陈青青，白云怡，等. 外国运动员"花式"点赞冬奥村 [N]. 环球时报，2022-2-5(4).

[12] 连晓卫. 从智能床到 AI 智慧睡眠解决方案孕育着无限想象空间和发展商机 [J]. 现代家电，2023(12)：65-66.

[13] 蒋少奇. 海船引航操作认知过程监测及适任性研究 [D]. 上海：上海海事大学，2023.

[14] 张瑞洋.《中国成年人人体尺寸》国家标准解读——访全国人类工效学标准化技术委员会秘书长、中国标准化研究院基础所人类工效学研究室副主任张欣 [J]. 中国标准化，2023(20)：6-11.

[15] 余苑秋. 三维人体数据在服装定制流程中的应用研究 [J]. 艺术教育，2023(11)：251-254.

[16] 李慧芳. 糖尿病足的有限元模型构建与减压理疗袜设计 [D]. 上海：东华大学，2023.

[17] 左桂兰，程越，肖国华，等. 基于动捕技术的人体肢体运动参数采集装置设计 [J]. 江苏科技信息，2020，37(22)：46-50.

[18] 崔威. 脑卒中患者预期运动康复训练状态的判别和人机交互控制研究 [D]. 苏州：

苏州大学，2021.

[19] 姜鉴科，薛艳，兰丹梅，等. 光照疗法在阿尔茨海默病伴睡眠障碍中的效应机制及临床应用 [J]. 卒中与神经疾病，2023，30(5)：449-453.

[20] 陈见哲. 疲劳驾驶检测方法研究进展 [J]. 汽车实用技术，2023，48(21)：179-186.

[21] 赵卿，张雪英，陈桂军，等. 基于模态注意力图卷积特征融合的 EEG 和 fNIRS 情感识别 [J]. 浙江大学学报 (工学版)，2023，57(10)：1987-1997.

[22] 陈善广，李志忠，葛列众，等. 人因工程研究进展及发展建议 [J]. 中国科学基金，2021，35(2)：203-212.

[23] 杨晓楠，房浩楠，李建国，等. 智能制造中的人—信息—物理系统协同的人因工程 [J]. 中国机械工程，2023，34(14)：1710-1740.

[24] 罗漫，张晓萍，吴程程，等. 基于 CAVE 的客舱舷窗人因设计及舒适性验证 [J]. 照明工程学报，2021，32(4)：136-141.

[25] 许为，葛列众，高在峰. 人 -AI 交互：实现"以人为中心 AI"理念的跨学科新领域 [J]. 智能系统学报，2021，16(4)：605-621.

[26] 王秋惠，赵瑶瑶. 机器人人机共融技术研究与进展 [J]. 机器人技术与应用，2021(5)：16-22.

[27] 范伟达. 市场调查教程 [M]. 上海：复旦大学出版社，2005：174.

[28] 王磊，王晓峰，王瑞，等. 航空航天器载人舱内布局设计研究进展 [J]. 航空制造技术，2021，71(15)：1-6.

[29] 吴冰. 天宫空间站舱内布局设计 [J]. 航天医学与医学工程，2022，35(1)：1-5.

[30] 吴朝晖，俞一鹏，潘纲. 脑机融合系统综述 [J]. 生命科学，2014，26(6)，645-649.

[31] 陶帅，吕泽平，谢海群. 可穿戴步态辅助技术在康复养老领域中的应用 [J]. 科技导报，2019，37：19-25.

[32] 庄燕子. 人体压力分布测量系统 [D]. 上海：上海交通大学，2005.

[33] 汪爱媛，卢世璧，马志鹏，等. 压敏片成像分析系统的研制及生物力学应用 [J]. 北京生物医学工程，2001，20(4)：282-284.

[34] 陶泉. 手部损伤康复 [M]. 上海：上海交通大学出版社，2009.

[35] 田菊霞. 正常人体结构 [M]. 北京：高等教育出版社，2008.

[36] 张阳. 手指力量的神经肌肉调节机制初步研究 [D]. 重庆：重庆大学，2011.

[37] 徐承煮. 人体结构功能学 [M]. 北京：中国协和医科大学出版社，2003.

[38] 金晓萍，袁向科，王波. 汽车泡沫坐垫舒适性的客观评价方法 [J]. 汽车工程，2012(6): 6.

[39] 侯建军. 跪式坐姿及新型办公椅的设计研究 [D]. 南京：南京林业大学，2009.

[40] 史惠丽. 轿车驾驶座椅的人机工程学研究与设计 [D]. 济南：山东大学，2005.

[41] 李煜. 工作椅设计中的人机工程学探讨 [J]，人类功效学，1997．6.

[42] 陈蓉蓉. 基于维持健康坐姿的工作座椅设计研究 [D]. 杭州：浙江大学，2007.

[43] 曾坚，朱立珊. 北欧现代家具 [M]. 北京：中国轻工业出版社，2002.

[44] 邱均平，沈恝谌，宋艳辉. 近十年国内外计量经济学研究进展与趋势：基于

CiteSpace 的可视化对比研究 [J]. 现代情报，2019，39(2)：26-37.

[45] 何德文. 物理性污染控制工程 [M]. 北京：中国建材工业出版社，2015.

[46] 杨贺丞. 传导式局部热调节对人体热舒适的影响研究 [D]. 北京：清华大学，2020.

[47] 康健. 声景. 现状及前景 [J]. 新建筑，2014(5)：4-7.

[48] 张昕，唐博，陈晓东，等. 建筑光学中人因研究的进展与方法 [J]. 科学通报，2022，67(16)：1771-1782.

[49] 吴勘，胡鑫苑，门龙龙. 无人驾驶电动汽车人机交互界面设计探索 [J]. 湖南包装，2021，36(3)：6.

[50] 李世国，顾振宇. 交互设计 [M]. 北京：中国水利水电出版社，2012.

[51] 欣益行. 基于眼动的文本输入系统设计与实现 [D]. 南京：南京大学，2015.

[52] 杨明浩，陶建华. 多通道人机交互信息融合的智能方法 [J]. 中国科学，2018(4)：433-448.

英文参考文献

[1] Taylor F W. The principles of scientific management[M]. New York: Harper, 1919.

[2] Taylor F W. Shop management[M]. New York: Harper, 1911.

[3] Aft L S. Work measurement and methods improvement[M]. Hoboken: John Wiley & Sons, 2000, 109-117.

[4] Frank B Gilbreth, Ernestine Gilbreth Carey. Cheaper by the Dozen[M]. New York: HarperCollins, 2005, 110-111.

[5] Gillespie R. Manufacturing knowledge: A history of the Hawthorne experiments[M]. Cambridge: Cambridge University Press, 1993.

[6] Munsterberg H. Psychology and industrial efficiency[M]. Edinburgh: A&C Black, 1998.

[7] Chapanis A, Garner W R, Morgan C T. Applied experimental psychology: Human factors in engineering design[J]. 1949.

[8] Chapanis A. Alphonse Chapanis: Pioneer in the Application of Psychology to Engineering Design[J]. 1985.

[9] Schmidt R K. The design of aircraft landing gear[J]. SAE International, 2021.

[10] Stuster J. HFES First 50 Years[M]. Santa Monica: Society, Human Factors And Ergonomics, 2006.

[11] Anonymous Human factors and ergonomics in practice: improving system performance and human well-being in the real world[M]. Boca Raton: CRC Press, 2016.

[12] Fitts P M. The information capacity of the human motor system in controlling the amplitude of movement[J]. Journal of experimental psychology, 1954, 47(6): 381.

[13] Woodson W E, Conover D W. Human engineering guide for equipment designers[M]. Berkeley: Univ of California Press, 1964.

[14] Fitts P M. Perceptual-motor skill learning[M]. Boca Raton: Academic Press, 1964.

[15] Ministry of Defence. Human Factors Integration: An Introductory Guide[M].

London:HMSO, 2000.

[16] Karwowski W. International encyclopedia of ergonomics and human factors[M]. 3th ed. Boca Raton: Crc Press, 2001.

[17] Stanton J M, Stam K R, Mastrangelo P, Jolton J. Analysis of end user security behaviors[J]. Computers & security, 2005, 24(2): 124-133.

[18] Bushman B J, Cantor J. Media ratings for violence and sex: Implications for policymakers and parents[J]. American Psychologist, 2003, 58(2): 130.

[19] Meier B P, Robinson M D, Clore G L. Why good guys wear white: Automatic inferences about stimulus valence based on brightness[J]. Psychological science, 2004, 15(2): 82-87.

[20] Smith P K, Lewis K. Rough-and-tumble play, fighting, and chasing in nursery school children[J]. Ethology and Sociobiology, 1985, 6(3): 175-181.

[21] Geller E S, Russ N W, Altomari M G. Naturalistic observations of beer drinking among college students[J]. Journal of Applied Behavior Analysis, 1986, 19(4): 391-396.

[22] LaFrance M, Mayo C. Racial differences in gaze behavior during conversations: Two systematic observational studies[J]. Journal of personality and social psychology, 1976, 33(5): 547.

[23] Gottman J M. Toward a definition of social isolation in children[J]. Child Development, 1977: 513-517.

[24] Rosenhan D L. On being sane in insane places[J]. Science, 1973, 179(4070): 250-258.

[25] Alberts S C, Altmann J, Wilson M L. Mate guarding constrains foraging activity of male baboons[J]. Animal behaviour, 1996, 51(6): 1269-1277.

[26] Schober M F. Asking questions and influencing answers[D]. Questions about Questions: Inquiries into the Cognitive Bases of Surveys; Russell Sage Foundation. New York: NY, USA, 1992.

[27] Oettingen Gabriele Pak, Hyeon-ju, Schnetter Karoline. Self-regulation of goal-setting: Turning free fantasies about the future into binding goals[J]. Journal of Personality and Social Psychology, 2001, 80(5): 736-753.

[28] Helen Fisher, Arthur Aron, Lucy L. Brown. Romantic love: An fMRI study of a neural mechanism for mate choice[J]. 2005, 493(1), 58-62.

[29] E. Aron, A Aron. Sensory-processing sensitivity and relation to introversion and emotionality[J]. Journal of Personality and Social Psychology, 1997, 73: 345-368.

[30] Aron E N. Adult Shyness: The Interaction of Temperamental Sensitivity and an Adverse Childhood Environment[J]. Personality and Social Psychology Bulletin, 2005, 31(2): 181-197.

[31] Steven V Owen, Robin D Froman. Why carve up your continuous data[J]. 2005, 28(6): 496-503.

[32] MacCallum Robert C, Zhang Shaobo, Preacher Kristopher J, Rucker Derek D. On the practice of dichotomization of quantitative variables[J]. Psychological Methods, 2002, 7(1): 19-40.

[33] Cohen J. The Cost of Dichotomization[J]. Applied Psychological Measurement, 1983, 7(3): 249-253.

[34] Maxwell Scott E, Delaney Harold D. Bivariate median splits and spurious statistical significance[J]. Psychological Bulletin, 1993, 113(1): 181-190.

[35] Harter Susan, Bresnick Shelley, Bouchey Heather A, Whitesell Nancy R. The development of multiple role-related selves during adolescence[J]. Development and Psychopathology, 1997, 9(4).

[36] Riehl R J. The Academic Preparation, Aspirations, and First-Year Performance of First-Generation Students[J]. College and University, 1994, 70(1): 14-19.

[37] Lewis D, Burke C J. The use and misuse of the chi-square test[J]. Psychological bulletin, 1949, 46(6): 433.

[38] Fisher R A. The statistical utilization of multiple measurements[J]. Annals of eugenics, 1938, 8(4): 376-386.

[39] Delucchi K L.The use and misuse of chi-square: Lewis and Burke revisited[J]. Psychological Bulletin, 1983, 94(1): 166.

[40] Harter S, Bresnick S, Bouchey H A, Whitesell N R. The development of multiple role-related selves during adolescence[J]. Development and psychopathology, 1997, 9(4): 835-853.

[41] Moriarty S E, Everett S L. Commercial breaks: A viewing behavior study[J]. Journalism Quarterly, 1994, 71(2): 346-355.

[42] Durkin K, Barber B. Not so doomed: Computer game play and positive adolescent development[J]. Journal of applied developmental psychology, 2002, 23(4): 373-392.

[43] Rosenthal R, Fode K L. The effect of experimenter bias on the performance of the albino rat[J]. Behavioral Science, 1963, 8(3): 183-189.

[44] Pishkin V, Sengel R A, Lovallo W R, Shurley J T. Cognitive and psychomotor evaluation of clemastine-fumarate, diphenhydramine HCl and hydroxyzine HCl: Double-blind study[J]. Current therapeutic research, 1933.

[45] Loftus E F, Burns T E. Mental shock can produce retrograde amnesia[J]. Memory & Cognition, 1982, 10(4): 318-323.

[46] Evans R, Donnerstein E. Some implications for psychological research of early versus late term participation by college subjects[J]. Journal of Research in Personality, 1974, 8(1): 102-109.

[47] Ludwig T E, Jeeves M A, Norman W D, DeWitt R. The bilateral field advantage on a letter-matching task[J]. Cortex, 1993, 29(4): 691-713.

[48] Kahneman D, Fredrickson B L, Schreiber C A, Redelmeier, D A. When more pain is preferred to less: Adding a better end[J]. Psychological science, 1993, 4(6): 401-405.

[49] Erber R. Affective and semantic priming: Effects of mood on category accessibility and inference[J]. Journal of Experimental Social Psychology, 1991, 27(5): 480-498.

[50] Cohen J. Statistical power analysis[J]. Current directions in psychological science, 1992, 1(3): 98-101.

[51] Rodman J L, Burger J M. The influence of depression on the attribution of responsibility for an accident[J]. Cognitive therapy and research, 1985, 9: 651-657.

[52] Dittmar M L, Berch D B, Warm J S. Sustained visual attention in deaf and hearing adults[J]. Bulletin of the Psychonomic Society, 1982, 19(6): 339-342.

[53] Bazzini D G, Shaffer D R. Resisting temptation revisited: Devaluation versus enhancement of an attractive suitor by exclusive and nonexclusive daters[J]. Personality and Social Psychology Bulletin, 1999, 25(2): 162-176.

[54] Graham D J, Jeffery R W. Predictors of nutrition label viewing during food purchase decision making: An eye tracking investigation[J]. Public Health Nutrition, 2012, 15(2): 189-197.

[55] Gable S, Lutz S. Household, parent, and child contributions to childhood obesity[J]. Family relations, 2000, 49(3): 293-300.

[56] Eron L D, Huesmann L R, Lefkowitz M M, Walder L O. Does television violence cause aggression[J]. American Psychologist, 1972, 27(4): 253.

[57] Silveira W A. Comprehensive Multi-Omics Analysis Reveals Mitochondrial Stress as a Central Biological Hub for Spaceflight Impact[J]. Cell, 2020.

[58] Parasuraman R, Rizzo M. Neuroergonomics: The brain at work[M], 3th ed. Oxford: Oxford University Press, 2006.

[59] Baldwin C L, Coyne J T. Dissociable aspects of mental workload: Examinations of the P300 ERP component and performance assessments[J]. Psychologia, 2005, 48(2): 102-119.

[60] Borghetti B J, Giametta J J, Rusnock C F. Assessing continuous operator workload with a hybrid scaffolded neuroergonomic modeling approach[J]. Human factors, 2017, 59(1): 134-146.

[61] Kaye S B, Lubinski J, Matulonis U, Ang J E, Gourley C, Karlan B Y, Kaufman B. Phase II, open-label, randomized, multicenter study comparing the efficacy and safety of olaparib, a poly (ADP-ribose) polymerase inhibitor, and pegylated liposomal doxorubicin in patients with BRCA1 or BRCA2 mutations and recurrent ovarian cancer[J]. Journal of clinical oncology, 2012, 30(4): 372-379.

[62] Zhang X, Liu X, Xia R. Chinese herbal medicine for vascular cognitive impairment in cerebral small vessel disease: A protocol for systematic review and meta-analysis of randomized controlled trials[J]. Medicine (Baltimore), 2020, 99: e22455.

[63] Shindo A, Ishikawa H, Ii Y, et al. Clinical Features and Experimental Models of Cerebral Small Vessel Disease[J]. Front Aging Neurosci, 2020, 12: 109.

[64] Mancinelli C, Patel S, Deming LC, Nimec D, Chu J J, Beckwith J, et al. A novel sensorized shoe system to classify gait severity in children with cerebral palsy[J]. Annu Int Conf IEEE Eng Med Biol Soc., 2012, 50(10): 3.

[65] In H Cho K J, Kim K, et al. Jointless Structure and under-actuation mechanism for compact hand exoskeleton[J]. IEEE Int Conf Rehabil Robot, 2011, 59(7): 53-64.

[66] Hodges M E. It Just Feels Right[J] . Computer Graphics World, 1998, 21(5): 1-5.

[67] Zenk R, Mergl C, Hartung J, et al. Objectifying the Comfort of Car Seats[C]. SAE

2006 World Congress & Exhibition, 2006.

[68] Uenishi K, Fujihashi K, Imai H. A seat ride evaluation method for transient vibrations[R]. SAE Technical Paper, 2000.

[69] Rolf Ellegast. Measuring System for the Comparative Ergonomic Study of office chairs[J]. Advances in Medical Engineering，2007, 7.

[70] Branton P. Behavior,body mechanics and discomfort[J].Grgonomics, 1969, 12: 316-327.

[71] Marfaret Catherine GRAF. Effect of seat angle on comfort and lower back pain at work[D]. M.Sc.Tech,University of New South Wales, Randwick: Novermber,2004.

[72] Tyrrell A R, Reilly T, Troup J D G. Circadian variation in stature and the effects of spinal loading[J]. Spine, 1985, 10: 161-164.

[73] VanDeursen D L, Goossens R H M, Evers J J M, vanderHelm F C. Tandvan L. Length of the spine while sitting on a new concept for an office chair[J]. Applied Ergonomics, 2000, 31: 95-98.

[74] Gagge A P, Stolwijk J A J, Nishi Y. An effective temperature scale based on a simple model of human physiological regulatiry response[J]. Mem Fac Eng Hokkaido University, 1972, 13(Suppl): 21-36.

[75] Fanger P O. Thermal Comfort. Analysis and Applications in Environmental Engineering[M]. openhagen:Danish Technical Press,1970.

[76] Oi H, Yanagi K, Tabata K, et al. Effects of heated seat and foot heater on thermal comfort and heater energy consumption in vehicle[J]. Ergonomics,2011,54: 690-699.

[77] Zhang H, Arens E, Kim D E, et al. Comfort, perceived air quality, and work performance in a low-power task-ambient conditioning system[J]. Build Environ, 2010, 45: 29-39.

[78] Zhang H, Arens E, Zhai Y. A review of the corrective power of personal comfort systems in non-neutral ambient environments[J]. Build Environ, 2015:15-41.

[79] Pasut W, Zhang H, Arens E,et al. Energy-efficient comfort with a heated/cooled chair:Results from human subject tests[J]. Build Environ, 2015, 84:10-21

[80] Wang F, Gao C, Kuklane K, et al. A review of technology of personal heating garments[J]. Int J Occup Saf Ergon, 2010, 16: 387-404.

[81] Deng Y, Cao B, Liu B, et al. Effects of local heating on thermal comfort of standing people in extremely cold environments[J]. Build Environ, 2020, 185: 107-256.

[82] Deng Y, Cao B, Yang H, et al. Effects of local body heating on thermal comfort for audiences in open-air venues in 2022 Winter Olympics[J]. Build Environ,2019,165: 106-363.

[83] Zivi P, De Gennaro L, Ferlazzo F. Sleep in isolated, confined, and extreme (ICE): A review on the different factors affecting human sleep in ICE[J]. Front Neurosci,2020,14: 851.

[84] Mallis M M, Deroshia C W. Circadian rhythms, sleep, and performance in space[J]. Aviat Space Environ Med, 2005, 76: 94-107.

[85] Bishop S L, Kobrick R, Battler M, et al. FMARS 2007: Stress and coping in an arctic Mars simulation[J]. Acta Astronaut,2010,66:1353-1367.

[86] Rybak Y E, McNeely H E, Mackenzie B E, et al. An open trial of light therapy in adult attention-defit/hyperactivity disorder[J]. J Clisychiatry, 2006, 67:1527-1535.

[87] Lewis J R, Sauro J. The factor structure of the System Usability Scale[J]. In Proceedings of the International Conference on Human Centered Design, 2009: 94-103.

[88] Lewis J R. Psychometric evaluation of the post-study system usability questionnaire: The PSSUQ[J]. Proceedings of the Human Factors Society Annual Meeting, 1992, 36(16), 1259-1263.

[89] Lund A M. Measuring usability with the USE questionnaire[J]. Usability Interface, 2001, 8(2), 3-6.

[90] Chin J P, Diehl V A, Norman K L. Development of an instrument measuring user satisfaction of the human-computer interface[J]. In Proceedings of the SIGCHI Conference on Human Factors in Computing Systems, 1988: 213-218.

[91] Laugwitz B, Held T, Schrepp M. Construction and evaluation of a user experience questionnaire[J]. In HCI and usability for e-inclusion 2008: 63-76.

[92] Debie, Essam, et al. Multimodal fusion for objective assessment of cognitive workload: a review[J]. IEEE transactions on cybernetics, 2019, 51(3): 1542-1555.

[93] Reid G B, Nygren T E, Theeuwes J. Research report: Subjective workload measurement using SWAT[J]. Human Mental Workload, 1990, 3(1): 88-95.

[94] Hart S G, Staveland L E. Development of NASA-TLX (Task Load Index): Results of empirical and theoretical research[J]. Advances in psychology, 1988, 52: 139-183.

[95] Reid G B, Nygren T E. The subjective workload assessment technique: A scaling procedure for measuring mental workload[J]. In Proceedings of the Human Factors Society Annual Meeting, 1988, 32(6): 506-510.